U0120809

赣南师范大学
江西省十四五"双一流"学科、专业建设项目

江西植物图志

（第二卷）

刘仁林　著

中国林业出版社
China Forestry Publishing House

图书在版编目（CIP）数据

江西植物图志. 第二卷 / 刘仁林著. -- 北京 ： 中国林业出版社，2023.8

ISBN 978-7-5219-2182-3

Ⅰ. ①江… Ⅱ. ①刘… Ⅲ. ①植物志-江西-图集②苏铁科-植物志-江西-图集③百合科-植物志-江西-图集 Ⅳ. ①Q948.525.6-64

中国国家版本馆CIP数据核字（2023）第068962号

赣南师范大学
江西省十四五"双一流"学科、专业建设项目

策 划 编 辑 ：李春艳
责 任 编 辑 ：李春艳　王　全　唐　杨
版 式 设 计 ：黄树清

出版发行：中国林业出版社
　　　　　（100009，北京市西城区刘海胡同7号，电话：010-83143579）
电子邮箱：cfphzbs@163.com
网　　址：www.forestry.gov.cn/lycb.html
印　　刷：北京博海升彩色印刷有限公司
版　　次：2023 年 8 月第 1 版
印　　次：2023 年 8 月第 1 次
开　　本：710 mm×1000 mm 1/16
印　　张：30
字　　数：660 千字
定　　价：298.00 元

前　言

  江西省位于中国东部地区，地理位置是北纬 24°29'~30°05'，东经
113°35'~118°29'。全省面积 166947 km²。地貌特点是东、南、西三面环
山，即东部武夷山脉、南部南岭山地、西部罗霄山脉和西南部诸广山脉，
西北部为九岭山和幕阜山，武功山横亘江西中部。武夷山脉的黄岗山是
江西省境内最高海拔（2157.7m）的山峰。江西省年平均日照时数大于
1500 小时；年平均气温 16.2~19.7℃，赣北年平均气温 16.3~17.5℃，赣南
19~19.5℃；年平均最低气温（1 月）3.7~8.6℃，极端最低气温 -5~-12℃
（-18.9℃，彭泽）；年平均最高气温（7 月）27~29.9℃，极端最高气温
44.9℃；无霜期 240~307 天，其中赣北 240~250 天，赣南 280~300 天。
年平均降水量 1400~1900mm，周边山区 1700~1900mm，中部平原或盆
地 1350~1400mm；降水最多月份 5~6 月，月平均 200~350mm；降水最少
月份 12 至翌年 1 月，月平均降水小于 100mm；4~6 月为汛期，这 3 个月
降水量占年降水量的 45%~55%；月平均相对湿度在春夏大于 80%，秋冬
70%~75%。全省主要为红壤土，分布于海拔 20~800m，占全省土壤面积
的 70.69%；黄红壤土分布于海拔 800~1200m，占全省土壤面积的 2.77%；
黄棕壤土分布于海拔 110~1800m，占全省土壤面积的 0.79%；山地草甸土
分布于海拔 1700m 以上的山顶，占全省土壤面积的 0.15%。

  江西省自然条件优越，森林茂密，物种多样性丰富，受到国内外植
物研究者的关注。18 世纪西方列强的扩张，需要从其它国家掠夺资源，
许多外国人以传教士、外交官的身份纷纷来到江西窥探树木资源，甚至将
其种子等遗传资源带回本国，培育新品种或用于其它方面的研究。1793 年，
英国驻华大使 L. Staunton，曾带领 2 个人（其中一位是 J. Paxton）经江西
赣江到广州，沿途对江西的植物进行了标本采集，这是江西最早的植物标

本采集记载。1873 年，英国外交官 Swinhoe 在九江进行采集，标本寄回邱园供 Hance 等人研究。 1868 年，法国传教士 A. David 在南昌、九江、庐山等地采集，将标本寄回巴黎供 A. Franchet 研究。1868 年，英国传教士 G. Shearer 在九江、庐山等地共采集 600 号植物标本，其中虾须草属 **Sheareria**（菊科）就是以他的名字命名的。1871 年，法国天主教神父韩伯禄（Pierre Heude），在景德镇和婺源进行了采集。1878 年，匈牙利人 L. Loczy 在鄱阳湖采集。1906—1922 年，法国分类学家 Courtois 在九江庐山、上饶婺源等地采集了大量标本。1907 年英国园艺学家 E. H. Wilson 在庐山牯岭进行采集。1908 年德国植物学家 A. K. Schindler 也在九江庐山采集了大量标本。

此外，英国博物学家 Abel（1816—1817 年）、英国医生 Dickson（1861 年）、英国外交官 W. Evrard（1870 年前后）、法国天主教神父韩伯禄 Pierre Heude（1871 年）、英国外交官 E. H. Parker（1880—1881 年）、法国分类学家 Courtois（1906—1922 年）等也陆续来到江西进行植物调查和采集。由于当时交通落后，外国人对江西植物资源的调查和采集主要集中在赣北的九江、南昌、上饶地区。

中国学者的调查研究主要在 1910 年之后。1910 年钟观光先生对九江庐山、湖口进行了植物调查、采集。1916 年我国著名植物学家胡先骕（江西新建人）从美国学习期满回国，引入西方现代植物分类理念。1917 年他被江西省实业厅聘为庐山森林局副局长，1918 年受聘为南京高等师范植物学和园艺学教授后，在浙江和江西进行大规模植物标本采集，开启了江西植物科学调查的百年风雨历程，主要在九江庐山、南昌、武功山、吉安、永新、赣州、大余、遂川、婺源、南丰、南城和贵溪等地进行采集，并获得了大量标本。在此基础上，胡先骕先生于 1931 年开始撰写《庐山重要植物志略》，其中着重研究了金钱松、鹅掌楸、香果树等重要树种 71 种，并指出 "鹅掌楸" 在庐山的分布较多。此后，中国及世界各地栽培的鹅掌楸 **Liriodendron chinense**（Hemsley）Sargent 主要从庐山引种。1934 年胡先骕先生主导创建了庐山植物园，为我国植物园建设发展发挥了引领性作用。值得一提的是庐山植物园两位技师：一位是雷震，他担任过江西省农业院南城麻姑山林业实验所所长；另一位是熊耀国（武宁人），他们在植物园内主要进行植物育种、栽培等应用研究，同时也开展较为系统的野外采集、鉴定等分类研究。1947年，陈封怀先生主持庐山植物园工作，熊耀国领队组成湘鄂赣边区森林资源调查队，深入九江、德安、永修、武宁、阳新、修水、通城、平江、铜鼓、宜丰、奉新、靖安的伊山、太平、黄龙、幕阜等山区调查采集，撰写了《湘鄂赣边区森林资源调查报告》。记载重要树木180种，特有树种20种。

此外还有钟补勤先生于1910—1935年也对庐山的五老峰和牯岭、南城的麻姑山和军峰山、黎川等地进行了标本采集。其它学者如张镜澄、张起焕、周鹤昌、焦启源、蒋英、刘心祈、叶培忠、莫熙穆、刘其燮、傅书遐、王名金以及国立中正大学的林英和杨祥学等对江西的南、北林区进行了调查采集和研究。

新中国成立后江西的树木调查和研究工作蓬勃开展。20世纪50年代，原江西大学植物学团队多次深入井冈山河西陇、湘洲、永丰水浆等地采集标本和研究；1954年，中国科学院植物研究所分类室王文采、郑斯绪、韩树金、黄伯兴，生态室姜怒顺、王献溥、陈灵芝、黎盛臣（北京植物园）、张丽明及河北师大刘濂等深入武功山等地进行调查、采集，并注意到了中国亚热带中山地带以樟科、壳斗科植物为优势种的常绿阔叶林的外貌特征；黎盛臣、姜怒顺还顺道在南丰考察柑橘。1970年中国科学院植物研究所唐定台、戴伦凯和洪德元先生3人为完成国防任务，广泛筛选防化学战药物，在江西遂川、上犹、井冈山、全南、龙南、定南和石城等地广泛深入地采集研究，凭证标本1000余号，经鉴定保存在该所标本馆（PE）。

20世纪60至80年代，庐山植物园、南昌大学、江西农业大学、江西中医药大学等省内高校和研究单位，结合教学和研究生论文，对江西省的植物标本采集和研究工作上升到一个新的高度。江西农业大学施兴华教授发表了《江西境内部分木本植物地理分布的研究》（1981），指出了武夷山有白豆杉、绿背三尖杉、宽叶粗榧、鹅掌楸、天女花、木莲、蕈树、秃蜡瓣花等植物的野生分布。1982—1988年，俞志雄先生多次到武夷山保护区考察研究，先后发表了武夷山石楠、武夷悬钩子、铅山悬钩子、武夷山花楸、无刺空心泡和武夷山空心泡6个新物种；整理发表了包括红豆杉、建始械、岭南酸枣等28种江西木本植物地理分布新纪录。赣南树木园对江西南部的植物区系（包括树木）进行了较为系统的调查研究，获得了大量南亚热带区系成分的标本。

20 世纪 80 至 90 年代，随着国家社会经济的发展，对生态和生物多样性的保护不断加强。江西省林业厅先后组织开展了 12 个国家级自然保护区的科考研究，即武夷山、官山、九连山、井冈山、庐山、阳际峰、南风面、鄱阳湖、桃红岭、马头山、齐云山、赣江源自然保护区。这些保护区在申报国家级自然保护区的过程中，组织邀请南昌大学、江西农业大学、江西师范大学、江西中医药大学、赣南师范大学、上饶师范学院、江西省林业科学院等专家进行详细的植物、动物、地质、水文、气象等多学科科学考察研究，获得了大量的植物标本。通过深入分析和研究，基本掌握了江西植物多样性信息，各保护区也出版了相应的科学考察研究集，如《井冈山自然保护区科学考察研究》（1982）等。此外，《江西永丰植物名录》《江西永丰植物图鉴》《江西森林》《安福木本植物》《宜春地区树木名录》《江西木本及珍稀植物图志》《赣南木本植物图志》《武功山木本植物及草甸植物》等陆续出版，也为本志的撰写提供了重要的信息参考。

初步统计江西种子植物约 4000 种，隶属于 196 科 1100 属。截至 2000 年，江西产新种和新变种的模式标本共计 167 种，归属 54 科。江西在中国植物区系分区位置中属于泛北极植物区，中国—日本森林植物亚区，华东植物地区；在中国植被区划中属于亚热带常绿阔叶林区域，东部（湿润）亚热带常绿阔叶林亚区域，中亚热带常绿阔叶林地带；地跨中亚热带北部亚地带和南部亚地带。植物区系地理成分较复杂，北部区域温带成分较多，而南部则表现为南亚热带—热带成分较多；其次，古老性成分（如买麻藤类 Gnetum、冷杉类 Abies、罗汉松类 Podocarpaceae 等）和中国特有成分（如金钱松属 **Pseudolarix**、白豆杉属 **Pseudotaxus**、青钱柳属 **Cyclocarya** 等）也较丰富。物种是深入认识自然规律、区系本质以及生产应用、相关科学研究的基础。

为了写好《江西植物图志》，2019 年 9 月 28 日，赣南师范大学邀请了中国科学院植物研究所、中国科学院昆明植物研究所、北京林业大学、云南大学等单位的专家学者对《江西植物图志》的编写进行了论证，规范了文献引证、编写内容和体例，以 APG Ⅳ 系统为被子植物的分类处理和排列。此外，作者通过长期的采集研究和实验分析，提出了裸子植物的系统关系。基于此系统，裸子植物的分类处理较趋合理。每种植物均采用实物照片突出其分类特征，有利于对识别特征的准确理解和判断，这一特点不同于一般的植物志或图谱，可适合不同层次的人群阅读。对于一些生态变异明显的种，其配图以株为单位，拍摄的照片组成2~3株生态变异系列，如黄丹木姜子（原变种）*Litsea elongata* var. *elongata* 列出了3株生态变异类型，有利于读者对应于实地采集的标本进行鉴定。在长期调查、观测、研究积累的基础上，掌握了所记录的植物种类之生物学特性、生态学习性，记述了其用途和繁殖方法，方便生产实践应用。

本卷共记录裸子植物9科28属42种7变种，其中引种栽培6科9属13种1变种；被子植物15科52属206种4亚种15变种1变型，其中引种栽培4科5属7种1变种。为了方便比较水杉与池杉、落羽杉、中山杉的区别，将其收录在本书中；桢楠在江西也没有野生分布，但栽培较多，林农希望掌握桢楠与闽楠的区别和应用，也将其列于书中。基于此考虑，故将一些重要的栽培植物收入本卷。本书适合林业、园林、园艺、环保、生物多样性保护、生态保护与规划、"三化"树种规划与选择，以及高等院校教学与研究等使用。

此外，结合我国数字化出版发展趋势，在纸质图书出版的基础上，为《江西植物图志》开发了配套数据库，网络端（阅读网址：http://www.jiangxizhiwutuzhi.com）和移动端二维码扫码阅读。本书的融合出版，为读者提供更智能、更便捷的查阅检索方式。

《江西植物图志》一书的撰写和出版是在赣南师范大学的资助下完成的，在此表示衷心感谢！另外，感谢遂川南风面国家级自然保护区廖许清和方院新提供资源冷杉照片、中国科学院西双版纳热带植物园朱仁斌研究员提供马蹄香照片、江西中医药大学刘勇教授提供金耳环照片、赣南师范大学谢宜飞博士提供四川苏铁照片。由于本书涉及的内容较广泛，难免存在疏忽、错漏之处，望不吝赐教。

著者

2023 年 5 月 20 日

移动端二维码

目 录

第一部分

裸子植物

1. 系统演化

现代植物分类学主要运用演绎法与归纳法两个重要的思维方法进行两大方面的工作。首先是基于植物细胞壁、叶绿体、隐花、显花、胚珠裸露与包被等形态性状出现的顺序，运用演绎法，通过形态性状的分析建立系统发育关系。系统发育关系随着科学技术的进步不断地完善、充实。这个过程始终贯穿着物种遗传与变异的规律主线，体现了"在变化的现实世界中寻求稳定（即规律）"的哲学思想。有了科学的发育系统，使人们能够清楚地认识到不同类群所在的自然系统位置及其相应的遗传特征（包括形态特征）以及与其"邻居"的关系。其次，为了便于在生产、实践中更好地应用发育系统，人们又必然要运用归纳法，将发育系统中不同位置的类群构建成方便人类掌握、应用的分类等级系统。这两个系统相互关联、相互促进和发展，而不是相互矛盾，更不是二选一的关系。此外，在具体的物种鉴定和性状分析工作中需要采用比较方法，它是在这两个主要思维方法的框架下的补充。基于此，本卷主要依据裸子植物的关键形态性状，简要进行裸子植物的系统关系分析，然后再进行分类研究。

裸子植物的胚珠没有子房（或心皮）的包被，所以，胚珠是"叶生性"还是"轴生性"、胚珠受包被的状态、叶基部下延与否成为裸子植物的三条主要的系统分析线。形态特征是灵魂，化石是基础，分子技术是求证的手段，依据这个系统分析原则，本卷主要依据形态解剖和组织细胞特征，简要分析苏铁类植物与银杏、松柏类、买麻藤类植物的系统关系，以及在演化过程中所表现的性状差异，然后对这三条系统分析主线进行比较分析，研究总结裸子植物的分类。

1.1 苏铁类植物与其它裸子植物在系统关系方面的性状差异

胚珠"叶生性"是胚珠来源于平面状的叶状器官；"轴生性"是胚珠来源于轴状的枝状器官。胚珠"叶生性"还是"轴生性"的实质是胚珠来源于什么类型的组织细胞。苏铁类植物的胚珠为叶生性，而银杏类、松柏类、买麻藤类植物的胚珠均为轴生性（图 1）。

大孢子叶
胚珠

图 1 苏铁类植物与其它裸子植物系统关系的性状差异

a. 苏铁的胚珠为叶生性（生于叶状大孢子叶下部的两侧）。b~h. 均为胚珠轴生：其中 b. 银杏胚珠的轴生性；c. 马尾松球果；d. 松属轴生性球果模式；e. 日本柳杉球果，种鳞和胚珠呈明显的轴生性，而且枝条（轴性器官）继续"穿过"球果伸长；f. 罗汉松红色肉质种托以及其上方种子（胚珠）的轴生性；g~g-1. 小叶买麻藤的雄球花；h. 小叶买麻藤种子（由胚珠发育而来）的轴生性特征。

3

1.2 裸子植物的系统关系分析

现生的裸子植物类群苏铁类、银杏、松柏类、买麻藤类在形态上具有明显的间断性，但又有共同的特征，即它们都是以种子繁殖。因此，它们应该是由一个共同的祖先演化而来。种子植物的胚珠具有重要的系统意义，通过比较早期胚珠的化石形态，可以追溯裸子植物的系统关系。

1.2.1 苏铁类植物的特征分析

种子蕨（pteridosperms）是一类种子繁殖的化石植物，其营养器官（叶）似蕨类，而生殖器官出现了类似胚珠的形态。种子蕨的髓木类植物与现生苏铁类植物在胚珠的形态结构方面有许多相似的特征（图2）。一般认为，髓木类植物与苏铁类植物的系统演化有明显的联系。

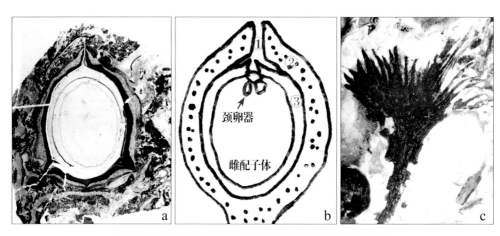

图 2 现生苏铁类的胚珠与化石植物髓木类的比较

a.髓木目的帕金森三棱种子化石（晚石炭纪，英国兰卡郡海滨早 Langsettian 地层，标本号 21.77.54，存于卡迪夫威尔士国家博物馆和美术馆 NMGW。王祺等译，2003）；b.现生苏铁的胚珠结构，其中①是珠孔，②是珠被，③是珠心组织；c.早期苏铁植物（王祺等译，2003），胚珠着生于大孢子叶下部（中国山西太原东山三叠纪地层，标本号 98.24.G7，存于 NMGW），此化石标本与现生苏铁的大孢子叶接近。

1.2.2 银杏类、松柏类、三尖杉类与红豆杉类、买麻藤类植物的特征比较

（1）银杏类、松柏类、买麻藤类植物的胚珠均为轴生性，这是与苏铁类植物的主要差异

种子蕨的古籽属 Archaeosperma 的胚珠着生在短"轴束"上，具有"胚珠的轴生性"特点（图3中的a）。因此，银杏类（图4d）、松柏类、买麻藤类植物的胚珠仍具有"轴生性"特征。

（2）松柏类植物球果的"种鳞复合体"实际上是生殖单元的轴生性表现

图3b，种子生长在种鳞的腹面，种鳞背面是短小的苞鳞，即种鳞位于种子和苞鳞之间；因此，从前面至背后依次是种子、种鳞、苞鳞，三者形成一个生殖单元，并着生在球果轴上。种鳞与苞鳞对种子（胚珠）具有保护和托承作用。

图3　松柏类植物胚珠与种子蕨的古籽属比较

a. 早石炭纪种子蕨的古籽属的短"轴束"，其上部生长4枚胚珠，并有保护性壳斗（cupule）的功能，这种保护性壳斗先端撕裂，下部稍卷合（王祺等译，2003）；b. 马尾松球果，许多"种鳞复合体"螺旋状排列生长在球果轴上。

（3）银杏、松柏类与古植物化石的联系：基于叶为平行脉和小孢子叶的形态，现生银杏、松柏类与晚石炭纪至二叠纪的科达植物 Cordaites 相似（图4）

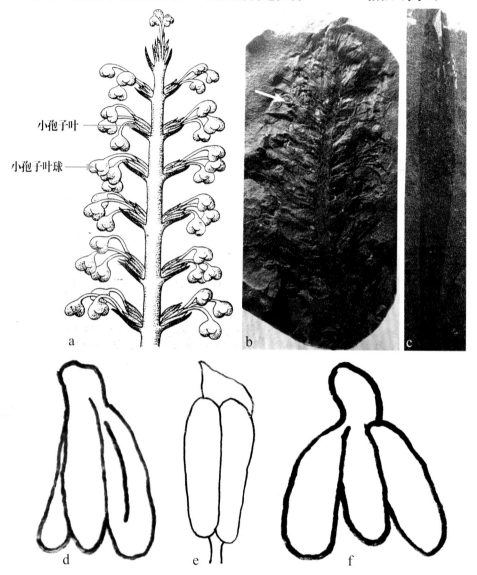

图4 科达植物与现生银杏、松柏类小孢子叶比较

a. 科达植物复原图，它具一系列着生在茎轴两侧的小孢子叶，每片小孢子叶的叶腋中着生1个小孢子叶球。每个小孢子叶球有3枚苞片（或多枚），其中着生小孢子囊或胚珠（王祺等译，2003）；b. 晚石炭纪至二叠纪科达植物的科达穗，左上部可见一些胚珠（白色箭头所指，标本号 V.28321，存于 NMGW。王祺等译，2003）；c. 科达植物的叶，具平行叶脉；d. 银杏的小孢子叶球，具3枚苞片；e. 松属的小孢子叶，其中2枚演变为小孢子囊，附着在1枚小孢子叶上；f. 三尖杉的小孢子叶球，具3枚苞片。

（4）松、杉、柏类植物的球果特征演化趋势（图5）

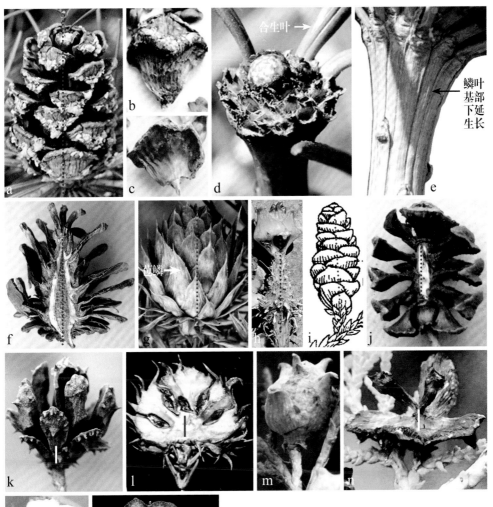

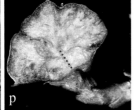

图5 松、杉、柏类植物的球果特征演化趋势

a~e. 为金松，a. 种鳞螺旋状着生在较长的中轴上（红线），种鳞与苞鳞愈合；b. 种鳞腹面；c. 种鳞背面；d. 合生叶（由二叶合生而成）条形，生于鳞状叶的腋部，生于短枝顶端；e. 鳞状叶基部下延生长。f. 马尾松，g~h. 杉木，i. 台湾杉，j. 水杉，k. 水松，l. 日本柳杉，m~n. 侧柏，o~p. 圆柏，q. 刺柏。f~q. 显示3个趋势：一是球果中轴逐渐缩短（红线或白线所示）；二是种鳞与苞鳞由分离→仅顶部分离→愈合（如圆柏、刺柏等）；三是种鳞数目由多数→简化为3片（如刺柏）。金松特征较特殊；杉木也具一个特殊特征，即苞鳞很发达，但种鳞很小（见后文图13）。

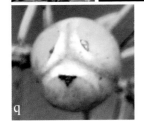

（5）三尖杉类与红豆杉类植物的特征比较

三尖杉类与红豆杉类植物的显著不同点：三尖杉类植物的种子核果状，全部包被于由珠托发育而成的肉质假种皮内，核果状种子生于苞片的腋部，成对组成大孢子叶球（雌球花）；而红豆杉类植物包被核果状种子的肉质假种皮由最上部苞片基部的假种皮原基细胞发育而来，不是由珠托发育而来；其次，大孢子叶球单生，基部具数枚交互对生的苞片（图6）。

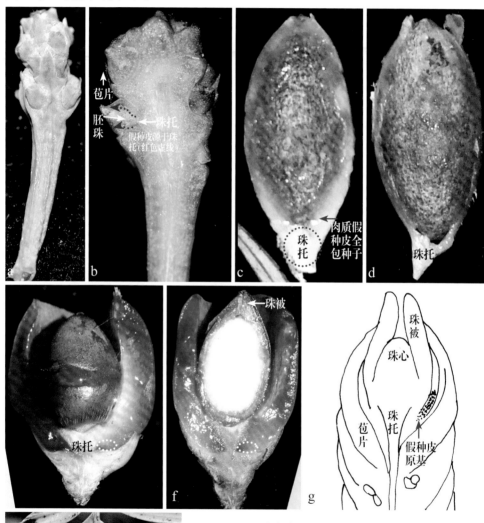

图6 三尖杉与南方红豆杉的假种皮来源比较

a~d. 为三尖杉，a. 核果状种子生于苞片的腋部，成对组成大孢子叶球；b~d. 假种皮发育于珠托。e~h. 南方红豆杉，e~g. 杯状肉质假种皮发育于最上部苞片基部的假种皮原基细胞（白色虚线圈）；h. 大孢子叶球单生，基部具数枚交互对生的苞片。

（6）买麻藤类与柏类植物的比较

图7所示买麻藤类植物的胚珠与高山柏的胚珠，它们均为倒生，假种皮（由苞片发育而来）包被着1枚胚珠；其次，它们的胚珠着生位置和珠心组织区域也相似，反映了买麻藤类与柏类的联系。因此，买麻藤类植物在系统演化线上与柏类植物更靠近一些。

买麻藤类的囊状盖被虽然是由种柄的苞片（或称"鳞片"）特化而来，即经过了环状苞片形成、球果轴压缩、苞片简化和特化等复杂过程（图7），这个特点显示了买麻藤类与柏类植物的差异。因此，买麻藤类植物虽然与柏类表现出一些联系，但又显示其相对独立的起源。

珠孔管残迹 —
珠心组织区域 —
胚珠着生位置
假种皮

a

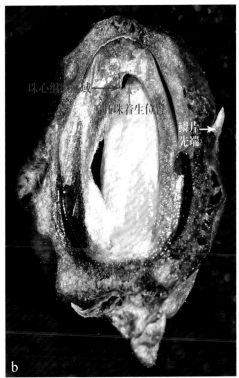

珠心组织区域 —
胚珠着生位置
鳞片先端

b

图7 小叶买麻藤与高山柏比较

a. 小叶买麻藤胚珠着生位置和珠心组织区域，1枚胚珠；假种皮由苞片发育而来。b. 高山柏胚珠着生位置和珠心组织区域，1枚胚珠。c. 高山柏3枚鳞片（类似苞片）完全合生而包被胚珠（图c中的三色线所示），1枚胚珠；3枚鳞片成熟后为木质。

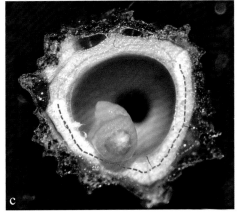

c

1.2.3 系统关系分析

① 苏铁类植物具有明显的特殊特征：胚珠叶生性（生于大孢子叶的两侧）；花粉萌发产生 2 个具多数鞭毛、能游动的精子。

② 银杏也具有明显的特殊特征：胚珠轴生性（生于不发育短枝顶端）；花粉萌发产生 2 个具 2 枚鞭毛、能游动的精子。

③ 松科植物的特有特征明显：叶基部不下延生长；种鳞螺旋状着生在较长的中轴上；通常种鳞发达，苞鳞退化；次生木质部具管胞，无导管。另外，松属 Pinus 植物成束的针叶是生长在不发育的短枝顶端（图 11 中的 a）。不发育短枝的外侧具 1 枚苞片状鳞叶，且苞片状鳞叶基部下延，但不是叶（成束的针叶）基部下延，因为针叶是生长在不发育的短枝顶端，而不是苞片状鳞叶顶端。

④ 南洋杉科 Araucariaceae 与松类差异较大，苞鳞与种鳞愈合，仅先端露出三角状刺（图 12 中的 a~e）。但是它又与松类具有共同的特征：叶基部不下延（图 12 中的 g）。

罗汉松科植物包被种子的近肉质状假种皮（套被）是由苞片发育而来（图 12 中的 f 白色箭头），竹柏 Nageia nagi 中包被种子的近肉质状假种皮（套被）也是由苞片发育而来的（图 12 中的 j、k），因此将竹柏类植物归入罗汉松科。

另外，罗汉松科植物的叶基部不下延（图 12 中的 h、i），与南洋杉科相似。因此，罗汉松科植物与南洋杉科具有某种联系。

⑤ 传统杉科与柏科植物在形态方面具有如下重要关系：a. 杉类与柏类植物均为叶基部下延生长。b. 杉木属 Cunninghamia 具有明显的特有特征（图 5），即种鳞螺旋状着生在较长的中轴上；苞鳞发达而种鳞较小，且种鳞上部与苞鳞分离。但是，其它杉类与柏类的球果中轴逐渐缩短，种鳞与苞鳞趋向愈合（如圆柏、刺柏等）；种鳞数目简化为 3 片（如刺柏）。显然，除杉木属外，其它传统杉科类群适合归入柏科。

杉木属具有演化的相对独立性，可以提升为一个科的等级（图 8）。但考虑到应用习惯和目前一些文献结果，本卷仍将杉属归入柏科。

⑥ 金松 Sciadopitys verticillata 的特殊性主要表现在：叶二型，鳞状叶很小，散生于枝上或于枝顶呈簇生状；合生叶（由二叶合生而成）条形，生于鳞状叶的腋部，着生于不发育的短枝顶端（与松属相似）。苞鳞与珠鳞愈合（与柏类相似）。每一种鳞具 5~9 颗种子；子叶 2 枚。另外，金松的鳞状叶基部下延生长（图 5），这又与松属相似。因此，金松演化具有相对的独立性，可处理为金松目（图 8），但基于习惯，本卷将其归入柏目。

⑦ 三尖杉类与红豆杉类植物比较：三尖杉类植物的肉质假种皮由珠托发育而来；核果状种子生于苞片的腋部，成对的苞片组成大孢子叶球（雌球花）。而红豆杉类植物的肉质假种皮是由最上部苞片基部的假种皮原基细胞发育而来，不是由珠托发育而来；其次，红豆杉类植物的大孢子叶球单生，基部具数枚交互对生的苞片（图 6）。

故本卷承认三尖杉科 Cephalotaxaceae 和红豆杉科 Taxaceae。

⑧ 买麻藤科 Gnetaceae、百岁兰科 Welwitschiaceae、麻黄科 Ephedraceae，此 3 个科的演化独立性明显：次生木质部常具导管，无树脂道；球花单性，但雄球花中常见不育雌花；精子无鞭毛，颈卵器退化或无。

综合以上分析，裸子植物的系统关系如图 8 所示。

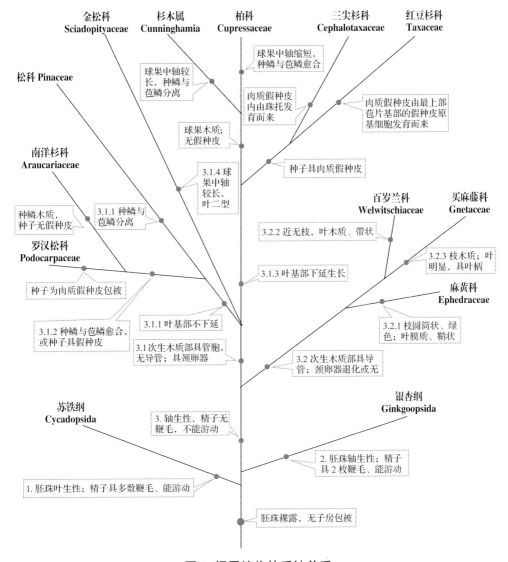

图 8 裸子植物的系统关系

图中间断点编号仅示纲、亚纲、目 3 个等级；2 个 "3.1.1" 表示均为松目这一等级的特征；"3.1.4" 示目级分类特征，可以建立金松目，但基于习惯，仍然将其归入柏目；杉木属可以提升为杉科，因应用习惯，仍保留在柏目。

2. 分类处理

根据图 8 的特征间断点，分类处理如下：

① 特征间断点 1：苏铁纲；苏铁亚纲；苏铁目。

② 特征间断点 2：银杏纲；银杏亚纲；银杏目。

③ 特征间断点 3：松纲。

特征间断点 3.1：松柏亚纲；3.1.1 松目，3.1.2 南洋杉目，3.1.3 柏目（包括 3.1.4 金松科）。

特征间断点 3.2：买麻藤亚纲；3.2.1 麻黄目，3.2.2 百岁兰目，3.2.3 买麻藤目。

以下进一步分析说明。

2.1 苏铁纲 Cycadopsida 与银杏纲 Ginkgoopsida

苏铁类植物的胚珠来源于叶状大孢子叶，生于大孢子叶的下部两侧；具有幼叶拳卷、茎干不分支或二叉分枝、大孢子叶叶状、精子有鞭毛、花粉管多分枝成吸器等原始特征。银杏与苏铁类植物类似，具有游动精子、精子有鞭毛的原始特征；但银杏的胚珠来源于枝性器官（轴性器官）的顶端细胞（图 9 中的 b），这与苏铁类植物又有明显的差异（图 9）。因此，苏铁类与银杏类植物分别处理为苏铁纲和银杏纲。

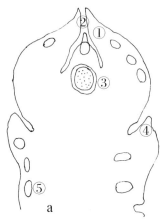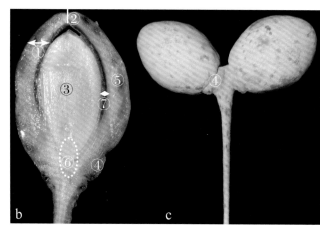

图 9 银杏胚珠来源和包被状态

a. 为银杏胚珠模式，①为珠被，它在 b①中为肉质状外种皮；a②为珠孔，b②示珠被结合在一起，珠孔不明显；a③为雌配子体，b③发育为胚和胚乳；a④与 b④为珠领，没有参与珠被形成，成熟时成为种托（b④、c④）。a⑤与 b⑤为维管；b⑦是内、中层种皮（硬骨质）；b⑥示胚珠来源于枝性器官（轴性器官）的顶端细胞。

2.2 松纲 Pinopsida

传统的松科 Pinaceae、杉科 Taxodiaceae、柏科 Cupressaceae、罗汉松科 Podocarpaceae、三尖杉科 Cephalotaxaceae 和红豆杉科 Taxaceae 植物都具有"种鳞复合体",它包被着胚珠或部分包被胚珠,使幼小的胚珠得到了不同程度的保护,这一特征明显与苏铁纲、银杏纲植物不同,因为苏铁类、银杏类植物没有"种鳞复合体"。因此,传统分类将松科、杉科、柏科、罗汉松科、三尖杉科和红豆杉科植物归入松杉纲 Coniferopsida(中国植物志编委会,1978)。本卷将它们归入松柏亚纲 Pinidae。

又根据"种鳞(珠鳞)复合体"分离、融合、简化程度的差异,以及叶柄基部是否下延这两个演化方向的分析,松类植物的"种鳞(珠鳞)复合体"几乎完全分离,这是与南洋杉、罗汉松、柏类植物明显的差异;另外,松类植物的叶基部不下延,这又与柏类植物不同。因此,可以将松柏亚纲 Pinidae 分为松目 Pinales、南洋杉目 Araucariales 和柏目 Cupressales。这与传统分类系统具有明显差异,主要是:① 南洋杉目包括了罗汉松科;② 柏目包括了金松科 Sciadopityaceae、柏科、红豆杉科;③ 将传统的杉科归入柏科;④ 三尖杉科和红豆杉科仍然保留。

2.2.1 松目 Pinales

松柏类植物的胚珠出现了"种鳞(珠鳞)复合体",使胚珠得到了一定程度的保护(图 10),而银杏的胚珠是裸露的,没有类似"种鳞(珠鳞)复合体"的任何形式的保护附属物。松目植物的珠鳞、苞鳞、种子近似完全分离,这与南洋杉、罗汉松、柏类植物有明显的差异;另外,松目植物的叶基部不下延(图 11),这又与柏类植物不同。因此,将松类植物处理为松目 Pinales。本目仅松科 Pinaceae 一科。

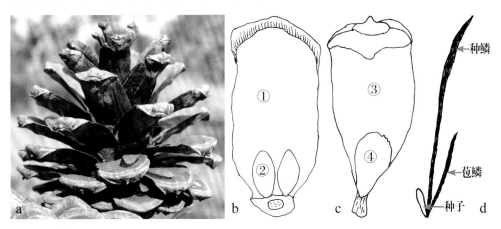

图 10 马尾松球果种鳞、苞鳞、种子相互分离

a. 马尾松球果的种子、珠鳞、苞鳞相互分离;b 中①为种鳞腹面(正面),其下部生长着种子(b 中②);c 中③为种鳞背面,c 中④为苞鳞且与种鳞分离;d. 为"种鳞复合体"的侧面,种子、种鳞、苞鳞近似完全分离,基部稍合生。

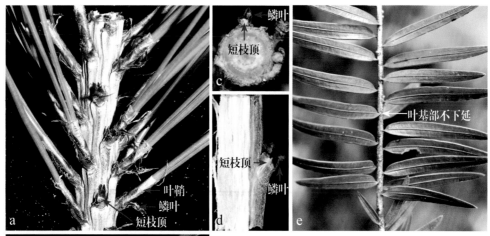

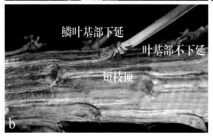

图 11 叶基部不下延

a~d. 马尾松，叶生于缩短枝顶，基部不下延，
而是鳞叶基部下延；e.铁坚油杉，叶基部不下延。

2.2.2 南洋杉目 Araucariales

南洋杉科 Araucariaceae 与松目差异较大，如异叶南洋杉 Araucaria heterophylla 的种鳞与苞鳞愈合，仅苞鳞先端露出呈三角状（图 12 中的 a~e）。但是它又与松目具有共同的特征：叶基部不下延（图 11；图 12 中的 g）。

把罗汉松科归入南洋杉目，这与传统分类系统差异较大（中国植物志编委会，1978）。罗汉松科的种子由近肉质状的假种皮完全包被，而南洋杉科的种子无假种皮包被。因此，传统分类系统认为罗汉松科与三尖杉科、红豆杉科植物的种子形态类似而将其单独处理为罗汉松目 Podocarpales，并将其与三尖杉目 Cephalotaxales、红豆杉目 Taxales 并列，排列位置也与三尖杉目靠近（中国植物志编委会，1978）。但是，罗汉松科植物包被种子的近肉质状假种皮（套被）是由苞片发育而来（图 12 中 f 白色箭头），而三尖杉类植物的肉质假种皮由珠托发育而来；红豆杉类植物的肉质假种皮是由最上部苞片基部的假种皮原基细胞发育而来（图 6）。另外，罗汉松科植物的叶基部不下延（图 12 中的 h~i），此特征又与南洋杉科相似。显然，罗汉松科植物的系统位置应该靠近南洋杉科。因此，将罗汉松科归入南洋杉目较合理。本卷南洋杉目包含南洋杉科和罗汉松科。

竹柏 Nageia nagi 中包被种子的近肉质状假种皮（套被）也是由苞片发育而来的（图 12 中的 j~k），与罗汉松相似，因此本卷将竹柏类植物归入罗汉松科。

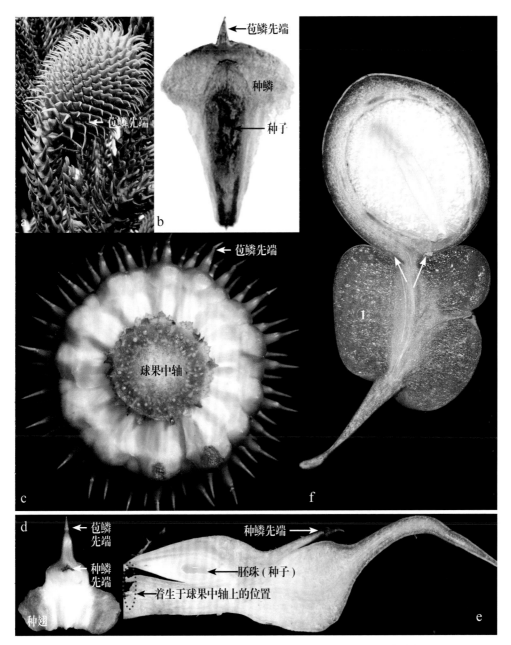

图 12 南洋杉科与罗汉松科叶基部不下延，及竹柏胚珠特征

a~e. 示异叶南洋杉的球果；其中 b. 为种鳞腹面，种鳞与苞鳞合生，苞鳞先端露出三角状刺；
种子生于种鳞腹面；c~e. 示种鳞与苞鳞愈合，其中 e. 示异叶南洋杉的胚珠着生于球果中轴上
的位置，说明其胚珠也是由枝性器官发育而来的，这与罗汉松、竹柏相似。f. 为罗汉松种子，
①为叶片发育而来的肉质种托；箭头示由苞片发育形成近肉质状假种皮（白色箭头），包被种
子（胚珠），似"套被"。

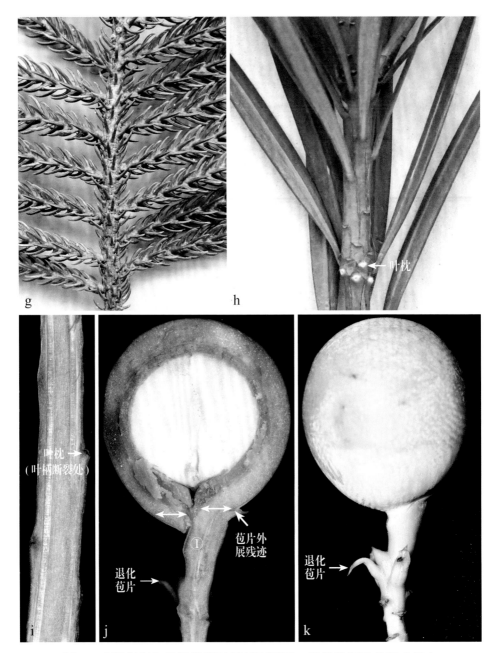

图 12　南洋杉科与罗汉松科叶基部不下延，及竹柏胚珠特征（续）

　　g. 异叶南洋杉与罗汉松（h~i）均为叶基部不下延。i. 示罗汉松叶基部不下延的解剖，叶枕为叶柄断裂处，叶基部从此处没有继续延伸。j. 中①示竹柏假种皮（套被）也是由苞片发育而来，白色双箭头为假种皮宽度；k. 示竹柏退化苞片。

2.2.3 柏目 Cupressales

根据"种鳞（珠鳞）复合体"的分离变化、包被胚珠的"包被"来源、叶柄基部是否下延三个方面的分析，传统杉科"种鳞（珠鳞）复合体"中的种鳞（珠鳞）、苞鳞形态逐渐向柏科演化（图 13），即由杉木 Cunninghamia lanceolata 的苞鳞发达、种鳞（珠鳞）较小（但二者明显分离、可辨，图 13 中的 a、b），逐渐演化到柳杉、水松 Glyptostrobus pensilis 的苞鳞与种鳞愈合，苞鳞仅先端分离为 1 全数个刺，再到水杉 Metasequoia glyptostroboides 的种鳞与苞鳞完全合生（形态上只见到种鳞）。在这个过程中，柳杉、水松球果的种鳞与苞鳞形态特征表现出与侧柏近似（图 13 中的 e、f）。说明传统杉科与柏类植物存在一定的系统演化关系。

图 13 杉类与柏类植物的种鳞（珠鳞）、苞鳞演化

a. 杉木球果的苞鳞发达，先端具尖刺；b. 杉木苞鳞腹面，较小的种鳞生有 2~3 颗种子，且种鳞先端与苞鳞分离。c~d. 示日本柳杉球果的种鳞与苞鳞合生呈"盾"状（鳞盾，白色箭头所示），苞鳞在鳞盾顶部仅露出 1 枚三角状尖齿（蓝色箭头），而种鳞在鳞盾顶部露出一行三角状齿（3~4 个齿，红色虚线）；e. 水松球果的种鳞与苞鳞合生，苞鳞仅露出 1 齿，种鳞先端为一行刺；f. 侧柏球果与日本柳杉、水松相似，不同的是侧柏仅见苞鳞在鳞盾顶部分离为 1 个刺；g. 为圆柏球果，种鳞与苞鳞全合生，并愈合呈近球状。

图 14 杉类与柏类植物叶基部下延的比较

a~b. 依次示杉木与日本柳杉叶基部下延；c. 中的箭头示水松条形叶与鳞叶基部下延区段；d. 示水杉叶基部下延；e~g. 示侧柏叶基部下延；h~i. 示圆柏基部下延。

其次，传统杉科与柏科都是叶柄基部下延（图 14）。因此，结合图 11 和图 12 的演化分析，本卷将杉科归入到柏科。

三尖杉类植物的肉质假种皮由珠托发育而来，而红豆杉类植物的肉质假种皮是由最上部苞片基部的假种皮原基细胞发育而来，不是由珠托发育而来（图 6）。故本卷承认三尖杉科 Cephalotaxaceae 和红豆杉科 Taxaceae。

将三尖杉科、红豆杉科归入柏目的分析：柏科与三尖杉科、红豆杉科的叶基部都下延（图 14、图 15）。不同的是柏科的种鳞或"种鳞＋苞鳞"是木质，成熟后裂开（除高山柏 Juniperus squamata 等极少数种类不裂开外）。因此，把三尖杉科、红豆杉科归入柏目。

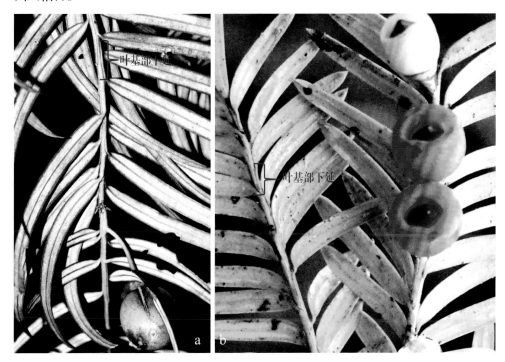

图 15 三尖杉和南方红豆杉叶基部下延

a. 三尖杉，叶基部下延；b. 南方红豆杉叶基部下延。种子生于红色肉质杯状假种皮，单生。

2.3 买麻藤亚纲 Gnetidae

买麻藤类包括麻黄科 Ephedraceae、买麻藤科 Gnetaceae、百岁兰科 Welwitschiaceae 植物。它们与苏铁、银杏、松柏类植物显著的差异是买麻藤类植物的胚珠为囊状盖被（盖子）包被（图 16）。苏铁、银杏、松柏类植物的胚珠是裸露的，其中有些松柏类由于种鳞和苞鳞的愈合而包被胚珠，但在球果成熟时种鳞裂开而使种

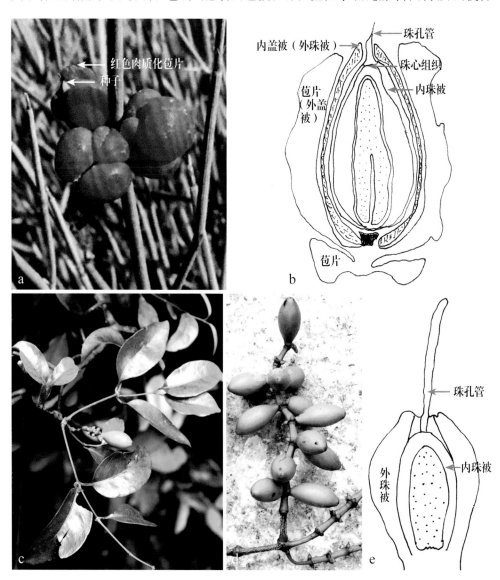

图 16 麻黄科、买麻藤科、百岁兰科植物胚珠包被状态

a~b. 为麻黄；c. 为小叶买麻藤植株，木质藤本，叶对生，羽状脉；d. 为小叶买麻藤种子；e. 为买麻藤科植物胚珠结构模式。

子（胚珠）裸露（如圆柏、刺柏等）。此外，买麻藤类植物具有由外珠被延伸而形成的珠孔管，且明显外露（图16中的b）。

买麻藤类植物包被胚珠的囊状盖被分为两层，外层为外盖被，由苞片发育而来；内层为内盖被，由外珠被发育而来；其次，内珠被发育为种皮（图16中的b）。

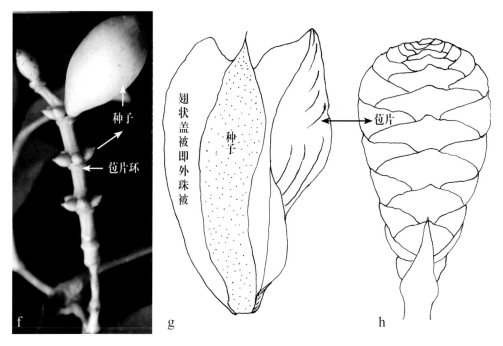

图 16 麻黄科、买麻藤科、百岁兰科植物胚珠包被状态（续）

f. 为小叶买麻藤雌花；g. 百岁兰胚珠结构，其中苞片覆盖在翅状盖被外面；h. 百岁兰雌球花。

买麻藤类植物"囊状盖被"的来源与松柏类植物的"种鳞（珠鳞）复合体"有较大的差异。松柏类植物的种鳞是由球果轴上的鳞片特化而来（图17中的a）；而买麻藤类的囊状盖被虽然是由种柄的苞片特化而来（图17中的b②），但经过了环状苞片形成、球果轴压缩、苞片简化和特化等复杂过程（图17中的c~f），这个特点与松柏类植物差异较大。另外，买麻藤类植物具双受精现象，而且次生木质部具导管，这两个特征与裸子植物的其它类群明显不同。综合以上差异分析，可以将买麻藤类植物处理为一个亚纲，即买麻藤亚纲 Gnetidae。

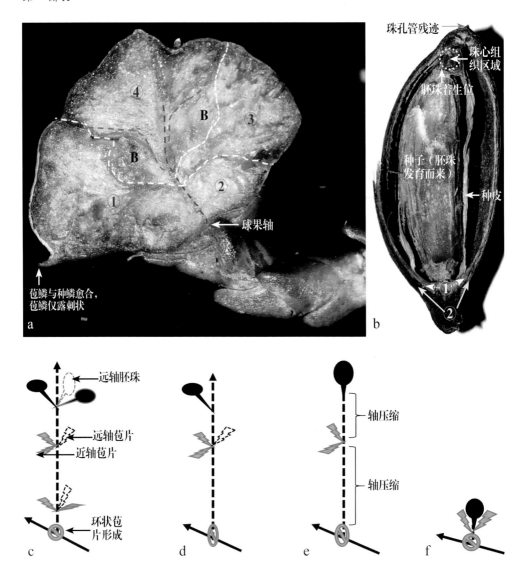

图 17 圆柏与小叶买麻藤胚珠比较

  a 中 B 为圆柏胚珠（后发育为种子）；a 中①、②、③、④均为圆柏木质种鳞，熟后裂开，种子裸露；b. 为小叶买麻藤种子，其中①为种柄的苞片发育的外珠被（即内盖被，褐黄色部分），②为种柄苞片发育的外盖被（最外层，黑色部分），珠孔管部位是盖被裂开的缝隙；c~f. 示买麻藤类植物"囊状盖被"（盖子）的起源，原始祖先种类经过环状苞片形成、苞片简化与苞片特化、胚珠减少、球果轴压缩等过程，演变为现存买麻藤类的囊状盖被（杨永等，2004）。

2.4 裸子植物分类系统目录

根据前面裸子植物系统演化和分类处理分析，结果基本上与 Christenhusz 分类系统相似。但也有一些差异，如基于图 8 亚纲的排列顺序将买麻藤亚纲排列在最后面。

裸子植物 Gymnosperms

1. 苏铁纲 Cycadopsida Pax

    1.1 苏铁亚纲 Cycadidae Pax

        1.1.1 苏铁目 Cycadales Per. ex Bercht. et J. Presl

            （1）苏铁科 Cycadaceae Persoon

            （2）泽米铁科 Zamiaceae Horanow**

2. 银杏纲 Ginkgoopsida Engler

    2.1 银杏亚纲 Ginkgoidae Engler

        2.1.1 银杏目 Ginkgoales Gorozh.

            （1）银杏科 Ginkgoaceae Engler

3. 松纲 Pinopsida

    3.1 松柏亚纲 Pinidae Cronquist Takht. et Zimmerm.

        3.1.1 松目 Pinales Gorozh.

            （1）松科 Pinaceae Sprengel ex F. Rudolphi

        3.1.2 南洋杉目 Araucariales Gorozh.

            （1）南洋杉科 Araucariaceae Henkel et W. Hochst**

            （2）罗汉松科 Podocarpaceae Endlicher

        3.1.3 柏目 Cupressales Link

            （1）金松科 Sciadopityaceae Luerssen**

            （2）柏科 Cupressaceae Gray（杉科 Taxodiaceae 归并于该科）

            （3）三尖杉科 Cephalotaxaceae Neger

            （4）红豆杉科 Taxaceae Gray

    3.2 买麻藤亚纲 Gnetidae Pax

        3.2.1 麻黄目 Ephedrales Dumort.

            （1）麻黄科 Ephedraceae Dumortier*

        3.2.2 买麻藤目 Gnetales Blume

            （1）买麻藤科 Gnetaceae Blume

        3.2.3 百岁兰目 Welwitschiales Skottsb. ex Reveal

            （1）百岁兰科 Welwitschiaceae Caruel**

（注：* 江西没有分布的科，** 中国没有分布的科）

3. 各论

3.1 苏铁科 Cycadaceae Persoon

形态特征：乔木状，棕榈状；树干直立或为地下茎，不分枝或在顶端呈二叉状分枝。叶分为鳞叶和营养叶（一至多回分裂的羽状营养叶，或称其为羽状复叶），二者相互成环状交替着生；叶基宿存；鳞叶小，密被褐色毡毛，营养叶大而集生于树干顶部。羽状复叶在幼叶期拳卷，其老叶只具中脉而无平行细脉。雌雄异株，雄球花单生于树干顶端、直立，小孢子叶扁平鳞状或盾状，螺旋状排列，其下面生有多数小孢子囊，小孢子萌发时产生 2 个有多数纤毛能游动的精子；大孢子叶扁平，上部羽状分裂或不分裂，生于树干顶部羽状复叶与鳞状叶之间，胚珠 2~10 枚生于大孢子叶柄的两侧；有些种类的大孢子叶似盾状，螺旋状排列于中轴上，呈球花状，生于树干顶端，胚珠 2 枚，生于大孢子叶的两侧。种子核果状，具 3 层种皮，外种皮肉质状；子叶 2 枚，胚乳丰富。

关键特征：树干不分枝（稀顶端二叉状分枝）；具一至多回分裂的羽状叶；胚珠多枚生于大孢子叶柄的两侧。

分布与种数：苏铁科仅 1 属（苏铁属）约 100 种，主要分布于中国、中南半岛、澳大利亚等南北两半球的热带及亚热带地区。中国有 1 属约 24 种。江西野生分布 1 种，广泛栽培 1 种。

3.1.1 苏铁属 Cycas Linnaeus

特征同科。

（1）苏铁 Cycas revoluta Thunberg

中国植物志，第 7 卷：7，1978；Flora of China, Vol. 4: 5, 1999；世界裸子植物的分类和地理分布，70，2017；中国生物物种名录，第一卷（总上）：231，2019.

形态特征：常绿乔木，高 2~8m，树干残留螺旋状排列的菱形状叶柄痕。叶羽状分裂、无毛，从茎的顶部生出，长 70~160cm；羽状裂片约 90 对、狭条形、坚硬，裂片长 9~18cm，宽约 0.6cm，先端有刺状尖头，基部狭窄，叶轴横切面呈四方状，叶轴柄略成四角形，两侧有齿状刺，刺长约 0.2cm；雄球花圆柱形，长 30~70cm，径 8~15cm，有短梗；小孢子叶窄楔形，长 3.5~6cm，顶端宽平，下部渐窄，背面中肋及顶端密生黄褐色或灰黄色长绒毛；花药通常 3 个聚生；大孢子叶长 14~22cm，具淡灰黄色绒毛，不育顶片三角状卵形或窄卵形，边缘羽状分裂；胚珠 2~6 枚，生于大孢子叶柄的两侧，有绒毛。种子红褐色或橘红色，长 2~4cm，径 1.5~3cm，密生灰黄色短绒毛，后渐脱落，顶端有尖头。花期 6~7 月，种子 10 月成熟。野生苏铁为国家一级重点保护植物（国务院 2021 年批准，全书同）。

分布：江西广泛栽培。福建、台湾、广东有野生分布，海拔 200~1000m。

用途和繁殖方法：园林观赏，种子药用。播种、分株繁殖。

苏铁

　　a. 雌球花生于干顶；b. 雄球花圆柱状；c. 叶羽状分裂、无毛，羽状裂片狭条形、坚硬，先端有刺状尖头，基部狭窄，叶轴柄两侧具尖刺。d. 小孢子叶窄楔形，顶端宽平，下部渐窄，顶端密生绒毛。e. 大孢子叶具柔毛，胚珠生于大孢子叶基部柄状的两侧，幼时被短毛。

（2）四川苏铁 Cycas szechuanensis W. C. Cheng et L. K. Fu

中国植物志，第 7 卷：12，1978；Flora of China，Vol. 4: 5，1999；世界裸子植物的分类和地理分布，82，2017；中国生物物种名录，第一卷（总上）：232，2019.

形态特征：常绿，茎杆圆柱形，直或弯曲，高 0.2~2m，20~60 枚羽状叶集生于茎顶；萌发力强，常呈丛生状。羽状叶长 1~3.5m；叶柄初被棕褐色短毛，逐渐脱落为无毛；叶柄长 30~130cm，两侧具尖刺；叶柄基部阔三角形。叶（羽状裂片）披针状条形，微弯曲，厚革质，长 15~30cm，宽 1.2~1.6cm，边缘平直或波状，先端渐尖，两面无毛（或初被毛，后脱落）；叶（羽状裂片）基部沿中轴下延并连接呈线状翅；中脉于叶两面隆起，叶面具光泽，叶背无毛。大孢子叶球生于茎顶端。大孢子叶扁平，两面被褐红色绒毛，逐渐脱落变无毛，但大孢子叶下部的柄状部分密被绒毛（后逐渐脱落变为稀疏短毛或近无毛）；大孢子叶长 13~18cm，上部的不育顶片（未裂部分）倒卵形或长卵形，长 5~8cm，宽 3~5cm，边缘篦齿状分裂，裂片钻形（长 2~6cm，有时裂片上部具 1~2 次浅裂），无毛，顶裂片的长度与其两侧的侧裂片近等长或短于侧裂片；大孢子叶下部的柄状部分长 6~10cm，两边各生 2~5 枚胚珠，胚珠无毛。国家一级重点保护植物。

分布：江西分布于寻乌县（龙庭乡）定南县（天台山自然保护区），野生于水库旁边和附近沟谷的稀树灌丛中，海拔 215m。福建（南平、沙县）、四川等地区也有分布。

用途和繁殖方法：园林观赏，种子药用。播种、分株繁殖。

四川苏铁

　　a. 生境较好的植株；b. 干燥生境的植株，茎杆高约 50cm；c. 叶柄初被棕褐色短毛，具尖刺；d. 叶（羽状裂片）基部沿中轴下延并连接呈线状翅；叶面中脉隆起；e. 叶柄基部阔三角形；f. 叶背中脉隆起，无毛；g. 大孢子叶上部顶片（未裂部分）倒卵形，顶裂片（红线示）与侧裂片近等长或短于侧裂片；h. 大孢子叶背面被褐色绒毛，逐渐脱落变无毛；i. 大孢子叶下部的柄状部分密被绒毛，两边各生 2 枚胚珠；j. 大孢子叶球生于茎顶端。

3.2 银杏科 Ginkgoaceae Engler

形态特征：落叶乔木，具长枝和短枝。叶扇形，似平行脉，具长柄；叶在长枝上螺旋状排列散生，在短枝上簇生。球花单性，雌雄异株。雌、雄球花均生于短枝顶部的鳞片状叶腋内；雄球花具梗，柔荑花序状，雄蕊多数，螺旋状着生，排列较疏，具短梗，花药2枚，药室纵裂；雌球花具长梗，梗端常分2叉，叉顶生珠座，各具1枚直立胚珠。种子核果状，具长梗，下垂，外种皮肉质，中种皮骨质，内种皮膜质，胚乳丰富；子叶2枚，发芽时不出土。

关键特征：具长枝和短枝；叶扇形、具长柄；种子核果状，具长梗，外种皮肉质。

分布与种数：银杏科仅1属1种，中国特有，野生分布于浙江天目山，江西逸为野生或广泛栽培。

3.2.1 银杏属 Ginkgo Linnaeus

特征同科。

（1）银杏 Ginkgo biloba Linnaeus

中国植物志，第7卷：18，1978；Flora of China，Vol.4：8，1999；世界裸子植物的分类和地理分布，246，2017；中国生物物种名录，第一卷（总上）：233，2019.

形态特征：落叶乔木，枝近轮生，具长枝和短枝。枝、叶均无毛；叶扇形，有长柄，生于短枝上的叶有时具缺刻，长枝上的叶常2裂；柄长3~10cm；叶在长枝上螺旋状散生，在短枝上簇生。球花雌雄异株、单性，生于短枝顶端的鳞片状叶的腋内；雄球花柔荑花序状下垂，雄蕊具短梗，花药常2个，药室纵裂，药隔不发；雌球花具长梗，梗端分2叉，每叉顶生长1枚珠座，胚珠生于珠座上，风媒传粉。种子具长梗、下垂，长3~5cm，径为2~3cm，外种皮肉质，熟时橙黄色，有臭味；中种皮白色，骨质，具2~3条纵脊；内种皮膜质；胚乳肉质；子叶2枚，发芽时不出土。花期3~4月，种子9~10月成熟。野生银杏为国家一级重点保护植物。

分布：江西广泛栽培或逸为野生。据记载浙江天目山有野生分布，海拔500~1000m。

用途和繁殖方法：珍贵用材树种，园林观赏，种子药用。播种、扦插繁殖。

银杏

a. 叶扇形，簇生于短枝顶部；b. 落叶乔木，秋色叶金黄色；c. 种子具长梗，簇生于短枝顶部苞片腋内；d. 2 枚种子生于稍膨大的珠托上（由珠领发育而来，箭头所指）；e. 种子结构。

3.3 松科 Pinaceae Sprengel ex F. Rudolphi

形态特征：常绿或落叶乔木，叶条形、针形，基部不下延；条形叶在长枝上螺旋状排列，在短枝上呈簇生状；针形叶 2~5 针一束，着生于极退化的短枝顶端，基部有膜质叶鞘包被。花单性，雌雄同株；雄球花腋生、单生或集生于短枝顶端，每雄蕊具 2 花药，花粉有气囊或无气囊；雌球花由多数螺旋状着生的珠鳞与苞鳞所组成，珠鳞的腹面具 2 枚倒生胚珠，背（下）面的苞鳞与珠鳞分离（基部合生），花后珠鳞增大发育成种鳞。球果直立或下垂，当年或次年成熟，熟时张开；种鳞木质或革质，宿存或熟后脱落；种鳞的腹面基部具 2 颗种子，种子通常上端具膜质翅；胚具 2~16 枚子叶。

关键特征：乔木，叶基部不下延；花单性；苞鳞与珠鳞分离；种子具膜质翅。

分布与种数：分布于北半球，11 属约 225 种。中国 10 属 102 种。江西 8 属 9 种 3 变种，另有引种栽培 2 属 2 种。

分属检索表

1.叶条形，乔木。
  2.常绿乔木，仅长枝一种类型；球果当年成熟。
    3.球果直立。
      4.叶面中脉凹陷或平坦。
        5.叶面中脉凹下；叶先端常 2 裂；叶在枝上排列成平面状二列，每侧又排成长、短 2 层叶；球果生叶腋、直立⋯⋯⋯⋯⋯⋯⋯⋯**冷杉属 Abies**
        5.叶面中脉平坦，先端长渐尖，尖头针刺状；苞鳞长条形、露出⋯⋯⋯⋯⋯⋯⋯⋯⋯⋯⋯⋯⋯⋯⋯⋯⋯⋯**长苞铁杉属 Nothotsuga**
      4.叶面中脉凸起，叶先端圆钝或凸尖；叶常排成二列⋯⋯⋯⋯⋯⋯⋯⋯⋯⋯⋯⋯⋯⋯⋯⋯⋯⋯⋯⋯**油杉属 Keteleeria**
    3.球果下垂。
      6.幼枝具毛；同一枝上的叶常排成二列，长短差异较大；球果苞鳞明显露出⋯⋯⋯⋯⋯⋯⋯⋯⋯⋯**黄杉属 Pseudotsuga**
      6.幼枝常无毛；同一枝上的叶近等长；球果苞鳞不露出⋯⋯⋯⋯⋯⋯⋯⋯⋯⋯⋯⋯⋯⋯⋯⋯⋯⋯**铁杉属 Tsuga**
  2.落叶乔木，具长枝和短枝；叶簇生于短枝顶部，呈圆形排列；叶近等长，常弯而不直；成熟后种鳞脱落⋯⋯⋯⋯⋯⋯**金钱松属 Pseudolarix**
1.叶针形，常绿乔木。
      7.具短枝，针叶簇生于短枝顶部；叶坚硬，三棱或四棱状；球果翌年成熟种鳞脱落⋯⋯⋯⋯⋯⋯⋯⋯⋯⋯⋯⋯⋯**雪松属 Cedrus**
      7.无短枝，针叶螺旋状排列于长枝上，2~5 针一束，基部具叶鞘包被；球果翌年成熟，种鳞宿存⋯⋯⋯⋯⋯⋯⋯⋯⋯⋯**松属 Pinus**

3.3.1 冷杉属 Abies Miller

形态特征：常绿乔木，枝条轮生，小枝对生。叶螺旋状着生，基部扭转列成两列，每侧又排成长、短 2 层叶；叶条形，先端尖、钝、或 2 裂，具极短的柄；叶面中脉凹下，叶背每边有 1 条气孔带。雌雄同株，球花单生于去年枝上的叶腋；雄球花成穗状、下垂，有梗，花粉有气囊；雌球花直立，具多数螺旋状着生的珠鳞和苞鳞，苞鳞大于珠鳞，珠鳞腹面基部具 2 枚胚珠。球果当年成熟，直立；种鳞木质，苞鳞露出、微露出或不露出；种子上部具宽大的膜质翅；子叶多数，发芽时出土。

分布与种数：分布于亚洲、欧洲、美洲和非洲（北部）的高山，全球约 62 种。中国约 23 种，分布于西北、东北、西南地区以及南方的高山山地。江西 1 变种。

（1）百山祖冷杉 Abies beshanzuensis M. H. Wu

中国植物志，第 7 卷：84，1978；Flora of China，Vol.4: 50，1999；世界裸子植物的分类和地理分布，357，2017；中国生物物种名录，第一卷（总上）：233，2019.

（1）a. 百山祖冷杉（原变种）Abies beshanzuensis var. beshanzuensis

Flora of China，Vol.4: 50，1999；中国生物物种名录，第一卷（总上）：233，2019.
江西无分布；分布于浙江。

（1）b. 资源冷杉 Abies beshanzuensis var. ziyuanensis (L. K. Fu et S. L. Mo) L. K. Fu et Nan Li

Flora of China，Vol.4: 44，1999；中国生物物种名录，第一卷（总上）：233，2019. *Abies ziyuanensis* L. K. Fu et S. L. Mo，世界裸子植物的分类和地理分布，409，2017.

形态特征：常绿乔木，老枝灰黑色、无毛；幼枝淡褐色，近无毛（仅在叶之间的凹槽内具短毛）；树皮裂成薄片状脱落。叶条形，基部常扭转排成二列于枝条两侧，每一侧的叶又排成长、短两层；大树的叶先端凹裂，裂片先端圆钝；幼树或萌发枝上的叶先端 2 深裂，裂片先端尖刺状；叶基部不下延，叶面中脉凹下，叶长 2~4.8cm，宽 0.8~1cm，叶背具 2 条白色的气孔带；叶横切面具 2 个边生树脂道。雄球花莱荑状、下垂，单生新枝叶腋。球果木质，常单生于新枝上部叶腋，直立，近圆柱形，当年成熟，褐黄色；幼果紫红色，苞鳞稍短于种鳞，苞鳞先端露出（渐尖）、反卷。珠鳞基部具 2 枚胚珠。种子具膜质翅，连同翅长 2~2.4cm。开花期 5 月，球果成熟期 11 月。国家一级重点保护植物。

分布：江西分布于井冈山（平水山，4 株），生于海拔 1730m 山顶矮林中；遂川南风面（原生性群落，45 株，最大胸径 50cm）也有分布，生于海拔 1850m 山顶矮林中。广西、湖南（八面山）有分布。

用途和繁殖方法：优质用材，用于科学研究。播种繁殖。

资源冷杉

a. 幼树叶面中脉凹陷，基部常扭转排成二列于枝条两侧，每一侧叶又排成长、短两层，叶先端凹裂；b. 常绿乔木，树皮裂成薄片状脱落；c. 叶背具 2 条白色气孔带；雄花序穗状、下垂；d. 幼果紫红色，生于新枝上部叶腋，苞鳞先端露出（渐尖）、反卷；大树的叶先端凹裂，裂片先端圆钝；叶基部不下延。

3.3.2 长苞铁杉属 Nothotsuga Hu ex C. N. Page

形态特征：常绿乔木，叶条形，具叶柄；叶面中脉平坦，先端长尖，尖头针刺状；叶长 1.5~3cm，宽 0.5~0.9cm；叶背中脉两侧气孔带淡绿色或白色。雌雄同株，单性花，雄球花伞状簇生。球果直立，整体脱落或分散脱落；种鳞宿存；苞鳞长条形，露出，先端渐尖。种子三角状卵形，种翅先端圆形。

分布与种数：中国特有，仅 1 种，分布于广东北部、广西北部、湖南南部、贵州西南部（基本上沿南岭山地由西向东分布，直至福建）。江西 1 种。

（1）长苞铁杉 Nothotsuga longibracteata（Cheng）Hu ex C. N. Page

世界裸子植物的分类和地理分布，441，2017；中国生物物种名录，第一卷（总上）：235，2019. *Tsuga longibracteata* W. C. Cheng，中国植物志，第 7 卷：108，1978；*Tsuga longibracteata* W. C. Cheng，Flora of China，Vol.4：33，1999.

形态特征：常绿乔木，枝无毛，基部有宿存的芽鳞；冬芽先端尖，无毛、无树脂。叶螺旋状辐射散生；叶条形、直，叶长 1.5~3cm，宽 0.5~0.9cm，先端长渐尖，尖头针刺状；叶背中脉两侧气孔带淡绿色或有时白色；叶基部楔形，具明显的短柄，柄长 0.2cm。球果直立，长 2~5.8cm，径 1.2~2.5cm；种鳞背后的苞鳞长条形，先端渐尖，露出。种翅较种子为长，先端宽圆，近基部的外侧微增宽。开花期 3~4 月中旬，球果成熟 10 月。

分布：江西分布于大余县（沙村）、崇义县（齐云山）、上犹县（光姑山），生于阔叶林、针阔混交林中，海拔 300~1000m。

用途和繁殖方法：优质用材，低山植被恢复（福建清流县海拔 300m 山地有人工造林），公园绿化。播种繁殖。

长苞铁杉

a. 枝无毛，叶条形、直，先端长渐尖，尖头刺状；叶背淡绿色；b. 球果直立，叶面中脉平坦；c. 幼果近柱形。

3.3.3 油杉属 Keteleeria Carriére

形态特征：常绿乔木，小枝基部有宿存芽鳞。叶条形、条状披针形，螺旋状着生于枝上并排成二列，叶面中脉凸起，叶背具2条气孔带，先端圆钝、微凹或凸尖，叶柄短，常扭转，基部微膨大。雌雄同株，球花单性；雄球花4~8个簇生于侧枝顶端或叶腋，有短梗，花粉有气囊；雌球花单生于枝顶、直立，苞鳞显著，先端3裂，珠鳞小、生于苞鳞腹面基部，其上生2枚胚珠。球果当年成熟，直立，近柱形；种鳞宿存，苞鳞长约为种鳞的一半，不露出，先端3裂，中裂窄长，两侧裂片较短；种子具宽、厚的膜质翅；子叶多4枚，发芽不出土。

分布与种数：分布于中国、老挝、越南，全球约5种。中国约5种，分布于秦岭以南、雅砻江以东山区，其中贵州南部与广西北部交界的南岭西端较多。江西3种，其中引种栽培1种。

分种检索表

1. 幼枝无毛，大多数叶先端圆钝（稀锐尖），叶背具明显白色气孔带；叶边缘反卷⋯⋯⋯⋯⋯⋯⋯⋯⋯⋯⋯⋯⋯⋯⋯⋯⋯⋯⋯⋯江南油杉 **Keteleeria fortunei** var. **cyclolepis**
1. 枝被毛，叶先端凸尖或渐尖。
   2. 枝和幼枝均密被黄短毛，叶先端凸尖，叶柄较长；叶背两条气孔带淡黄绿色⋯⋯⋯⋯⋯⋯⋯⋯⋯⋯⋯⋯⋯⋯⋯⋯⋯⋯⋯柔毛油杉 **K. pubescens**
   2. 枝近无毛，幼枝密被黄褐色短毛；叶先端渐尖而呈刺状，叶背中脉两侧淡绿色⋯⋯⋯⋯⋯⋯⋯⋯⋯⋯⋯⋯⋯⋯⋯铁坚油杉 **K. davidiana**

（1）油杉 Keteleeria fortunei（A. Murray）Carriére

中国植物志，第7卷：50，1978；Flora of China，Vol.4: 43，1999；世界裸子植物的分类和地理分布，421，2017；中国生物物种名录，第一卷（总上）：234，2019.

（1）a. 油杉（原变种）Keteleeria fortunei var. **fortunei**

Flora of China，Vol.4: 43，1999.

江西无分布；分布于浙江、福建、广东、广西等地区。

（1）b. 江南油杉 Keteleeria fortunei var. **cyclolepis**（Flous）Silba

Flora of China，Vol.4: 43，1999. *Keteleeria cyclolepis* Flous，中国植物志，第7卷：52，1978. *Keteleeria cyclolepis* Flous，世界裸子植物的分类和地理分布，422，2017.

形态特征：常绿乔木，幼枝无毛，老枝常具不明显的细毛。叶条形，在枝上排成二列，稀螺旋状排列，叶长2.5~4cm，宽0.6~1.1cm；叶边缘反卷；叶先端变化较大，大多数叶先端圆钝（稀凸尖），幼枝上的叶先端短尖；叶面中脉凸起，叶背具明显白色气孔带（稀淡绿色）。球果近柱形，长6~18cm，径5~6.5cm；苞鳞不露出，先端3裂，侧裂片具钝尖头；种翅中上部较宽，下部渐窄。开花期3~4月，种子成熟期10月。

分布: 江西分布于安远县（仰天湖有成片群落）、崇义县（官溪），生于阔叶林中，海拔 300~800m。浙江、福建、广东、广西也有分布。

用途和繁殖方法: 优质用材，公园绿化。播种繁殖。

江南油杉

a. 幼枝红褐色、无毛，叶先端圆钝或凸尖；b. 老枝的叶先端圆钝，老枝上的毛不明显或无毛；c. 叶背具两条白色气孔带；d. 球果直立；e. 种鳞较大，其背后的苞鳞顶部 3 裂；f. 种子具翅。

（2）柔毛油杉 Keteleeria pubescens W. C. Cheng et L. K. Fu

中国植物志，第 7 卷：43，1978；Flora of China，Vol.4: 37，1999. *Keteleeria davidiana*（C. E. Bertrand）Beissn.，世界裸子植物的分类和地理分布，418，2017；*Keteleeria davidiana*（C. E. Bertrand）Beissn.，中国生物物种名录，第一卷（总上）：234，2019.

形态特征：常绿乔木，树皮纵裂；枝和幼枝均密被黄短毛。叶条形，排成二列或螺旋状着生；叶先端凸尖；长 2~4cm，宽 0.4~0.5cm，叶面中脉隆起；叶背中脉两条气孔带淡黄绿色（有时被白粉）；叶边缘向下稍反卷；叶柄较长，达 0.4cm。球果成熟前淡绿色，具白粉，椭圆状圆柱形，长 7~11cm，直径 3~3.5cm；中部的种鳞近五角状圆形，顶部宽圆，中央微凹，背面露出部分具短毛，且边缘微向外反卷；苞鳞长约为种鳞的 2/3，近倒卵形，先端 3 裂，中裂片呈窄三角状刺尖，长约 0.3cm；种子具膜质长翅。

分布：江西分布于安远县（高云山），海拔 260~600m。甘肃、陕西、四川、湖北、湖南、贵州等地区也有分布。

用途和繁殖方法：优质用材，公园绿化。播种繁殖。

柔毛油杉

a. 枝和幼枝均密被短毛；叶条形，在枝上排成二列；b. 叶背中脉两条气孔带淡黄绿色（有时被白粉）；c. 叶排成二列或螺旋状着生；d. 叶先端凸尖（图中虚线圆圈部分）；叶边缘向下稍反卷。

（3）铁坚油杉 Keteleeria davidiana（C. E. Bertrand）Beissner

中国植物志，第 7 卷：46，1978；Flora of China，Vol.4: 37，1999；世界裸子植物的分类和地理分布，418，2017；中国生物物种名录，第一卷（总上）：234，2019.

形态特征： 常绿乔木，树皮纵裂；老枝平展或斜展；枝近无毛，幼枝密被黄褐色短毛。叶条形，在侧枝上排列成二列，长 2~5cm，宽 0.3~0.5cm；叶先端渐尖而呈刺状，叶背中脉两侧淡绿色。球果圆柱形，长 8~21cm，直径 3.5~6cm；中部的种鳞近斜方状卵形，顶部圆或窄长、反卷，边缘向外反曲，种鳞的鳞背露出部分无毛；苞鳞上部近圆形，先端 3 裂，中裂片窄、渐尖；种翅近中部较宽，上部渐窄。花期 4 月，球果成熟期 10 月。

分布： 江西修水县（乐家山）引种栽培；广西、贵州有分布，海拔 600~1100m。

用途和繁殖方法： 优质用材，公园绿化，植被恢复。播种繁殖。

铁坚油杉

a. 枝近无毛；叶条形，在侧枝上排列成二列；b. 叶先端渐尖而呈刺状（图中虚线圆圈部分），叶背中脉两侧淡绿色；c. 幼枝密被黄褐色短毛；d. 常绿乔木。

3.3.4 黄杉属 Pseudotsuga Carriére

形态特征：常绿乔木，幼枝具毛；同一枝上的叶长短差异较大；小枝具隆起的叶枕，基部无宿存的芽鳞。叶条形，螺旋状着生，基部窄而扭转排成二列，具短柄；叶先端 2 裂，裂片顶端钝；叶正面中脉凹下，背面中脉隆起，叶背具 2 条白色或灰绿色气孔带。雌雄同株，球花单性；雄球花圆柱形，单生叶腋，花粉无气囊；雌球花单生于侧枝顶端，下垂；苞鳞显著，直伸或向后反曲，先端 3 裂，珠鳞小，生于苞鳞基部，其上着生 2 枚侧生胚珠。球果下垂，有柄；种鳞木质、坚硬，宿存；苞鳞显著露出，先端 3 裂，中裂窄长渐尖，侧裂较短，先端钝尖或钝圆，种子具翅。

分布与种数：间断分布于亚洲（东部）、北美洲，约 6 种。中国约 3 种，分布于西藏、四川、云南、贵州、湖北、湖南、浙江、台湾、福建、安徽、广西等地山区。江西 1 种。

（1）华东黄杉 Pseudotsuga gaussenii Flous

中国植物志，第 7 卷：101，1978；世界裸子植物的分类和地理分布，630，2017；中国生物物种名录，第一卷（总上）：238，2019. *Pseudotsuga sinensis* var. *sinensis*，Flora of China，Vol.4: 31，1999.

形态特征：常绿乔木，高 18~40m，胸径可达 1m；树皮深灰色，裂成不规则块片；一年生枝淡黄灰色（干后灰褐色或褐色），叶枕顶端褐色，一年生枝具疏毛；2~3 年生枝灰色或淡灰色，无毛；冬芽顶端尖，卵状圆锥形，褐色。叶条形，排列成二列或在主枝上近辐射伸展，直伸或微弯，长 2.5~3.5cm，宽 0.4~0.6cm，先端凹缺，裂片圆钝；叶正面中脉凹下，深绿色，具光泽，叶背具两条白色气孔带；叶的横切面上面具一层不连续的皮下层细胞。球果圆锥状卵圆形或卵圆形，基部宽，上部较窄，长 3.5~5.5cm，径 2~3cm，微有白粉；中部种鳞肾形或横椭圆状肾形，长约 2cm，宽约 3.5cm，鳞背露出部分无毛；苞鳞显著露出，先端反折，中裂片较长，侧裂片较短、呈三角状，长约 0.5cm，侧裂三角状，先端尖或钝，外缘常具细缺齿，长 0.3cm。种子三角状卵圆形，微扁，长约 1cm，上面密生褐色毛，下面具不规则的褐色斑纹，种翅与种子近等长。花期 4~5 月，球果成熟期 10 月。国家二级重点保护植物。

分布：江西分布于三清山，生于针阔混交林中，海拔 800~1100m。安徽（黄山）、浙江（雁荡山、龙泉、庆元、泰顺及平阳）也有分布。

用途和繁殖方法：优良用材，园林观赏树种。播种繁殖。

华东黄杉

　　a. 叶条形，排列成二列；叶正面中脉凹下；b. 苞鳞显著露出，先端反折；c. 叶背具两条白色气孔带，先端凹裂，裂片圆钝；d. 乔木。

3.3.5 铁杉属 Tsuga（Endlicher）Carriére

形态特征：常绿乔木；幼枝无毛或近无毛；小枝基部具宿存芽鳞。同一枝上的叶近等长；叶条形，螺旋状排列或基部扭转排成二列，具短柄；叶面中脉凹下、平或微隆起，叶背每边有 1 条灰白色或灰绿色气孔带。球花单性，雌雄同株；雄球花单生叶腋，具短梗，花粉有气囊或气囊退化。雌球花单生于去年生的枝顶，珠鳞较苞鳞为大，珠鳞的腹面基部具 2 枚胚珠；苞鳞短小不露出。球果当年成熟，下垂，有短梗或无梗；球果苞鳞不露出；种鳞成熟后张开，不脱落；种子上部有膜质翅，子叶多枚，发芽时出土。

分布与种数：分布于亚洲东部、北美洲，约 10 种。中国约 3 种，分布于秦岭以南山区。江西 1 种。

（1）铁杉 Tsuga chinensis（Franchet）E. Pritzel

中国植物志，第 7 卷：117，1978；Flora of China，Vol.4: 34，1999；世界裸子植物的分类和地理分布，641，2017；中国生物物种名录，第一卷（总上）：238，2019.

（1）a. 铁杉（原变种）Tsuga chinensis var. chinensis　南方铁杉

Flora of China，Vol.4: 34，1999；世界裸子植物的分类和地理分布，641，2017；中国生物物种名录，第一卷（总上）：238，2019. *Tsuga chinensis*（Franchet）E. Pritzel var. *tchekiangensis*（Flous）Cheng et L. K. Fu，中国植物志，第 7 卷：117，1978.

形态特征：常绿乔木；一年生枝无毛或近无毛。同一枝上的叶近等长；叶条形，螺旋状排列，稀排列成二列，叶长 1.7~2.5cm，宽约 0.4cm，先端钝圆有凹缺；叶面中脉凹，叶背中脉两侧具白色气孔带。球果长 2~3cm，径 1.5~1.8cm，具短梗；球果苞鳞不露出；苞鳞先端 2 裂。种翅上部较窄；子叶多枚。花期 4 月，球果成熟期 10~11 月。

分布：江西分布于崇义县、上犹县、遂川县、井冈山、芦溪县（武功山）、三清山、铅山县（武夷山），海拔 600~1500m。西藏、云南、四川、甘肃、陕西、河南、湖北、湖南、安徽、浙江、福建、广东、广西也有分布。

用途和繁殖方法：优质用材，化工原料（树脂），种子可榨油。播种繁殖。

铁杉

a.叶条形，螺旋状排列，叶较短，叶面中脉凹；b.叶先端钝圆有凹缺，叶背中脉两侧具白色气孔带，球果生枝顶、下垂；c.常绿乔木。

3.3.6 金钱松属 Pseudolarix Gordon

形态特征：落叶乔木，具长枝和短枝；顶芽外部的芽鳞具短尖头。叶条形，簇生于短枝顶部（在长枝上螺旋状着生），呈圆形排列；叶片近等长，常弯而不直。雌雄同株，球花生于短枝顶端；雄球花穗状，多数簇生，花粉有气囊；雌球花单生，具短梗；苞鳞比珠鳞大，珠鳞的腹面基部有 2 枚胚珠，受精后珠鳞迅速增大。球果当年成熟，直立、具短梗；种鳞木质，苞鳞小，熟时与种鳞一同脱落；种子具宽大的翅。

分布与种数：中国特有，1 种，分布于长江中下游山地。江西 1 种，野生分布于庐山。

（1）**金钱松 Pseudolarix amabilis**（J. Nelson）Rehder

中国植物志，第 7 卷：197，1978；Flora of China，Vol.4: 35，1999；世界裸子植物的分类和地理分布，627，2017；中国生物物种名录，第一卷（总上）：238，2019.

形态特征：落叶乔木，高 16~28m，胸径可达 1.5m；树干通直，树皮粗糙，灰褐色，裂成不规则的鳞片状块片；枝平展，树冠宽塔形；一年生长枝淡红褐色或淡红黄色，无毛，具光泽；2~3 年生枝淡黄灰色或淡褐灰色，稀淡紫褐色，老枝及短枝呈灰色、暗灰色或淡褐灰色，短枝生长极慢，且具密集成环节状的叶枕。叶条形，柔软，镰状或直，上部稍宽，先端锐尖；叶长 2~5.5cm，宽约 0.4cm（幼树及萌生枝上的叶长约 7cm，宽 0.5cm）；叶正面绿色，中脉明显，两面无毛；叶背蓝绿色，中脉明显，每边具 5~14 条气孔线，气孔带较中脉带宽或近等宽；叶簇生于短枝顶部（在长枝上螺旋状着生），呈圆形排列，平展成圆盘形而似"铜钱"，秋后叶金黄色；叶片近等长，常弯而不直。雄球花黄色，圆柱状，下垂，长约 1cm，梗长 0.4~0.7cm；雌球花紫红色、直立、椭圆形，长约 1.3cm，具短梗。球果卵圆形或倒卵圆形，长 6~7.5cm，直径 4~5cm，成熟前绿色或淡黄绿色，成熟时淡红褐色，具短梗；中部的种鳞卵状披针形，长 2.8~3.5cm，基部宽约 1.7cm，两侧耳状，先端钝或凹缺；种鳞腹面的种翅痕之间具纵脊凸起，脊上密生短柔毛，种鳞背面光滑无毛；苞鳞长约为种鳞的 1/4~1/3，卵状披针形，边缘具细齿。种子卵圆形，白色，长约 0.6cm，种翅三角状披针形，淡黄色或淡褐黄色，上面具光泽；种翅连同种子与种鳞近等长。花期 4 月，球果成熟 10 月。国家二级重点保护植物。

分布：江西野生分布于庐山，生长于针阔混交林中，海拔 800~1100m。江苏、浙江、安徽、福建、湖南、湖北也有分布。

用途和繁殖方法：园林观赏，特殊用材。播种、扦插繁殖。

金钱松

a. 枝无毛；叶簇生于短枝顶部，叶背无毛；叶片近等长，常弯而不直；b. 叶排列成"铜钱"状，叶片上部稍宽；c. 秋叶金黄色。

3.3.7 雪松属 Cedrus Trew

形态特征： 常绿乔木；冬芽小，具长枝和短枝。叶针状、坚硬、三棱形，或因背脊明显而呈四棱形；叶在长枝上螺旋状着生，在短枝上簇生于顶部，叶脱落后有隆起的叶枕。球花单性，雌雄同株。雄球花直立，单生短枝顶端，花粉无气囊；雌球花淡紫色，珠鳞背面具短小苞鳞，腹面基部有 2 枚胚珠。球果直立，翌年成熟；种鳞木质、排列紧密；苞鳞短小，熟时与种鳞一同从宿存的中轴上脱落；球果顶端及基部的种鳞无种子，种子有宽大膜质的种翅；子叶 6~10 枚。

分布与种数： 分布于非洲北部、亚洲西部及喜马拉雅山脉西部，全球约 4 种。中国 1 种，分布于喜马拉雅山区，海拔 1300~3300m。江西引种栽培 1 属 1 种。

（1）雪松 Cedrus deodara（Roxburgh ex Lambert）G. Don

中国植物志，第 7 卷：200，1978；Flora of China，Vol.4: 46，1999；世界裸子植物的分类和地理分布，415，2017；中国生物物种名录，第一卷（总上）：234，2019.

形态特征： 常绿乔木，枝平展，小枝常下垂，一年生长枝密生短毛。叶在长枝上螺旋状着生，在短枝上簇生于顶部；叶针状、坚硬、三棱形，或因背脊明显而呈四棱形；叶之腹面两侧各有 2~3 条气孔线，背面 4~6 条，幼时气孔线有白粉而使树冠呈"雪"色景观。叶长 2.5~5cm，宽约 0.15cm，先端锐尖。雄球花长卵圆形，长 2~3cm，径约 1cm；雌球花长约 0.9cm。球果成熟时红褐色，长 7~12cm，径 5~9cm，顶端圆钝有短梗；中部种鳞扇状倒三角形；苞鳞短小；种翅宽大。球果翌年 10 月成熟。

分布： 江西广泛栽培。北京、旅顺、大连、青岛、徐州、上海、南京、杭州、南平、庐山、武汉、长沙、昆明等地区也广泛栽培。

用途和繁殖方法： 园林观赏。播种、扦插繁殖。

雪松

a. 叶针形，先端锐尖，具短枝。b. 树形塔状；c. 球果直立，小枝下垂。

3.3.8 松属 **Pinus** Linnaeus

形态特征：常绿乔木，无短枝，枝轮生。针叶螺旋状排列于长枝上，2~5 针一束，基部具叶鞘包被，叶鞘宿存（稀脱落）；鳞叶（原生叶）单生，在幼苗时期为扁平条形、绿色，后退化成膜质苞片包被针叶基部（叶鞘）。针叶横切面三角形、扇状三角形或半圆形，具 1~2 个维管束，具 2~10 个中生（或边生）的树脂道。球花单性，雌雄同株；雄球花生于新枝下部，聚集成穗状，斜展或下垂；雄蕊多数，花药 2 室、纵裂、花粉有气囊。雌球花单生或 2~4 个生于新枝近顶端；珠鳞的腹基部具 2 枚倒生胚珠，背面基部有一短小的苞鳞。小球果于翌年春季受精后迅速长大；种鳞木质、宿存，上部露出部分为"鳞盾"，鳞盾的顶部中央有呈凸起的"鳞脐"，鳞脐有刺或无刺；球果翌年成熟时种鳞张开，种鳞宿存。种子上部具长翅；子叶 3~18 枚，发芽时出土。

分布与种数：分布于北半球，北非、中美、中南半岛至苏门答腊赤道以南，全球约 121 种。中国约 27 种，南、北均有分布。江西 2 种 1 变种。

分种检索表

1. 针叶 2 针一束，基部为膜质叶鞘包被。

  2. 针叶较柔软、微曲，树脂道边生；球果种鳞鳞脐无刺或具微刺……………………………………………………………………**马尾松 Pinus massoniana**

  2. 针叶坚硬、直，先端尖刺状，树脂道中生；球果种鳞鳞脐具长尖刺……………………………………………………………………**黄山松 P. hwangshanensis**

1. 针叶 5 针一束，基部无膜质叶鞘包被…………………………………………………**大别山五针松 P. armandii var. dabeshanensis**

（1）马尾松 Pinus massoniana Lambert

中国植物志，第 7 卷：263，1978；世界裸子植物的分类和地理分布，556，2017；中国生物物种名录，第一卷（总上）：237，2019。*Pinus massoniana* var. *massoniana*，Flora of China，Vol.4: 14，1999。

形态特征：常绿乔木，叶针形，2 针一束，每束基部为膜质叶鞘包被。针叶较长，12~20cm，较柔软、微曲；树脂道边生；球果种鳞顶部（鳞盾）近菱形、较平，横脊（鳞脊）稍明显，鳞脐中央无刺或具微刺。开花期 4~5 月，球果成熟期翌年 10~12 月。

分布：江西各地有分布，生于丘陵、山区，海拔约 800m 以下。河南、陕西、安徽、江苏、浙江、福建、台湾、广东、广西、海南、湖南、湖北、云南、四川、贵州也有分布。

用途和繁殖方法：用材，松脂，矿柱木，水土保持。播种繁殖。

鳞盾 →

马尾松

a. 叶针形，2 针一束，较柔软、微曲；b. 球果鳞盾横脊稍明显，鳞脐无刺或具微刺；c. 种鳞背面；鳞盾较平、近菱形；横脊稍明显，鳞脐中央具微刺；d. 常绿乔木；e. 上部为雌球花，下部为雄球花。

（2）黄山松 Pinus hwangshanensis W. Y. Hsia

世界裸子植物的分类和地理分布，544，2017；中国生物物种名录，第一卷（总上）：237，2019. *Pinus taiwanensis* Hayata，中国植物志，第 7 卷：266，1978；*Pinus taiwanensis* Hayata，Flora of China，Vol.4: 17，1999.

形态特征：常绿乔木，叶针形，2 针一束，每束基部为膜质叶鞘包被；针叶坚硬、直，先端尖刺状，叶长 5~11cm，树脂道中生。球果鳞盾肥厚隆起，横脊（鳞脊）显著，球果种鳞鳞脐具长尖刺。花期 4~5 月，球果翌年 10 月成熟。

分布：江西分布于井冈山、三清山等山区，生于山脊、山顶，海拔 900m 以上。河南、浙江、安徽、湖南、湖北、台湾、广东等地山区也有分布。

用途和繁殖方法：用材，松脂，矿柱木。播种繁殖。

黄山松

a. 针叶坚硬、直，顶端尖刺状；b. 球果鳞盾肥厚隆起，横脊显著，球果种鳞鳞脐具长尖刺；c. 针叶比马尾松的叶短、硬、直。

（3）华山松 Pinus armandii Franchet

中国植物志，第 7 卷：217，1978；Flora of China，Vol.4: 15，1999；世界裸子植物的分类和地理分布，502，2017；中国生物物种名录，第一卷（总上）：236，2019.

（3）a. 华山松（原变种）Pinus armandii var. armandii

中国植物志，第 7 卷：217，1978；Flora of China，Vol.4: 15，1999；世界裸子植物的分类和地理分布，502，2017；中国生物物种名录，第一卷（总上）：236，2019.

江西无分布；分布于河南、陕西、山西、甘肃、贵州、云南、西藏。

（3）b. 大别山五针松 Pinus armandii var. dabeshanensis（W. C. Cheng et Y. W. Law）Silba

世界裸子植物的分类和地理分布，502，2017；中国生物物种名录，第一卷（总上）：236，2019. *Pinus dabeshanensis* Cheng et Law，中国植物志，第 7 卷：221，1978；*Pinus fenzeliana* var. *dabeshanensis*（W. C. Cheng et Y. W. Law）L. K. Fu et Nan Li，Flora of China，Vol.4: 15，1999.

形态特征：常绿乔木，树皮浅裂成不规则的小方形；枝无毛，冬芽无树脂。针叶 5 针一束（少数为 4 针一束），长 5~14cm，微弯曲，边缘具细锯齿，腹面每侧具白色气孔线；针叶背面横切面具 2 个边生树脂道，腹面无树脂道；每束针叶的基部无膜质叶鞘包被（叶鞘早落）。球果近柱状，长约 14cm，径约 4.5cm，梗长 0.7~1cm；种鳞鳞脐不显著；种子上部具极短的木质翅。

分布：江西分布于武宁县（九宫山），生于矮林中，海拔 900~1550m。安徽、湖北（大别山）也有分布。

用途和繁殖方法：用材，公园绿化。播种繁殖。

大别山五针松

a. 5 针一束（少量为 4 针一束），每束基部无叶鞘，叶具白色气孔线；b. 树皮小块状裂。

3.4 罗汉松科 Podocarpaceae Endlicher

形态特征：常绿乔木或灌木。叶条形（但热带地区的种类，叶型多样，披针形、钻形、鳞形，或退化成叶状枝），螺旋状着生、近对生或交叉对生。球花单性，雌雄异株；雄球花穗状，单生或簇生于叶腋，或生于枝顶，花粉有气囊；雌球花单生叶腋或苞腋（或生于枝顶），具螺旋状着生的苞片，具 1 枚倒转生或半倒转生胚珠，着生于苞腋；胚珠由套被所包被，种梗肉质状（由苞片发育而来），或种梗非肉质状。种子核果状，全部为肉质或较薄而干的假种皮所包，具胚乳，子叶 2 枚。

关键特征：常绿乔木，叶基部不下延；叶条形；种子核果状，全部为干、薄的假种皮所包，子叶 2 枚。

分布与种数：分布于热带、亚热带及南温带地区，南半球分布最多，全球约 19 属 181 种。中国 4 属 16 种。江西 2 属 5 种 2 变种，其中 4 种为栽培。

分属检索表

1. 叶片具中脉，条形，螺旋状排列于枝上；具肉质状肥大的种托……………………………………………………………………………………………罗汉松属 Podocarpus
1. 叶片无中脉，宽卵状椭圆形，叶对生；无肉质状肥大的种托……………………………………………………………………………………………竹柏属 Nageia

3.4.1 罗汉松属 Podocarpus L' Héritier ex Persoon

形态特征：常绿乔木或灌木。叶片具中脉；叶条形（或披针形、椭圆状披针形），螺旋状排列于枝上（有些热带种类近对生或交叉对生），基部不扭转或扭转列成二列。雌雄异株，雄球花穗状，单生或簇生叶腋，基部具少量苞片，花粉具 2 个气囊；雌球花常单生叶腋或苞腋，具梗或无梗，基部有数枚苞片，最上部具 1 个套被，其中生有 1 枚倒生胚珠，套被与珠被合生，花后套被增厚成肉质假种皮；种子下方的苞片发育成肥厚或微肥厚的肉质种托。种子当年成熟，核果状，有梗或无梗，全部为肉质假种皮所包，具肉质状肥大的种托。

分布与种数：分布于亚热带、热带及南温带，南半球种类较多，约 99 种。中国约 7 种，分布于长江以南地区。江西 4 种 2 变种，其中野生 1 种 1 变种，引种栽培 3 种 1 变种。

分种检索表

1. 叶条状披针形，最宽处位于叶片中部以下，叶柄长 0.8~1.2cm；叶先端渐长尖；叶长 9~17cm，宽 1~1.3cm ···················· **百日青 Podocarpus neriifolius**
1. 叶椭圆状条形，最宽处位于叶片中部，叶柄长 0.5~0.9cm；叶长 3.5~12cm。
　 2. 叶长 8cm 以上，先端短尖。
　　 3. 叶较直，长 8~12cm，宽 0.9~1.1cm ····································
　　　 ················· **罗汉松 P. macrophyllus** var. **macrophyllus**
　　 3. 叶常弯曲，长 5~12cm，宽 0.6cm 以下 ·····························
　　　 ················· **狭叶罗汉松 P. macrophyllus** var. **angustifolius**
　 2. 叶长 3.5~7cm。
　　 4. 叶长 4~7cm，宽 0.5~0.9cm，先端急尖；叶常集生于枝上部 ·········
　　　 ································· **短叶罗汉松 P. macrophyllus** var. **maki**
　　 4. 叶长 3.5~5cm。
　　　 5. 叶长 1.5~4cm，宽 0.3~0.7cm，先端凸尖，叶缘稍背卷·············
　　　　 ································· **小叶罗汉松 P. wangii**
　　　 5. 叶长 3.5~5cm，宽 0.7~1.1cm，先端渐尖，叶缘平坦·············
　　　　 ································· **皮氏罗汉松 P. pilgeri**

（1）百日青 Podocarpus neriifolius D. Don

中国植物志，第 7 卷：409，1978；Flora of China，Vol.4: 84，1999；世界裸子植物的分类和地理分布，789，2017；中国生物物种名录，第一卷（总上）：239，2019.

形态特征：常绿乔木，枝、叶无毛。叶较稀疏；叶条状披针形，最宽处位于叶片中部以下，叶柄长 0.8~1.2cm；叶先端长渐尖，叶长 9~17cm，宽 1~1.3cm；叶面中脉凸起。雄球花穗状，单生或 2~3 个簇生，长 2.5~5cm。种子长 1~1.6cm，顶端圆钝，熟时肉质假种皮紫红色，种托肉质红色或紫红色（稀黄色）；种梗长 1~2.2cm。花期 5 月，种子成熟期 10~11 月。国家二级重点保护植物。

分布：江西分布于贵溪市（冷水镇冷水村），海拔 200~600m。浙江、福建、台湾、湖南、贵州、四川、西藏、云南、广西、广东等地区也有分布。

用途和繁殖方法：园林观赏，特殊用材。播种、扦插繁殖。

百日青

a. 叶之间的距离较大而显稀疏；先端渐尖；b. 叶背淡绿色；最宽处位叶片中部以下（白色直线所示）；c. 叶条状披针形；d. 常绿乔木。

（2）罗汉松 Podocarpus macrophyllus（Thunberg）Sweet

Flora of China，Vol.4: 83，1999；世界裸子植物的分类和地理分布，782，2017；中国生物物种名录，第一卷（总上）：239，2019. *Podocarpus macrophyllus*（Thunberg）D. Don，中国植物志，第 7 卷：412，1978.

（2）a. 罗汉松（原变种）Podocarpus macrophyllus var. macrophyllus

中国植物志，第 7 卷：412，1978；Flora of China，Vol.4: 83，1999.

形态特征：常绿乔木，枝、叶无毛。叶螺旋状着生于枝上，叶之间的距离较小而显浓密；叶椭圆状条形，最宽处位于叶片中部；叶长 8~12cm，宽 0.9~1.1cm，先端短尖，基部楔形，叶柄长 0.5~0.9cm，叶面中脉显著隆起。雄球花穗状、腋生，常3~5 个簇生于极短的总梗上，长 3~5cm，基部具数枚三角状苞片；雌球花单生叶腋，基部具少数苞片。种子先端圆，成熟时肉质假种皮紫黑色，有白粉；种托肉质圆柱形，红色、紫红色（稀黄色），种梗长 1~1.5cm。花期 4~5 月，种子成熟期 8~9 月。野生罗汉松为国家二级重点保护植物。

分布：江西广泛栽培，栽培历史悠久。江苏、浙江、福建、安徽、湖南、四川、云南、贵州、广西、广东等地区也广泛栽培，稀见野生。

用途和繁殖方法：园林观赏，种子药用。播种、扦插繁殖。

罗汉松

a.叶长条形，最宽处位于叶片中部（白色直线所示），先端短尖；b.叶背淡绿色，果常具白粉；c.常绿乔木，叶之间的距离较小而显浓密。

（2）b. 狭叶罗汉松 Podocarpus macrophyllus var. angustifolius Blume

中国植物志，第 7 卷：412，1978；Flora of China，Vol.4: 84，1999.

形态特征： 与罗汉松（原变种）的主要区别是，狭叶罗汉松的叶常弯曲，叶较狭窄，长 5~12cm，宽 0.6cm 以下，基部楔形，顶端渐尖。

分布： 江西婺源县（大鄣山，也有居民将其移植到县城栽培）。广东、贵州、四川有野生分布。

用途和繁殖方法： 园林观赏，特殊用材（家具、车辆、农具用材）。播种、扦插繁殖。

狭叶罗汉松

a. 常绿乔木；b. 叶常弯曲，叶较狭窄，宽 0.6cm 以下，基部楔形，顶端渐尖。

（2）c. 短叶罗汉松 Podocarpus macrophyllus var. **maki** Siebold et Zuccarini

中国植物志，第 7 卷：412，1978；Flora of China ，Vol.4: 84，1999. *Podocarpus chinensis*（Roxb.）Wall. ex J. Forbes，世界裸子植物的分类和地理分布，756，2017；*Podocarpus chinensis* Wall. ex J. Forbes，中国生物物种名录，第一卷（总上）：239，2019.

形态特征：常绿小乔木，与罗汉松近似，但短叶罗汉松的叶较短，叶长 3~6cm，宽 0.3~0.5cm，先端急尖；叶背粉绿色，边缘稍反卷；叶常聚生于枝上部。野生短叶罗汉松为国家二级重点保护植物。

分布：江西广泛栽培，栽培历史悠久。江苏、浙江、福建、湖南、湖北、陕西、四川、云南、贵州、广西、广东等地区均有栽培。原产日本。

用途和繁殖方法：园林观赏。播种、扦插繁殖。

短叶罗汉松

a. 常绿小乔木；b. 叶常聚生于枝上部；c. 叶较短，叶长 3~6cm，宽 0.3~0.5cm；d. 叶背粉绿色，边缘稍反卷。

（3）小叶罗汉松 Podocarpus wangii C. C. Chang

Flora of China，Vol.4: 81，1999；中国生物物种名录，第一卷（总上）：239，2019. *Podocarpus brevifolius*（Stapf）Foxw.，中国植物志，第7卷：419，1978；*Podocarpus pilgeri* Foxw.，世界裸子植物的分类和地理分布，797，2017.

形态特征：常绿乔木，枝通常对生或轮生，向上伸展，较浓密；枝、叶无毛。叶常集生于枝上部，互生或近对生（稀轮生）；叶椭圆形，长1.5~4cm，宽0.5~0.8cm，先端凸尖，基部楔形，叶缘稍背卷；叶面中脉凸起，延伸至叶尖；叶柄短（长0.2~0.3cm）。雄球花穗状，簇生于叶腋，长1~1.5cm，近无梗，无花丝；雌球花单生叶腋。种子长约0.8cm，先端具有凸起的小尖头；种托肉质，近圆柱形，长约0.3cm，直径0.3cm，种梗长0.5~1cm。野生小叶罗汉松为国家二级重点保护植物。（模式标本：黄志40106，1936，存中山大学标本馆）。

分布：江西全南县栽培。广西（金秀瑶族自治县）、广东、海南（吊罗山）、云南等地区有野生分布，海拔600~1200m。

用途和繁殖方法：园林观赏，特殊用材（家具、车辆、农具用材）。播种、扦插繁殖。

小叶罗汉松

a. 枝通常对生或轮生，向上伸展，较浓密；b. 叶椭圆形，先端凸尖（白色虚线圈），基部楔形，叶缘稍背卷，中脉延伸至叶尖；c. 叶互生或近对生（稀轮生），叶面中脉凸起，枝、叶无毛。

（4）皮氏罗汉松 Podocarpus pilgeri Foxw.

中国生物物种名录，第一卷（总上）：239，2019. 世界裸子植物的分类和地理分布，797，2017.

形态特征：常绿小乔木或灌木，枝通常对生，向上伸展，较稀疏；枝、叶无毛。叶互生或近对生（稀轮生）；叶宽椭圆形，长 3.5~5cm，宽 0.7~1.1cm，先端渐尖，叶缘平坦；叶面中脉凸起，伸至叶尖；叶背中脉不明显；叶柄较长（0.4~0.7cm）。雄球花穗状，聚生于叶腋，长 3~5cm，无花丝；雌球花单生叶腋。种子长约 1cm；种托肉质，近圆柱形，长 1~1.5cm，种梗长 1~1.5cm。

分布：江西全南县栽培。广西、广东（南昆山）、海南、云南等地区有野生分布，海拔 500~1000m。

用途和繁殖方法：园林观赏，特殊用材（家具、车辆、农具用材）。播种、扦插繁殖。

皮氏罗汉松

a. 枝通常对生，向上伸展，较稀疏；b. 叶先端渐尖（起始线较低，白色线所示），叶缘平坦，中脉不明显；c. 叶面中脉凸起。

3.4.2 竹柏属 **Nageia** Gaertner

形态特征：常绿乔木，营养枝顶端具小芽，枝、叶无毛。叶片较大，无中脉，叶面为平行脉，叶对生，宽卵状椭圆形。雌雄异株或同株，雄球花单生，或 2~6 个组成穗状，卵状圆柱形，基部具小鳞片，花粉具双气囊；雌球花单生，具长梗，苞鳞螺旋状排列于雌球花轴上，仅顶部具 1 个"苞鳞—种鳞复合体"可育，胚珠倒转，由种托包被，包被种子的近肉质状假种皮（套被）也是由种托（枝性器官）发育而来的（前文图 12 中的 j）；无肉质状肥大的种托，种子球形。

分布与种数：分布于亚洲热带地区（中国、印度、印度尼西亚、巴布亚新几内亚），约 5 种。中国 3 种。江西 1 种。

（1）竹柏 **Nageia nagi**（Thunberg）Kuntze

Flora of China，Vol.4: 4，1999；世界裸子植物的分类和地理分布，733，2017；中国生物物种名录，第一卷（总上）：238，2019. *Podocarpus nagi*（Thunb.）Zoll. et Mor. ex Zoll.，中国植物志，第 7 卷：404，1978.

形态特征：常绿乔木，枝、叶无毛。叶对生，宽卵状椭圆形，叶长 5~9cm，宽 2~3cm，叶面无中脉，具近似的平行脉，基部向下延伸成叶柄状。雄球花穗状，近圆柱形，单生叶腋，常呈分枝状，长 2~3cm，总梗粗短；雌球花单生叶腋，基部有数枚苞片，花后苞片不形成肉质状种托。种子圆球形，幼时常被不均匀的白粉，直径 1.5~2cm，种梗长约 1.2cm，其上具苞片脱落的痕迹；内种皮膜质。花期 3~4 月，种子成熟期 10~11 月。

分布：江西分布于龙南县（九连山）、寻乌县（丹溪）、信丰县（金盆山）、井冈山（洪坪村），生于河边、山谷路边、阔叶林中，海拔 150~600m。浙江、福建、湖南、广东、广西、四川等地区也有分布。

用途和繁殖方法：园林观赏，特殊用材（造船、家具、工艺品用材）。播种、扦插繁殖。

竹柏

　　a. 叶对生、具短柄；种子球形，常被不均匀的白粉，腋生，种梗上残留苞片；b. 雄球花穗状、近圆柱形，生于叶腋；c. 常绿乔木。

3.5 金松科 Sciadopityaceae Luerssen

形态特征： 常绿乔木，单轴分枝，枝较短，水平状伸展。叶二型，鳞状叶小，膜质苞片状，基部下延，散生于枝上或在枝顶呈簇生状；合生叶（由二叶合生而成）条形，扁平，革质，两面中央具一条纵槽，生于鳞状叶的腋部，着生于不发育的短枝顶端，基部不下延，于枝端呈伞形状排列。雌雄同株；雄球花簇生枝顶，雄蕊多数，螺旋状着生，花药2室，纵裂；雌球花单生枝顶，珠鳞螺旋状着生，腹面基部具5~9枚胚珠排成一轮，苞鳞与珠鳞合生，仅先端稍微分离。球果具短柄，翌年成熟；种鳞木质，发育的种鳞具5~9颗种子；种子扁，有窄翅；子叶2枚。

关键特征： 叶二型，合生叶着生于不发育的短枝顶端，于枝端呈伞形状排列。苞鳞与珠鳞合生。

分布与种数： 仅1属1种，原产日本。中国引种栽培。为了系统分析而列于本卷。

3.5.1 金松属 Sciadopitys Siebold et Zuccarini

形态特征： 常绿乔木，枝较短，水平伸展。叶二型，鳞状叶小，膜质苞片状（基部下延），螺旋状着生，散生于枝上或于枝顶呈簇生状；合生叶（由二叶合生而成）条形，两面中央具一条纵槽，生于鳞状叶的腋部，着生于不发育的短枝顶端，辐射展开并在枝端呈伞形状排列。雌雄同株；雄球花簇生枝顶，雄蕊多数，螺旋状着生，花粉无气囊，花药2室，纵裂；雌球花单生枝顶，珠鳞螺旋状着生，腹面基部具5~9枚胚珠排成一轮，苞鳞与珠鳞合生，仅先端稍微分离。球果有短柄，翌年成熟；种鳞木质，发育的种鳞具5~9颗种子；种子扁，具窄翅。

分布与种数： 仅1种，分布于日本。中国引种栽培。

（1）金松 Sciadopitys verticillata (Thunberg) Siebold et Zuccarini

中国植物志，第7卷：283，1978；Flora of China，Vol.4：53，1999；世界裸子植物的分类和地理分布，834，2017；中国生物物种名录，第一卷（总上）：239，2019.

形态特征： 常绿乔木，高约15m。枝近轮生，水平伸展，树冠塔形；树皮淡红褐色或灰褐色，条片状脱落。鳞状叶三角形（膜质苞片状），长0.3~0.6cm，基部下延，上部具红褐色膜片；合生叶条形，革质，着生于不发育的短枝顶端，在枝端呈伞形状排列，叶长8~15cm，宽0.3~0.4cm，边缘较厚，先端钝或微凹；叶面绿色，中央具一条纵槽；叶背淡绿色，中央也具一条纵槽，其两侧各具白色的气孔带。雄球花卵圆形，长约1.2cm，具短梗，雄蕊宽矩圆形。球果卵状矩圆形，具短梗，长6~10cm，直径3.5~5cm；种鳞宽楔形或扇形，宽1.5~2cm，先端宽圆，边缘向外反卷；苞鳞先端分离部分短小，后期与种鳞近乎完全愈合；种子扁，矩圆形或椭圆形，连翅长0.8~1.2cm，宽约0.8cm。

分布：原产于日本。江西庐山植物园有栽培。青岛、庐山、南京、上海、杭州、武汉等地也有栽培（稍耐阴，喜肥沃、湿润土壤，忌积水）。

用途和繁殖方法：园林观赏，建筑用材。播种、扦插繁殖。

金松

　　a. 树冠塔形；b. 枝近轮生，水平伸展；合生叶条形；在枝端呈伞形状排列；c. 示枝横切面，叶着生于不发育的短枝；d. 叶合生，合生叶着生于不发育的短枝顶端；e. 鳞状叶三角形，基部下延，上部具红褐色膜片。

3.6 柏科 Cupressaceae Gray

根据前面"种鳞（珠鳞）复合体"的分离变化、包被胚珠的"包被"来源、叶柄基部是否下延 3 个方面的演化分析，将传统分类中的杉科（Taxodiaceae）归并于柏科。

形态特征：乔木或灌木；常绿或落叶。雌雄同株，稀异株。叶为条形叶、鳞叶或刺叶，螺旋状排列于枝上，或交互对生，或 3 叶轮生。球花的小孢子叶及生长胚珠的"苞鳞—种鳞复合体"螺旋状着生或交互对生，稀 3 枚轮生。雄球花的小孢子叶具 2~6 个小孢子囊，花粉无气囊。雌球花的种鳞具有 1 至多枚胚珠。球果的变化是由少数种类的苞鳞显著大于种鳞变化到大多数种类的种鳞大于苞鳞；种鳞与苞鳞的分离程度，由明显分离可辨变化到种鳞与苞鳞完全合生（或苞鳞仅顶部露出为齿状）。球果 1~2 年成熟，开裂或不开裂（浆果状）；种鳞木质。

关键特征：叶条形、鳞形或刺状；种鳞与苞鳞合生（或苞鳞顶端露出齿状）；叶基部下延。

分布与种数：分布于全球热带、亚热带、温带地区，约 29 属 159 种。中国 16 属 44 种。江西 9 属 12 种 2 变种，其中野生 7 属 8 种 1 变种，引种栽培 3 属 4 种 1 变种。

关于刺柏属 Juniperus 是否应该与圆柏属 Sabina 归并的问题，传统分类中，主要依据刺柏类的叶全为刺形、3 叶轮生、基部不下延生长 3 个特征而将其与圆柏属分开。这 3 个特征中，仅"叶基部不下延"是此两属的区分关键，其余两个特征为二者共同特征。然而，实际上刺柏属的叶基部是下延生长的（见下页图）。因此，支持将刺柏属与圆柏属归并。由于刺柏属的合法名称早于圆柏属，故归并后采用刺柏属的拉丁名称，即刺柏属 Juniperus。

分属检索表

1.叶条形、扁平。

  2.叶条状披针形、坚硬，先端尖刺状，螺旋状排列于枝上；球果苞鳞发达，苞鳞腹面具很短的种鳞；苞鳞与种鳞分离·····················**杉木属 Cunninghamia**

  2.叶条形，叶片柔软、先端无刺状；球果种鳞与苞鳞完全合生。

    3.叶全为条形、交互对生；小枝（红褐色）对生、排成二列······················
··**水杉属 Metasequoia**

    3.小枝为绿色、螺旋状排列；条形叶，或兼具柔软的锥形叶······················
··**落羽杉属 Taxodium**

1.叶鳞形，或鳞叶与刺叶并存；或全为钻形叶；或为柔软的锥形叶。

    4.全为钻形叶；或为柔软的锥形叶。

      5.全为钻形叶；球果木质、近球形，种鳞与苞鳞合生（顶端露出二排齿）········
··**柳杉属 Cryptomeria**

5. 具柔软的锥形叶；球果木质、倒圆锥体，种鳞与苞鳞合生，顶端露出二排齿
…………………………………………………………………………**水松属 Glyptostrobus**

4. 鳞叶；或刺叶；或鳞叶与刺叶并存。

  6. 叶全为鳞叶，球果木质。

    7. 鳞叶两面同型，紧贴枝条；球果木质，种鳞与苞鳞合生（苞鳞顶端露出 1 齿）。

      8. 小枝平扁、排成同一平面；球果倒圆锥体，苞鳞先端露出 1 枚下弯的钩齿…………………………………………………………**侧柏属 Platycladus**

      8. 小枝略四棱形、下垂；球果近球形，种鳞先端具 1 短刺…………………
………………………………………………………………………………**柏木属 Cupressus**

    7. 鳞叶两面异型（背面稍凹、具白粉），球果种鳞与苞鳞完全合生……
………………………………………………………………………………**福建柏属 Fokienia**

  6. 鳞叶与刺叶并存；或全为刺叶，球果不开裂（浆果状）…………………
…………………………………………………………………………………**刺柏属 Juniperus**

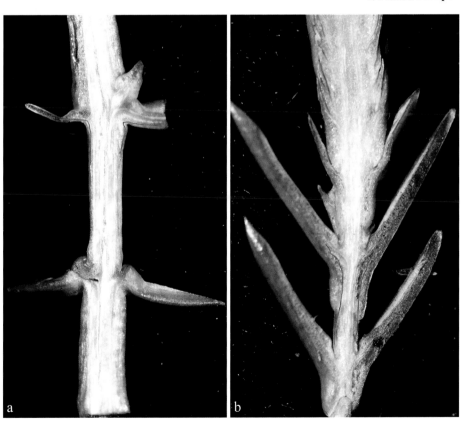

刺柏与圆柏叶基部是否下延的比较

a. 刺柏的叶基部下延（红线）；b. 圆柏的叶基部下延（红线）。

3.6.1 杉木属 Cunninghamia R. Brown ex Richard et A. Richard

形态特征：常绿乔木。叶螺旋状着生于枝上，条状披针形、坚硬，先端尖刺状，基部下延，边缘有细锯齿，正背两面均有气孔线，正面的气孔线较背面为少。雌雄同株，雄球花多数簇生枝顶，花药 3 枚、下垂、纵裂，药隔伸展、鳞片状，边缘有细缺齿；雌球花单生或 2~3 个集生枝顶，苞鳞大，其基部与珠鳞（后为种鳞）合生，边缘有不规则细锯齿，先端尖刺状；珠鳞小，先端 3 裂，腹面基部着生 2~3 枚胚珠。球果苞鳞发达，苞鳞腹面具很短的种鳞；苞鳞与种鳞分离；球果的苞鳞革质、宽大，先端有硬尖头，边缘有不规则的细锯齿，基部心脏形；种鳞很小，着生于苞鳞的腹面，其中下部与苞鳞合生，上部 3 裂、分离，种鳞腹面着生 3 颗种子；种子两侧边缘有窄翅；子叶 2 枚，发芽时出土。

分布与种数：分布于中国长江以南和台湾等地。越南、老挝也有分布，全球 2 种。中国 2 种，江西 1 种。

（1）杉木 Cunninghamia lanceolata（Lambert）Hooker

中国植物志，第 7 卷：285，1978；Flora of China，Vol.4: 55，1999；世界裸子植物的分类和地理分布，880，2017；中国生物物种名录，第一卷（总上）：228，2019.

形态特征：常绿乔木，小枝近对生或轮生，枝、叶无毛。叶条状披针形、坚硬，先端尖刺状；在枝上螺旋状排列，基部扭转成二列；叶边缘有细缺齿，背面沿中脉两侧各有 1 条白粉气孔带。单性花，雄球花圆锥状，长 0.5~1.5cm，有短梗，簇生枝顶；雌球花 1~3 枚集生。球果苞鳞发达，苞鳞腹面具很短的种鳞；苞鳞与种鳞分离；球果苞鳞三角状卵形，长约 1.7cm，宽 1.5cm，先端具坚硬刺尖，边缘有锯齿；种鳞很小，先端 3 裂，腹面着生 3 颗种子；种子扁平，两侧边缘有窄翅；子叶 2 枚。花期 4 月，球果成熟期 10 月下旬。

分布：分布于江西各地山区，生于阔叶林中，海拔 500~1000m。安徽、浙江、福建、湖南、贵州、四川、云南、广东、广西等地也有分布。

用途和繁殖方法：用材（建筑、家具等）。播种繁殖。

苞鳞

杉木

　　a. 球果苞鳞较大，先端具尖刺；b. 叶披针形，排成二列；c. 叶边缘具锯齿，基部下延；d. 树干灰褐色，纵裂。

3.6.2 水杉属 Metasequoia Hu et W. C. Cheng

形态特征：落叶乔木，小枝对生、红褐色，排成二列。叶柔软，条形、平扁，交叉对生，基部扭转列成二列，近无叶柄，在枝上羽状排列。雌雄同株，球花基部有交叉对生的苞片；雄球花单生于叶腋或枝顶，具短梗；雄蕊约 20 枚，交叉对生，每个雄蕊有 3 枚花药，花丝短，药室纵裂，花粉无气囊；雌球花具短梗，单生于枝顶或近枝顶，梗上有交叉对生的条形叶；珠鳞 11~14 对，交叉对生，每珠鳞具 5~9 枚胚珠。球果下垂、具长梗，当年成熟，近球形；种鳞木质，盾形，交叉对生，顶部横长斜方形，有凹槽，基部楔形，宿存；发育种鳞具 5~9 颗种子；种子扁平，周围具窄翅，先端有凹缺；子叶 2 枚，发芽时出土。

分布与种数：中国特有属，1 种，分布于四川（石柱县）、湖北（利川市）、湖南（龙山县、桑植县），海拔 900~1500m；江西引种栽培。

（1）水杉 Metasequoia glyptostroboides Hu et W. C. Cheng

中国植物志，第 7 卷：311，1978；Flora of China，Vol.4：60，1999；世界裸子植物的分类和地理分布，998，2017；中国生物物种名录，第一卷（总上）：230，2019.

形态特征：落叶乔木，树干基部常膨大；枝、叶无毛。小枝红褐色、下垂、对生。叶柔软，条形、平扁，交叉对生，基部扭转列成二列，近无叶柄，在枝上羽状排列。叶长 1.3~3.5cm，宽 0.2~0.4cm，叶背沿中脉有两条较边带稍宽的淡绿色气孔带；叶在侧生小枝上排成二列、羽状，冬季与枝一同脱落。球果下垂，成熟时深褐色，长 1.8~3cm，直径 1.6~2.8cm，球果梗长 2~4cm；种鳞木质，盾形，11~12 对，交叉对生，鳞片顶扁菱形，中央有 1 条横槽，基部楔形，高约 1cm；种子扁平，周围有翅，先端有凹缺，长约 0.6cm，直径 0.4cm；子叶 2 枚。花期 2 月下旬，球果成熟期 11 月。野生水杉为国家一级重点保护植物。

分布：江西广泛栽培，海拔 200~1500m。

用途和繁殖方法：园林观赏，行道树，特殊用材。播种、扦插（1~3 年生枝条均可用于扦插）。

水杉

a. 小枝对生、红褐色；叶条形，排成二列（同一平面）；b. 落叶乔木；b-1. 球果；c. 叶背中脉两侧具较宽的淡绿色气孔带，叶柔软、先端急尖；d. 叶交互对生（双箭头 1 示两叶为前、后着生，基部扭转后呈左、右伸展；双箭头 2 为真正的左、右对生，因为此两叶基部是对着生长）。

3.6.3 落羽杉属 Taxodium Richard

形态特征：落叶或半常绿乔木，小枝绿色，螺旋状排列，侧生小枝冬季脱落。叶螺旋状排列，基部下延；条形叶，或兼具柔软的锥形叶；锥形叶向上弯曲而贴近小枝；条形叶在侧生小枝上排成二列，冬季与枝一同脱落。雌雄同株；雄球花生于小枝顶端，卵圆形，在球花枝上排成总状花序或圆锥状花序，每雄蕊具 4~9 花药，药室纵裂，花丝短；雌球花单生于去年生小枝的顶端，由多数螺旋状排列的珠鳞所组成，每 1 枚珠鳞的腹面基部具 2 枚胚珠；苞鳞与珠鳞近全部合生。球果球形，具短梗或无梗；种鳞木质，盾形，顶部呈不规则的四边形；苞鳞与种鳞合生，苞鳞仅先端分离而向外凸起呈小凸状；种子呈不规则三角形，有明显的棱脊；子叶 4~9 枚，发芽时出土。

分布与种数：分布于北美洲、南美洲（墨西哥等国家），全球 3 种。中国均为引种，栽培历史悠久。江西引种栽培 2 种 1 变种。

分种检索表

1.叶单型，全为条形叶，叶片排成二列，叶先端较柔软，无锐尖状。
  2.生叶的小枝较柔长，常下垂，在老枝上螺旋状排列…………………………
    ………………………………………………**墨西哥落羽杉 Taxodium mucronatum**
  2.生叶的小枝较短，不下垂，在老枝上生叶小枝排成二列（不对生）…………
    ………………………………………………**落羽杉 T. distichum** var. **distichum**
1.叶二型，条形叶和柔软的锥形叶；生叶的小枝和叶片不排成二列…………………
    ………………………………………………**池杉 T. distichum** var. **imbricatum**

（1）墨西哥落羽杉 Taxodium mucronatum Tenore

中国植物志，第 7 卷：304，1978；Flora of China，Vol.4: 59，1999；世界裸子植物的分类和地理分布，1018，2017；中国生物物种名录，第一卷（总上）：230，2019.

形态特征：落叶乔木，秋叶红色，枝、叶无毛。生叶的小枝（通常绿色）较柔长，常下垂，在老枝上螺旋状排列，不排成二列。叶单型，全为条形，叶长约 1cm，宽 0.2~0.4cm，向枝条上部逐渐变短；叶片排成二列，叶先端较柔软，无锐尖状；叶面中脉平坦；叶基部无叶柄，但叶基部扭转呈二列状排列于枝两侧。球果卵球形。

分布：江西各地引种栽培。江苏、上海、浙江、福建、湖南、湖北等地区也有引种栽培。原产墨西哥与美国西南部的亚热带地区。

用途和繁殖方法：陆地或湿地景观造林。播种、扦插繁殖。

墨西哥落羽杉

a. 生叶的小枝常下垂；b. 叶单型，全为条形；生叶的小枝（通常绿色）螺旋状排列，不排成二列；c. 叶基部无叶柄，但叶基部扭转呈二列状排列于枝两侧；叶面平坦，无凹槽。

（2）落羽杉 Taxodium distichum（Linnaeus）Richard

中国植物志，第 7 卷：303，1978；Flora of China，Vol.4: 58，1999；世界裸子植物的分类和地理分布，1017，2017；中国生物物种名录，第一卷（总上）：230，2019.

（2）a. 落羽杉（原变种）Taxodium distichum var. distichum

Flora of China，Vol.4: 58，1999；世界裸子植物的分类和地理分布，1017，2017；中国生物物种名录，第一卷（总上）：230，2019. *Taxodium distichum* (Linn.) Rich.，中国植物志，第 7 卷：303，1978.

形态特征：落叶乔木，高可达 28m。树干基通常膨大，常具屈膝状的呼吸根；树皮棕褐色，条状纵裂；枝常呈近水平伸展；生叶的小枝为新枝，绿色，较短而不下垂，在老枝上生叶小枝排成二列（不对生）。叶条形，扁平，基部扭转在小枝上排成二列而呈羽状，叶长 1~1.5cm，宽 0.1~0.2cm，先端尖，叶面中脉凹陷。雄球花具短梗，于小枝顶端排列成总状花序状或圆锥花序状。球果卵球形，具短梗，向下斜垂，直径约 2.5cm；种鳞木质，盾形，顶部具明显或微明显的纵槽；种子不规则三角形，具锐棱，长 1.2~1.8cm。球果成熟期 10 月。

分布：江西庐山有引种栽培。广州、杭州、上海、南京、武汉等地均有引种栽培，生长良好。原产北美洲东南部。

用途和繁殖：湿地植被恢复，公园湿地绿化。播种、扦插繁殖。

落羽杉

a. 生叶的小枝较短而不下垂；b. 生叶的小枝排成二列；c. 叶面中脉凹陷。

（2）b. 池杉 Taxodium distichum var. imbricatum（Nuttall）Croom

Flora of China，Vol.4: 59，1999；世界裸子植物的分类和地理分布，1017，2017；中国生物物种名录，第一卷（总上）：230，2019. *Taxodium ascendens* Brongn.，中国植物志，第 7 卷：305，1978

形态特征： 落叶乔木，高 15~25m。枝、叶无毛，树干基部呼吸根常呈屈膝状（湿地生境尤为显著）；树皮褐色。大枝条向上伸展，树冠呈尖塔形；一年生小枝绿色，细长，下垂；二年生小枝呈褐红色，常斜向下伸展；生叶的小枝绿色，在老枝上螺旋状排列（不排成二列）。叶二型，具条形叶和柔软的锥形叶，基部下延；条形叶硬直，先端锐尖；锥形叶上部微向内弯，下部常贴近小枝。叶（条形叶或锥形叶）长 0.4~1cm，宽 0.1~0.2cm。球果近圆球形，具短梗，向下斜垂，成熟时褐黄色，长 2~4cm，直径 1.8~3cm；种鳞木质，盾形，中部种鳞高 1.5~2cm；种子呈不规则三角形，微扁，红褐色，长 1.3~1.8cm，宽 0.5~1.1cm，边缘具锐脊。花期 3~4 月，球果成熟期 10 月。

分布： 江西各地有栽培。江苏、浙江、福建、广东、广西、贵州、云南、四川、湖南、湖北也有栽培。原产北美洲东南部。

用途和繁殖方法： 陆地或湿地造林，园林景观，湿地植被恢复。播种、扦插繁殖。

池杉

a. 叶二型，具条形叶和锥形叶；b. 锥形叶上部微向内弯；c. 条形叶硬直，先端锐尖；d. 球果近圆球形；e. 落叶乔木。

3.6.4 柳杉属 Cryptomeria D. Don

形态特征：常绿乔木，树皮红褐色，裂成长条片脱落。叶螺旋状排列，叶全为钻形（基部宽大，顶端渐尖，两侧略扁，硬直），直伸，上部略向内弯曲，两侧具白色气孔线，基部下延。雌雄同株；雄球花无梗、单生小枝上部叶腋，常密集成短穗状，花药3~6枚，药室纵裂。雌球花近球形，无梗，单生枝顶；珠鳞螺旋状排列，每1枚珠鳞具2~5枚胚珠。球果木质，近球形；种鳞不脱落，木质，盾形（上部大、下部窄）；种鳞与苞鳞合生呈"盾"状（鳞盾），苞鳞在鳞盾顶部仅露出1枚三角状尖齿，而种鳞在鳞盾顶部露出一行三角状齿（3~4个齿）；种子边缘具窄翅；子叶2~3枚，发芽时出土。

分布与种数：分布于中国、日本，全球1种1变种。江西1种（栽培）1变种。

分种检索表

1. 小枝短硬呈散射状，树冠不整齐；叶直伸（有时先端微向内弯曲）；苞鳞先端的三角状齿和种鳞先端的裂齿较长，裂齿长0.6cm以上···日本柳杉 Cryptomeria japonica
1. 小枝柔软下垂，树冠较整齐；叶先端显著向内弯曲；苞鳞先端的三角状齿和种鳞先端的裂齿较短，裂齿长0.5cm以下··················柳杉 Cr. japonica var. sinensis

（1）日本柳杉 Cryptomeria japonica（Thunberg ex Linnaeus f.）D. Don

中国植物志，第7卷：295，1978；Flora of China，Vol.4: 56，1999. 世界裸子植物的分类和地理分布，876，2017. 中国生物物种名录，第一卷（总上）：228，2019.

（1）a. 日本柳杉（原变种）Cryptomeria japonica var. japonica

Flora of China，Vol.4: 57，1999.

形态特征：常绿乔木，小枝短硬呈散射状，树冠不整齐。叶钻形（基部宽大、平扁，顶端渐尖、硬直），直伸（有时先端微向内弯曲）；叶两侧具白色气孔线，基部下延；叶长0.4~2cm。雄球花圆柱形，长0.7cm；雌球花近球形，无梗，单生枝顶。球果近球形，种鳞不脱落，木质，盾形（上部大、下部窄），苞鳞先端的三角状齿（1枚）和种鳞先端的裂齿（一行）均较长，裂齿长0.6cm以上；每枚种鳞具1~2颗种子，种子边缘有极窄的翅；子叶2~3枚，发芽时出土。花期4月，球果10月成熟。

分布：原产日本，中国引种栽培。江西广泛栽培，其中庐山、三清山、井冈山、武功山栽培面积较大，海拔1500m以下。

用途和繁殖方法：荒山造林，行道树，用材。播种繁殖。

日本柳杉

a. 小枝短硬呈散射状，树冠不整齐；b. 叶钻形，直伸（有时先端微向内弯曲）；叶两侧具白色气孔线，基部下延；c~d. 苞鳞先端的三角状齿（1枚）和种鳞先端的裂齿（一行）均较长。

（1）b. 柳杉 Cryptomeria japonica var. sinensis Miquel

Flora of China，Vol.4: 57，1999. *Cryptomeria fortunei* Hooibrenk ex Otto et Dietr.，中国植物志，第 7 卷：294，1978；*Cryptomeria japonica*（Thunbergex Linnaeus f.）D. Don，世界裸子植物的分类和地理分布，877，2017；*Cryptomeria japonica*（Thunberg ex Linnaeus f.）D. Don，中国生物物种名录，第一卷（总上）：228，2019.

形态特征：柳杉与日本柳杉的主要区别是，柳杉的小枝柔软下垂，树冠较整齐；叶先端显著向内弯曲；苞鳞先端的三角状齿和种鳞先端的一行裂齿较短，裂齿长 0.5cm 以下；其它特征与日本柳杉相近。

分布：江西野生分布于武夷山和庐山，生于山坡中部阔叶林中，海拔 700~1200m，浙江（天目山）、福建（南平）也有野生分布。

用途和繁殖方法：荒山造林，行道树，雕刻，用材。播种繁殖。

柳杉

a.小枝柔软下垂，树冠较整齐；b.叶钻形，先端显著向内弯曲；叶两侧具白色气孔线，基部下延；c~d.苞鳞先端的三角状齿（1 枚）和种鳞先端的裂齿（一行）均较短。

3.6.5 水松属 Glyptostrobus Endlicher

形态特征：半常绿乔木。具柔软的锥形叶，兼有少量紧贴枝条的鳞叶；叶螺旋状着生，基部下延。条状锥形叶微弯曲，先端锐尖；鳞叶紧贴枝条，有些鳞叶较短，先端不张开；有些鳞叶较长，先端稍张开。雌雄同株，球花单生于有鳞形叶的小枝枝顶；雄球花椭圆形，雄蕊 15～20 枚，螺旋状排列，2～9 枚花药，花丝短，药室纵裂，雌球花近球形，具 20~22 枚螺旋状着生的珠鳞，珠鳞开始很小，背面（下面）具较珠鳞更大的苞鳞，受精后珠鳞迅速增大成肥厚的种鳞（远较苞鳞大）。球果木质、倒圆锥体，直立；种鳞与苞鳞合生，先端分离而露出尖齿（种鳞先端为最上一行齿 3~10 个，苞鳞先端为下一行齿 1~3 个），尖齿向后反折；种子椭圆形，具向下生长的长翅；子叶 4~5 枚，发芽时出土。

分布与种数：中国特有属，1 种。江西 1 种。

（1）水松 Glyptostrobus pensilis（Staunton ex D. Don）K．Koch

中国植物志，第 7 卷：299，1978；Flora of China，Vol.4: 57，1999；世界裸子植物的分类和地理分布，896，2017；中国生物物种名录，第一卷（总上）：229，2019.

形态特征：半常绿乔木，枝、叶无毛，树干基部膨大成柱槽状（湿地生境）；树皮褐色，纵裂成不规则的长条片。具柔软的锥形叶，兼有少量紧贴枝条的鳞叶；叶螺旋状着生，基部下延。条状锥形叶微弯曲，先端锐尖，下部宽、略扁；鳞叶紧贴枝条（有些鳞叶较短，先端不张开；有些鳞叶较长，先端稍张开）。条状锥形叶常呈二列状排列，长 1~3cm，宽 0.3~0.5cm，淡绿色，背面两侧有细小的白色气孔线，冬季连同侧生短枝一同脱落。球果倒圆锥体，长 2~3cm，径 1.5~2cm；种鳞木质，稍扁平，球果中部的种鳞倒卵形，基部楔形；苞鳞与种鳞合生，先端分离而露出尖齿（种鳞先端为最上一行齿 3~10 个，苞鳞先端为下一行齿 1~3 个），尖齿向后反折；种子褐色，长约 0.9cm，下端具长翅，翅长约 0.8cm；子叶 4~5 枚。花期 1~2 月，球果成熟期 11~12 月。野生水松为国家一级重点保护植物。

分布：江西分布于宜黄县、修水县、武宁县、丰城市、安福县、井冈山市（石市口）等地，生于河边、溪旁、田埂、湿地，海拔 50~800m。广东、福建、四川、广西、云南也有分布；此外，南京、武汉、庐山、上海、杭州、广州等地有栽培。

用途和繁殖方法：湿地修复，河堤保护，湿地景观，特殊用材（救生圈、瓶塞等软木用具）。播种繁殖。

水松

　　a. 条状锥形叶（下部宽、略扁）、鳞叶（紧贴枝条）；b. 球果倒圆锥体，苞鳞与种鳞合生，先端分离而露出尖齿；c. 半常绿乔木；d. 鳞叶（紧贴枝条），有些鳞叶较短，先端不张开；有些鳞叶较长，先端稍张开。

3.6.6 侧柏属 Platycladus Spach

形态特征: 常绿乔木,生鳞叶的小枝直立,向上伸展,排成同一平面(扁平,两面同型)。鳞叶交叉对生,排成四列,基部下延生长,背面有腺点。雌雄同株,球花单生于小枝顶端;雄球花具 6 对交叉对生的雄蕊,花药 2~4;雌球花具 4 对交叉对生的珠鳞,仅中间 2 对珠鳞各生 1~2 枚直立胚珠,最下一对珠鳞短小,有时退化而不显著。球果倒圆锥体;球果木质,当年成熟,熟时开裂;种鳞与苞鳞合生,仅苞鳞先端露出一个向下弯曲的钩状齿;种鳞 4 对,木质、近扁平;球果中部的种鳞发育,各有 1 或 2 颗种子;种子无翅,子叶 2 枚,发芽时出土。

分布与种数: 1 种,分布于中国南、北各地区,西伯利亚地区、朝鲜也有分布。中国 1 种。江西 1 种。

(1)侧柏 Platycladus orientalis(Linnaeus)Franco

中国植物志,第 7 卷:322,1978;Flora of China,Vol.4: 64,1999;世界裸子植物的分类和地理分布,1005,2017;中国生物物种名录,第一卷(总上):230,2019.

形态特征: 常绿乔木,枝、叶无毛。鳞叶紧贴枝条;生鳞叶的小枝向上伸展,扁平,排成同一平面。鳞叶长 0.2~0.6cm,先端微钝;枝干上的鳞叶较长;细枝上的中央鳞叶呈倒卵状菱形,其中间有 1 条状腺槽;两侧的鳞叶船形,先端微内曲,背部有钝脊,尖头的下方具腺点。雄球花黄色,长约 0.2cm;雌球花近球形,蓝绿色,被白粉。球果木质,近圆形,长 2~3cm,成熟前蓝绿色,被白粉;成熟后开裂;种鳞与苞鳞合生,仅苞鳞先端露出一个向下弯曲的钩状齿。种子近椭圆形,长 0.6~1cm,无翅或具窄翅。花期 3~4 月,球果成熟期 10 月。

分布: 江西分布于三清山、庐山、幕府山、武夷山,生于灌丛、荒山、疏林中或石灰岩地段,海拔 600~1200m。内蒙古、吉林、辽宁、河北、山西、山东、江苏、浙江、福建、安徽、河南、陕西、甘肃、四川、云南、贵州、湖北、湖南、广东、广西等地区也有分布,西藏(林芝、达孜)等地区也有栽培。

用途和繁殖方法: 园林绿化树种,用于石灰岩地段的植被恢复,特殊用材(家具、地板等),药用(健胃、清凉等)。播种、扦插繁殖。

下弯的齿

侧柏

a. 球果幼期为蓝绿色，被白粉，球果倒圆锥体；小枝平扁，排成同一平面，两面同型；b. 球果成熟后木质，苞鳞与种鳞合生，苞鳞仅先端露出向下弯曲的齿；小枝的鳞叶先端圆钝、紧贴枝条，长枝的鳞叶较长，先端尖、稍外展；c. 常绿乔木，小枝呈片状（同一平面）；d. 球果着生位置。

3.6.7 柏木属 Cupressus Linnaeus

形态特征：常绿乔木，小枝下垂，叶为鳞形（仅幼苗或萌生枝上的叶为刺叶）。生鳞叶的小枝略呈四棱形，不排成一平面。鳞叶交叉对生，排列成四行，同型，叶背有明显的腺点。雌雄同株，球花单生枝顶；雄球花具多数雄蕊，每雄蕊具 2~6 花药；雌球花近球形，具 4~8 对盾形珠鳞，部分珠鳞的基部着生 5 至多枚直立胚珠，胚珠排成一行或数行。球果木质，翌年夏初成熟，近球形；种鳞 4~8 对，熟时张开，盾形，顶端中部具 1 个短齿；种子具棱角，两侧具窄翅；子叶 2~5 枚。

分布与种数：分布于北美洲、亚洲及地中海等温带、亚热带地区，约 11 种。中国 6 种。江西 1 种。

（1）柏木 Cupressus funebris Endlicher

中国植物志，第 7 卷：335，1978；Flora of China，Vol.4: 67，1999；世界裸子植物的分类和地理分布，886，2017；中国生物物种名录，第一卷（总上）：229，2019.

形态特征：常绿乔木，枝、叶无毛，小枝细长下垂，叶鳞形。生鳞叶的小枝略呈四棱形，不排成一平面。鳞叶两面同形，绿色。两侧鳞叶对生，中间鳞叶凸起呈脊状。鳞叶长 0.1~0.18cm，先端锐尖，中央的鳞叶叶片背部有条状腺点。雄球花长 0.3cm，雄蕊通常 6 对，药隔顶端具凸尖；雌球花长 0.6cm，近球形，径 0.35cm。球果木质，

柏木

a. 鳞叶紧贴枝条，先端锐尖；a-1. 种鳞顶部为不规则多边形，中央具一个凸短齿；b. 两侧鳞叶对生，中间鳞叶凸起呈脊状。

圆球形，径 1~1.5cm；种鳞 4 对，顶端为不规则多边形，中央具 1 个短齿；种子宽倒卵状菱形，长 0.3cm，边缘具窄翅；子叶 2 枚。花期 3~5 月，球果成熟期翌年 5~6 月。

分布：中国特有种。江西各地均有分布，生于村落旁边、风水林中、荒山、路边或石灰岩地段，海拔 800m 以下。浙江、福建、湖南、湖北、四川、贵州、广东、广西、云南等地区也有分布。

用途和繁殖方法：优质用材，药用（枝叶、树皮），园林绿化，石灰岩植被恢复。播种、扦插繁殖。

鳞叶先
端锐尖

腺点

d

柏木（续）

c.常绿乔木，小枝下垂；d.小枝排成一个平面，中央鳞叶背部具线条状腺点。

3.6.8 福建柏属 Fokienia A. Henry et H. H. Thomas

形态特征：常绿乔木，生鳞形叶的小枝扁平，枝、叶无毛。鳞叶在枝上呈节状着生，排成同一平面，每一节有 3 枚鳞叶，两侧 2 枚鳞叶先端短尖，稍外展，中间 1 枚鳞叶紧贴枝条，与侧生鳞叶等长或稍长。鳞叶两面异型，即正面绿色，略具光泽，背面稍凹，具白粉；鳞叶交叉对生。雌雄同株，雄球花单生于小枝顶端；雌球花具 6~8 对交叉对生的珠鳞，每珠鳞的基部有 2 枚胚珠。球果木质，翌年成熟，近球形；种鳞与苞鳞完全合生，苞鳞仅先端露出一小凸尖；种鳞 6~8 对，熟时张开，盾形，基部渐窄，顶部中央微凹。种子具明显的种脐，上部具薄翅；子叶 2 枚，发芽时出土。

分布与种数：分布于中国和越南，仅 1 种。中国 1 种。江西 1 种。

（1）福建柏 Fokienia hodginsii（Dunn）A. Henry et H. H. Thomas

中国植物志，第 7 卷：345，1978；Flora of China，Vol.4: 69，1999；世界裸子植物的分类和地理分布，894，2017；中国生物物种名录，第一卷（总上）：229，2019.

形态特征：常绿乔木，枝、叶无毛。生鳞叶的小枝扁平、排成一个平面。鳞叶枝上呈节状着生，排成同一半面，每一节有 3 枚鳞叶，两侧 2 枚鳞叶先端短尖，稍外展；中间 1 枚鳞叶紧贴枝条，与侧生鳞叶等长或稍长，先端尖，并在背部具一腺点（侧生鳞叶顶端有时也具腺点）。鳞叶两面异型，即正面绿色，略具光泽，背面稍凹，具白粉；鳞叶 2 对交叉对生。鳞叶长 0.6~1.2cm，宽 0.3~0.4cm。雄球花近球形，长约 0.5cm。球果木质，近球形，熟时褐色，直径 2~3cm；种鳞与苞鳞合生（苞鳞仅先端露出一小凸尖）；种鳞顶部多边形，表面皱缩稍凹陷，中间有一个小凸尖。种子顶端尖，具 3~4 棱，长约 0.5cm，上部具翅。花期 3~4 月，球果翌年 10~11 月成熟。国家二级重点保护植物。

分布：江西分布于龙南县（九连山）、崇义县（齐云山）、上犹县（五指峰、光姑山）、遂川县（南风面）、井冈山（笔架山）、安福县（羊狮幕）、芦溪县（武功山）、三清山、铅山县（武夷山）、宜黄县（军峰山）等山区，生于针阔混交林中、山顶、山脊，海拔 650~1500m。浙江、福建、广东、湖南、贵州、广西、云南等地区也有分布。

用途和繁殖方法：优质用材，园林观赏。播种繁殖。

福建柏

a.鳞叶节状着生，叶面略具光泽；b.鳞叶两面异型，即背面稍凹，具白粉；c.球果种鳞顶部稍凹，具凸尖；两侧鳞叶稍外展，中间鳞叶紧贴枝条，先端具腺点；侧生鳞叶顶端有时也具腺点；d.常绿乔木，树皮纵裂。

3.6.9 刺柏属 Juniperus Linnaeus

形态特征： 根据前面的分析，将圆柏属 Sabina Mill. 归并在刺柏属。常绿乔木或灌木，小枝近圆形、四棱形，冬芽显著。鳞叶或兼有刺叶，或全为刺叶；叶交互对生排成四列，或 3 叶轮生。球花单生叶腋。雄球花卵圆形，具 3~7 对（轮）的小孢子叶。雌球花近球形，长 0.4~2.5cm。球果成熟时不开裂（稀微裂），浆果状；种鳞与苞鳞完全合生（少数种类的苞鳞先端凸尖呈刺状）；种鳞宿存，1~5 对（轮），外壁常具白粉。球果内种子 1~3 颗，无翅，子叶 2~6 枚。

分布与种数： 分布于北半球、南半球，全球约 69 种。中国 23 种。江西 3 种。

分种检索表

1. 叶为鳞叶、刺叶并存，螺旋状排列于枝上···················圆柏 **Juniperus chinensis**
1. 叶全为刺叶，3 叶轮生。
  2. 球果近圆球形，成熟时 3 微裂···················刺柏 **J. formosana**
  2. 球果椭圆状柱形，苞鳞与种鳞合生后先端仍呈小齿状···················
···················高山柏 **J. squamata**

（1）圆柏 Juniperus chinensis Linnaeus

Flora of China，Vol.4：14，1999；世界裸子植物的分类和地理分布，921，2017；中国生物物种名录，第一卷（总上）：229，2019. *Sabina chinensis*（Linnaeus）Ant.，中国植物志，第 7 卷：362，1978.

形态特征： 常绿乔木，枝、叶无毛。叶二型，即鳞叶与刺叶并存，螺旋状着生于枝上；生鳞叶的小枝近圆柱形或近四棱形；刺叶呈 3 叶交互轮生，叶披针形，先端渐尖，长 0.7~1.2cm，腹面（上面）微凹并具两条白色气孔带。雌雄异株；雄球花黄色，长 0.4cm，雄蕊 5~7 对，常有 3~4 花药。球果浆果状，近圆球形，径 0.6~1cm，翌年成熟，球果幼期被白粉，具 1~4 颗种子；种鳞与苞鳞完全合生，苞鳞先端凸尖呈刺状。种子卵圆形，平扁，子叶 2 枚，发芽时出土。

分布： 江西分布于三清山、铅山县（武夷山）、庐山、彭泽县等地区，其它县（市）多为栽培。生于路边、针阔混交林中、荒山、石灰岩地段，海拔 600~1200m，内蒙古（乌拉山）、河北、山西、山东、江苏、浙江、福建、安徽、河南、陕西、甘肃、四川、湖北、湖南、贵州、广东、广西、云南等地区也有分布。

用途和繁殖方法： 用于园林绿化、石灰岩地区植被恢复等。播种、扦插繁殖。

圆柏

　　a.鳞叶与刺叶并存；b.常绿乔木，小枝多下垂；c.多为鳞叶，球果浆果状，近球形，幼期被白粉，种鳞与苞鳞完全合生，苞鳞先端凸尖呈刺状；d.多为刺叶，螺旋状排列。

（2）刺柏 *Juniperus formosana* Hayata

中国植物志，第 7 卷：377，1978；Flora of China，Vol.4: 10，1999；世界裸子植物的分类和地理分布，942，2017；中国生物物种名录，第一卷（总上）：229，2019.

形态特征：常绿乔木或灌木，枝、叶无毛；小枝下垂。全为刺叶，3 叶轮生，条状披针形，先端尖锐，叶长 1.2~2cm，宽 0.15~0.23cm，上面（腹面）稍凹，中脉两侧各有 1 条白色气孔带；叶背面（背面）具纵钝脊。雄球花长 0.6cm，药隔先端渐尖，背有纵脊。球果浆果状，近球形，长约 1cm，径 0.9cm，熟时顶部 3 微裂；种子半月圆形，具 3~4 棱脊，顶端尖。

分布：江西分布于龙南县、寻乌县、会昌县、于都县、遂川县、井冈山、安福县、芦溪县（武功山）、修水县、宁都县、石城县、崇仁县等地，生于丘陵、山区路边或山脊，海拔 100~800m。中国特有，台湾、江苏、安徽、浙江、福建、湖北、湖南、陕西、甘肃、青海、西藏、四川、贵州、云南等地区也有分布。

用途和繁殖方法：水土保持，荒山植被恢复。播种、扦插繁殖。

刺柏

a. 全为刺叶，小枝下垂；b. 球果浆果状，近球形，顶部微 3 开裂；c. 刺叶 3 枚轮生，叶正面（腹面）具白色气孔带。

（3）高山柏 Juniperus squamata Buchanan-Hamilton ex D. Don

Flora of China，Vol.4: 13，1999；世界裸子植物的分类和地理分布，984，2017；中国生物物种名录，第一卷（总上）：230，2019. *Sabina squamata*（Buch.-Hamilt.）Ant.，中国植物志，第 7 卷：353，1978.

（3）a. 高山柏（原变种）Juniperus squamata var. squamata

Flora of China，Vol.4: 13，1999；世界裸子植物的分类和地理分布，984，2017；中国生物物种名录，第一卷（总上）：230，2019.

形态特征： 乔木或小乔木，枝、叶无毛。全为刺叶，3 叶交叉轮生，条状披针形，长约 1cm，宽 0.15~0.25cm，先端锐尖；叶正面（腹面）稍凹，具白粉带，下面拱凸，具钝纵脊，沿脊具细槽或仅下部具细槽。雄球花长 0.4cm，雄蕊 4~7 对。球果浆果状，椭圆状柱形，成熟前黄绿色，成熟后蓝黑色，无白粉，球果内仅 1 颗种子；苞鳞与种鳞合生，但先端仍呈小齿状。种子锥状球形，长 0.5~0.8cm，上部具微明显的 2~3 条纵脊。

分布： 江西分布于三清山、铅山县（武夷山），海拔 1000~1600m。西藏、云南、贵州、四川、甘肃、陕西、湖北、安徽、福建、台湾等地区也有分布。

用途和繁殖方法： 优质用材，园林绿化。播种繁殖。

高山柏

　　a. 全为刺叶，叶腹面具白色气孔带，球果具小尖头；b. 常绿乔木；c. 球果内仅 1 颗种子；d. 球果浆果状，椭圆状柱形；3 枚刺叶交叉轮生，刺叶背面具钝纵脊。

3.7 三尖杉科 Cephalotaxaceae Neger

形态特征：常绿乔木或灌木，雌雄异株（稀雌雄同株），芽鳞宿存。叶排成二列，交互对生（稀对生），无柄或近无柄；叶片线形、线状披针形；中脉于叶两面凸起；叶背中脉两侧具 2 条灰白色气孔带（通常由于覆盖粉状物而呈白色），与中脉等宽或稍宽于中脉；叶边缘绿色，与中脉等宽或稍窄于中脉；叶背具树脂道。雄球花生于二年生枝上，6~8 个（稀 11）簇生成头状花序（头状花序腋生，单生，有梗或者近无梗）；花序梗通常具螺旋状排列的鳞片；每一雄球花的基部具 1 枚卵形的苞片；雄蕊 4~16 枚，各具 2~4 枚（通常 3 枚）背腹面排列的花药，花粉无气囊。雌球花具长梗，生于小枝基部（稀近枝顶）苞片的腋部，花轴上具数对交叉对生的苞片，成对的苞片组成大孢子叶球（雌球花）；每一苞片的腋部具 2 枚直立的腋生胚珠；胚珠生于珠托之上。果序具长梗；种子 2 年后成熟，无种梗；种子核果状，完全为肉质假种皮包被，肉质假种皮由珠托发育而来。种子近椭圆形，基部具宿存苞片；具胚乳；子叶 2 枚，发芽时子叶出土。

关键特征：果序具长梗，无种梗；肉质假种皮由珠托发育而来；种子基部具宿存苞片。

分布与种数：仅 1 属，主要分布于东亚和东南亚，约 10 种。中国 10 种，分布于秦岭至南方各地，东至台湾。江西 4 种。

3.7.1 三尖杉属 Cephalotaxus Siebold et Zuccarini ex Endlicher

特征同科。

分种检索表

1. 叶微弯、柔软，长 6~13cm，宽 0.4~0.5cm，先端长渐尖而无刺状尖；具较长的总梗
·· 三尖杉 Cephalotaxus fortunei
1. 叶较硬、直（或微弯），先端具刺状尖，长 6cm 以下。
  2. 叶长 2.5~5cm，宽 0.4~0.7cm，排列紧密，基部微呈心形（无柄），叶背白色气孔带比绿边宽 1~2 倍 ···························· 篦子三尖杉 C. oliveri
  2. 叶长 4~7cm，宽 0.3~0.8cm，排列稀疏，先端尖刺状，基部楔形（具 0.3cm 左右的短柄）。
    3. 叶长 5~7cm，宽 0.35~0.5cm，硬直，先端尖刺状················
·· 粗榧 C. sinensis
    3. 叶长 4~6cm，宽 0.6~0.8cm，上部呈镰刀状弯曲，先端具短凸尖········
·· 宽叶粗榧 C. latifolia

（1）三尖杉 Cephalotaxus fortunei Hooker

中国植物志，第7卷：426，1978；Flora of China，Vol.4: 87，1999；世界裸子植物的分类和地理分布，1046，2017；中国生物物种名录，第一卷（总上）：239，2019.

（1）a. 三尖杉（原变种）Cephalotaxus fortunei var. fortunei

Flora of China，Vol.4: 87，1999；世界裸子植物的分类和地理分布，1047，2017；中国生物物种名录，第一卷（总上）：239，2019.

形态特征：常绿乔木，高3~15m，胸径10~25cm；树皮褐色或红褐色，裂成片状脱落；枝、叶无毛。枝条较细长，稍下垂；树冠广圆形。叶排成二列，披针状条形，微弯，柔软，长6~13cm，宽0.4~0.5cm，先端长渐尖而无刺状尖；基部楔形或宽楔形；叶正面深绿色，中脉凸起；叶背中脉绿色，两侧具较绿边宽3倍的白色气孔带。雄球花8~10聚生呈头状，直径约1cm，雄球花的总梗长约0.6cm，基部及总花梗上部具18~24枚苞片，每一个雄球花有6~16枚雄蕊，花药3枚，花丝短。雌球花生于小枝基部苞片的腋内，花轴上具数对交叉对生的苞片，每一苞片的腋部有2枚直立胚珠；雌球花的胚珠1~8枚发育成种子；雌球花的总梗长1.5~2cm。种子无种梗，但具较长的总梗（长1.5~2cm）；种子椭圆状卵形，长约2.5cm，假种皮成熟时紫红色（完全包被种子），顶端具小尖头。子叶2枚，条形，长2.2~3.8cm，宽约0.2cm，先端钝圆或微凹，背面中脉隆起，无气孔线；上面具凹槽，内具1条较窄的白粉带；初生叶镰状条形，初期5~8枚，长0.4~0.8cm，下面具白色气孔带。花期4月，种子成熟8~10月。

分布：中国特有树种。江西分布于寻乌县、会昌县、定南县、龙南县、安远县、大余县、于都县、赣县、上犹县、崇义县、瑞金市、兴国县、石城县、宁都县、井冈山市、永新县、莲花县、安福县、芦溪县（武功山）、铜鼓县、修水县、武宁县、庐山市、三清山、铅山县（武夷山）等地，生于阔叶疏林、针阔混交林中，海拔200~1000m。浙江、安徽、福建、湖南、湖北、河南、陕西、甘肃、四川、云南、贵州、广西、广东等地区也有分布。

用途和繁殖方法：园林观赏，药用，特殊用材（家具）。播种繁殖。

三尖杉

a.叶微弯，中脉凸起；b.无种梗，具总梗；c.叶柔软，排成二列；d.叶交叉对生（双箭头所示），叶背中脉两边具宽大的白色气孔带。

（2）篦子三尖杉 Cephalotaxus oliveri Masters

中国植物志，第 7 卷：434，1978；Flora of China，Vol.4: 2，1999；世界裸子植物的分类和地理分布，1054，2017；中国生物物种名录，第一卷（总上）：240，2019.

形态特征：常绿灌木，枝、叶无毛。叶条形，硬直，排列紧密（似篦子），中部以上微弯；叶长 2.5~5cm，宽 0.4~0.7cm，基部微呈心形（无柄），叶背白色气孔带比绿边宽 1~2 倍；叶先端具刺状尖。雄球花 6~7 聚生成头状花序，总梗长约 0.6cm，雄蕊 6~10 枚，花药 3~4 枚，花丝极短；雌球花的胚珠通常 1~2 枚发育成种子。种子近球形，长约 2.7cm，径 1.8~2cm，顶端具小凸尖，无种梗，具总梗（长约 1.1cm）。花期 3~4 月，种子成熟期 8~10 月。国家二级重点保护植物。

分布：江西分布于大余县（内良）、遂川县（五斗江张坑）、芦溪县（武功山江边村后山）等山区，生于山谷阔叶疏林中、溪谷两侧，海拔 300~1000m。广东、湖南、湖北、四川、贵州、云南等地区也有分布。

用途和繁殖方法：药用（叶、枝、种子），庭院绿化，盆景。播种、扦插繁殖。

篦子三尖杉

a. 小枝对生或轮生；b. 叶背中脉两侧具宽大的白色气孔带，叶基部微心形或宽截形；小枝基部宿存苞片；c. 叶面中脉凸起，叶边缘稍背卷，先端具刺状尖；d. 种子无种梗，但具总梗；e. 叶呈二列，排列紧密似篦子。

（3）**粗榧** Cephalotaxus sinensis（Rehder et E. H. Wilson）H. L. Li

中国植物志，第 7 卷：428，1978；Flora of China，Vol.4: 2，1999；世界裸子植物的分类和地理分布，1054，2017；中国生物物种名录，第一卷（总上）：240，2019.

形态特征：常绿小乔木，枝、叶无毛。叶条形，排成二列，叶长 5~7cm，宽0.35~0.5cm，硬直，先端尖刺状；基部楔形（具长约 0.3cm 短柄）；叶背面具 2 条白色气孔带，较绿边宽 2~4 倍。雄球花头状聚生枝顶。种子长 1.8~2.5cm。花期 3~4 月，种子成熟 8~10 月。国家二级重点保护植物。

分布：中国特有树种。江西分布于井冈山（江西坳）、三清山等山区，海拔1200m 以上。江苏、浙江、安徽、福建、河南、湖南、湖北、陕西、甘肃、贵州、四川、云南等地区也有分布。

用途和繁殖方法：药用（皮、果），园林观赏。播种繁殖。

粗榧

a. 叶交叉对生（双箭头所示），背面具较宽的白色气孔带；b. 叶硬直，叶面中脉凸起，基部狭窄，先端尖刺状；c. 常绿小乔木；d. 种子聚生于总梗上，无种梗；e. 种子核果状，全为肉质假种皮包被。

（4）宽叶粗榧 Cephalotaxus latifolia W. C. Cheng et L. K. Fu ex L. K. Fu et al.

Flora of China，Vol.4: 2，1999. *Cephalotaxus latifolia* L. K. Fu et R. R. Mill. 世界裸子植物的分类和地理分布，1052，2017. *Cephalotaxus sinensis*（Rehd. et Wils.）Li var. *latifolia Cheng* et L. K. Fu，中国植物志，第 7 卷：428，1978.

形态特征：常绿小乔木或灌木状。叶条形，排成二列，叶长 4~6cm，宽 0.6~0.8cm，上部呈镰刀状弯曲，先端具短凸尖；基部楔形（具长 0.3cm 左右的短柄）；叶背面具 2 条较宽的白色气孔带，约为绿边宽的 2~4 倍；叶边缘反卷。雄球花头状聚生枝顶。雌球花生于小枝基部苞片的腋内，花轴上具数对交叉对生的苞片，每一苞片的腋部有 2 枚直立胚珠。种子卵圆形，先端具短凸尖，全为肉质假种皮包被，无种梗，具总梗；种子长 1.8~2.5cm。花期 3~4 月，种子成熟期 8~10 月。国家二级重点保护植物。

分布：江西分布于芦溪县（武功山中庵去金顶路上）、井冈山（江西坳防火线去桃园洞一侧）、三清山等山区，生于山顶灌丛或矮林中，海拔 1000~1800m。四川、湖北、贵州、广西、广东、福建等地区也有分布。

用途和繁殖方法：药用（皮、果），园林盆景。播种、扦插繁殖。

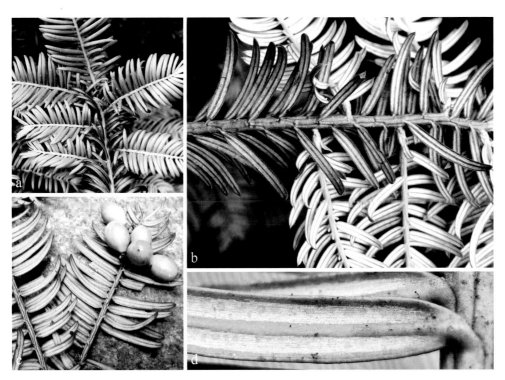

宽叶粗榧

a. 叶排成二列，微下弯；叶较宽（0.6~0.8cm）；b. 叶背具两条较宽的白色气孔带，先端短尖；c. 种子卵圆形，无种梗，先端具短凸尖；d. 白色气孔带比绿边宽。

3.8 红豆杉科 Taxaceae Gray

形态特征：常绿乔木或灌木。叶条形、条状披针形或线形，螺旋状排列或交叉对生；常扭转呈二列；叶背中脉两侧各有 1 条气孔带。雄球花具 6~14 枚小孢子叶；花粉无气囊。雌雄异株（稀同株或杂性），大孢子叶球单生（雌球花），基部具数枚交互对生的苞片；胚珠单生，无球果。种子核果状，肉质假种皮全包或半包着种子；肉质假种皮由最上部苞片基部的假种皮原基细胞发育而来。种子胚乳丰富；子叶 2 枚。

关键特征：叶螺旋状排列或交互对生；具肉质假种皮，全包或半包着种子；肉质假种皮由最上部苞片基部的假种皮原基细胞发育而来。

分布与种数：主要分布于北半球，南半球也由较少的种类分布，约 5 属 28 种。中国 4 属 16 种。江西 4 属 6 种。

分属检索表

1. 假种皮硬肉质状，全包种子；叶条形，交叉对生，基部扭转排成二列。
  2. 叶条形，宽 1.2cm 以上；叶背具宽大的白色气孔带；种梗长 1.2cm 以上……………
    ……………………………………………………**穗花杉属 Amentotaxus**
  2. 叶宽 1cm 以下；种子无种梗；1~2 年生枝基部无宿存苞片；叶面无凸起的中脉……
    ……………………………………………………**榧树属 Torreya**
1. 假种皮肉质状、杯状，半包种子；叶条形，螺旋状排列，基部扭转排成二列。
  3. 小枝互生；叶背面有两条淡黄绿色气孔带；种子成熟时肉质假种皮红色（稀黄色）
    ……………………………………………………**红豆杉属 Taxus**
  3. 小枝对生或轮生；叶背面有两条明显的白色气孔带；肉质假种皮白色…………
    ……………………………………………………**白豆杉属 Pseudotaxus**

3.8.1 穗花杉属 Amentotaxus Pilger

形态特征：常绿小乔木，枝、叶无毛；小枝对生，基部无宿存苞片。叶交叉对生，基部扭转排成二列；叶片厚革质，条状披针形，微弯呈镰状，近无叶柄；叶边缘反卷；叶基部下延，叶面中脉明显，叶背具 2 条宽大的白色气孔带；叶宽 1.2cm 以上。雌雄异株；雄球花多数组成穗状花序，常 1~4 穗生于近枝顶苞片腋内，稍下垂，雄球花对生于穗上，近无梗，花丝极短，每枚雄蕊具 3~8 个花药，药室纵裂。雌球花单生于新枝上的苞片腋内，花较梗长，具 1 枚直立胚珠；胚珠着生于花轴顶端的苞腋，基部具 6~10 对交叉对生的苞片，排成四列，每列 3~5 片。种子当年成熟，核果状，种梗长 2cm 以上，囊状鲜红色肉质假种皮全包种子，基部具宿存的苞片。

分布与种数：分布于中国南部、中部、西部及台湾地区，越南也有分布，全球 6 种。中国 6 种。江西 1 种。

（1）穗花杉 Ametotaxus argotaenia（Hance）Pilger

中国植物志，第 7 卷：455，1978；Flora of China，Vol.4: 5，1999；世界裸子植物的分类和地理分布，1039，2017；中国生物物种名录，第一卷（总上）：239，2019.

形态特征： 常绿小乔木或灌木状，高 2~7m。树皮灰褐色或淡红褐色，裂成片状脱落；枝、叶无毛；顶芽无毛，具棱；小枝对生，斜展或向上伸展，圆或近方形，基部无宿存苞片；1 年生枝绿色，2~3 年生枝绿黄色、黄色或淡黄红色。叶基部扭转列成二列，条形，直或微弯呈镰刀状；叶长 5~11cm，宽 0.8~1.5cm，先端钝尖，基部具极短的叶柄；叶面中脉凸起；叶背中脉两侧具宽大的白色气孔带，带宽与绿色边带近相等；萌生枝上的叶较长，通常镰刀状，稀直伸，先端具渐尖的长尖头，气孔带较绿色边带为窄。雄球花 1~3 个呈穗状，长 5~6.5cm，雄蕊具 2~5 个花药（通常 3 个）。种子椭圆形，成熟时为红色假种皮全部包被；种子长 2~2.8cm，径 1.2~1.5cm，顶端有小尖头露出，基部具宿存苞片，苞片背部具纵脊；种梗长 1.3~2cm，扁四棱形。花期 4 月，种子成熟期 10 月。国家二级重点保护植物。

分布： 中国特有树种。江西分布于寻乌县（金刚山、项山）、安远县（三百山）、大余县（内良）、崇义县（齐云山）、上犹县（光姑山）、石城县（赣江源保护区）、遂川县（南风面）、井冈山（洪坪）、芦溪县（武功山红岩谷）、铅山县（武夷山）、三清山等地，生于阔叶疏林、针阔混交林中，海拔 450~1000m。湖北、湖南、四川、福建、广西、广东、香港等地区也有分布。

用途和繁殖方法： 药用，园林观赏。播种、扦插繁殖。

苞片→

穗花杉

a. 肉质假种皮红色，全包种子；种子基部具若干层苞片（芽鳞片）；b. 种梗较长（种梗是直接与种子连接的枝状器官）；c. 常绿小乔木。

穗花杉（续）

d. 叶交叉对生（箭头线所示），中脉凸起；
顶芽无毛，具棱；e. 叶背中脉两侧具宽大的白
色气孔带；小枝基部无宿存的苞片（芽鳞片）。

3.8.2 榧树属 Torreya Arnott

形态特征：常绿乔木，枝轮生；1~2 年生枝基部无宿存苞片；小枝近对生或近轮
生，基部无宿存苞片。叶条状披针形，交叉对生或近对生，基部扭转排列成二列；叶
宽 1cm 以下；叶坚硬，先端具刺状尖头，基部下延生长；叶面无凸起的中脉，叶背
具两条较窄的气孔带。雌雄异株；雄球花单生叶腋，具短梗，雄蕊排列成 4~8 轮，每
轮 4 枚，各有 4 个向外排列的下垂的花药，药室纵裂，药隔上部边缘有细缺齿；雌球
花无梗，2 个成对生于叶腋，每一个雌球花具 2 对交叉对生的苞片和 1 枚侧生的苞片，
胚珠 1 枚，直立。种子无种梗（有些种类具较长的总梗而不是种梗）；种子翌年秋季
成熟，核果状，全部包于肉质假种皮中，基部具宿存的苞片，种子发芽时子叶不出土。

分布与种数：分布于中国、韩国、日本及北美洲各地，全球约 8 种。中国 5 种。
江西 2 种。

分种检索表

1. 叶较短，长 1.5~2.8cm，宽约 0.4cm，先端具刺尖；叶背气孔带淡黄色，绿边与气孔带
　　近等宽···**榧树 Torreya grandis**
1. 叶较长，长 5~9cm，宽 0.4~0.6cm，先端长渐尖；叶具短柄，叶背气孔带灰白色······
　　···**长叶榧树 T. jackii**

（1）榧树 *Torreya grandis* Fortune ex Lindley

中国植物志，第 7 卷：458，1978；Flora of China，Vol.4: 7，1999；世界裸子植物的分类和地理分布，1076，2017；中国生物物种名录，第一卷（总上）：240，2019.

形态特征：常绿乔木，枝、叶无毛；小枝基部无宿存苞片（芽鳞片）。叶条状披针形，交叉对生，基部扭转排成二列，硬直，长 1.5~2.8cm，宽约 0.4cm，先端具刺状尖头，无凸起中脉；叶背具淡黄色气孔带，气孔带与绿色边的宽度近相等。雄球花圆柱状，长 0.9cm，基部的苞片有明显的背脊，雄蕊多数，各有 4 个花药，药隔先端具齿。雌球花无梗，2 个成对生于叶腋，每一个雌球花具 2 对交叉对生的苞片。种子无种梗；种子椭圆形，长 2~4.5cm，径 1.5~2.5cm，熟时假种皮淡褐色具白粉，顶端微凸，基部具宿存的苞片。花期 4 月，种子成熟期翌年 10 月。国家二级重点保护植物。

分布：中国特有树种。江西分布于石城县（桃花寨）、三清山、景德镇市（瑶里）等地，生于阔叶疏林、针阔混交林中，海拔 450~1200m。江苏、浙江、福建、安徽、湖南、湖北、贵州等地区也有分布。

用途和繁殖方法：种子可食用，香精原料，优质用材。播种、嫁接繁殖。

榧树

a. 小枝基部无宿存芽鳞片，叶排成二列；b. 叶面中脉不凸起；c. 无种梗；d. 雌球花无梗，两个成对生于叶腋，每一个雌球花具两对交叉对生的苞片；e. 叶交叉对生 (箭头所示)，叶背具两条与绿边宽度近等的淡黄色气孔带；叶先端具刺状尖尖。

（2）长叶榧树 Torreya jackii Chun

中国植物志，第7卷：464，1978；Flora of China，Vol.4: 8，1999；世界裸子植物的分类和地理分布，1077，2017；中国生物物种名录，第一卷（总上）：240，2019.

形态特征：常绿乔木，枝、叶无毛；叶稀疏。小枝平展或下垂，老枝红褐色、有光泽。叶下垂、排成二列，长条状披针形，上部微弯呈镰状；先端长渐尖；叶较长，长5~9cm，宽0.4~0.6cm，基部渐窄（楔形），具短柄；叶面无凸起的中脉，叶背气孔带灰白色。种子无种梗；种子倒卵圆形，肉质假种皮被白粉，长2~3cm，顶端具小凸尖，基部常具宿存苞片。国家二级重点保护植物。

分布：中国特有树种。江西分布于资溪县（马头山），生于阔叶疏林或灌丛中，海拔300~900m。浙江也有分布。

用途和繁殖方法：园林观赏，药用，特殊用材。播种繁殖。

先端长渐尖 →

长叶榧树

a.叶稀疏，交叉对生（箭头所示），叶先端长渐尖；b.叶下垂，老枝红褐色；c.叶背具灰白色气孔带。

3.8.3 红豆杉属 Taxus Linnaeus

形态特征： 常绿乔木或灌木；小枝基部具宿存的鳞片；小枝互生。叶条形，螺旋状着生，基部扭转排成二列，叶基部下延；叶面中脉隆起，叶背具 2 条淡黄绿色的气孔带。雌雄异株或雌雄同株，球花单生叶腋。雄球花圆球形，具梗，基部具覆瓦状排列的苞片，雄蕊 6~14 枚，盾状，花药 4~9 枚，辐射排列；雌球花近无梗，基部有多数覆瓦状排列的苞片，极短的梗之顶端具 2~3 对交叉对生的苞片。胚珠直立，基部托以盘状珠托（实际上是基部最上的苞片），受精后珠托发育为肉质、杯状、红色（稀黄色）的假种皮。种子坚果状，生于杯状、肉质的假种皮中；种子坚硬，当年成熟；子叶 2 枚，发芽时出土。

分布与种数： 分布于北半球温带和亚热带，约 12 种。中国 7 种。江西 2 种。

分种检索表

1. 叶较短，长 2~3.5cm，宽 0.3~0.5cm，中部以上直，先端刺状尖；种子生于碗状的红色肉质假种皮内，上部露出的长度为种子长度的一半以上……………………
………………………………………………………**红豆杉 Taxus chinensis**
1. 叶较长、宽，长 3.5~6cm，宽 0.4~0.6cm，基部以上明显呈镰状弯曲，先端钝尖；种子生于杯状的红色肉质假种皮内，不露出（稀微露出）…………………………
………………………………………………………**南方红豆杉 T. mairei**

（1）红豆杉 Taxus chinensis（Pilger）Rehder

中国植物志，第 7 卷：442，1978；世界裸子植物的分类和地理分布，1065，2017. *Taxus wallichiana* var. *chinensis*（Pilger）Florin，Flora of China，Vol.4: 3，1999；*Taxus wallichiana* var. *chinensis*（Pilger）Florin，中国生物物种名录，第一卷（总上）：240，2019.

形态特征： 常绿乔木，枝、叶无毛。叶螺旋状排列（叶基部在枝上呈"低—高—低—高"向上绕枝排列），叶条形，较短，长仅 2~3.5cm，宽 0.3~0.5cm，基部微呈镰刀状弯曲，中部以上直，先端刺状尖。叶面中脉凸起，叶背具 2 条淡绿色气孔带。雄球花淡黄色，雄蕊 8~14 枚，花药 4~8 个；种子生于碗状的红色肉质假种皮内，上部露出的长度为种子长度的一半以上（根据 150 颗种子测定）。种子坚硬，当年 9~10 月成熟。国家一级重点保护植物。

分布： 中国特有树种。江西分布于三清山、芦溪县（武功山龙山村石屋里至华云界路上、羊狮幕），海拔 1000~1500m。甘肃、陕西、四川、云南、贵州、湖北、湖南、广西也有分布。

用途和繁殖方法： 园林观赏；药用（皮、种子）。播种、扦插繁殖。

如下图所示，这里所指的红豆杉在形态上与真正的红豆杉接近，但略有差异，因

第一部分

此处理为"红豆杉 Taxus chinensis"。根据有关学者的近期研究，这里所记述的红豆杉植物，从安徽黄山、浙江至江西三清山和武功山的地理范围均有分布，可能这是一个新类群，有待于进一步研究。

红豆杉

　　a.叶先端具刺状尖，中部以上直；叶螺旋状排列；b.种子生于碗状红色假种皮内；c.叶较短，基部微弯曲；d.叶排成二列；e.种子生于碗状的红色假种皮内，上部露出的长度为种子长度的一半以上。

（2）**南方红豆杉 Taxus mairei**（Lemée et H. Lév.）S. Y. Hu et T. S. Liu

世界裸子植物的分类和地理分布，1065，2017. *Taxus chinensis*（Pilger）Rehd. var. *mairei*（Lemee et Levl.）Cheng et L. K. Fu，中国植物志，第 7 卷：442，1978；*Taxus wallichiana* var. *mairei*（Lemée et H. Lév.）L. K. Fu et Nan Li，Flora of China，Vol.4: 3，1999；*Taxus wallichiana* var. *mairei*（Lemée et H. Lév.）L. K. Fu et Nan Li，中国生物物种名录，第一卷（总上）：240，2019.

形态特征：常绿乔木，枝、叶无毛。叶排列成二列，叶较长、宽，长 3.5~6cm，宽 0.4~0.6cm；基部以上明显呈镰状弯曲；先端钝尖（非刺尖）。叶面中脉凸起，下面具 2 条淡绿色气孔带。种子生于杯状的红色肉质假种皮内，不露出（稀微露出）；种子较大。国家一级重点保护植物。

分布：中国特有树种，江西分布于江西各地山区，生于阔叶林中，海拔400~1200m。安徽、浙江、台湾、福建、广东、广西、湖南、湖北、河南、陕西、甘肃、四川、贵州、云南也有分布。

用途和繁殖方法：药用（皮、种子），园林观赏，优质用材。播种、扦插繁殖。

南方红豆杉

a. 叶螺旋状排列，基部以上明显镰刀状弯曲；先端凸尖；b. 叶背具 2 条淡绿色气孔带，种子生于杯状的红色肉质假种皮内，不露出（稀微露出），种子较大；c. 常绿乔木；d. 种子的肉质假种皮成熟时间不一致。自然界有些植株的假种皮为黄色，或黄色夹杂少量的红色。

3.8.4 白豆杉属 Pseudotaxus W. C. Cheng

形态特征：常绿灌木，枝、叶无毛，小枝对生或近轮生，基部有宿存的鳞片，冬芽背部具明显的棱脊。叶条形，螺旋状着生，基部扭转排成二列，直或微弯，先端具尖刺；基部近圆形，下延；两面中脉隆起，叶背具2条明显的白色气孔带；叶具短柄。雌雄异株、雌、雄球花单生叶腋，近无梗或具极短的梗；雄球花圆球形，基部有4对交叉对生的苞片，雄蕊盾形，交叉对生，6~12枚，各有4~6枚辐射排列的花药，花丝短，雄蕊之间生有苞片；雌球花基部具7对交叉对生的苞片，排列成四列，每列3~4枚，1枚直立胚珠生于花轴顶端的苞腋内，其中最上部的1~2枚苞片发育为肉质、杯状、白色的假种皮，半包种子。种子坚硬，当年成熟，近无种梗。

分布与种数：中国特有属，1种。江西1种。

（1）白豆杉 Pseudotaxus chienii（W. C. Cheng）W. C. Cheng

中国植物志，第7卷：448，1978；Flora of China，Vol.4: 4，1999；世界裸子植物的分类和地理分布，1057，2017；中国生物物种名录，第一卷（总上）：240，2019.

形态特征：常绿灌木，高1~4m；枝、叶无毛，小枝对生或近轮生，红褐色，基部有宿存的鳞片。叶条形，螺旋状着生，基部扭曲而排列成二列，叶坚硬、直；长1.8~3cm，宽0.3~0.5cm，先端具尖刺，基部近圆形，具短柄；中脉两面隆起；叶背具两条白色气孔带，较绿边宽。种子顶端具凸起的小尖，成熟时肉质假种皮杯状、白色，基部具宿存的苞片。花期3~5月，种子成熟期10月。国家二级重点保护植物。

分布：分布于井冈山（笔架山）、上犹县（光姑山）、芦溪县（武功山观音宕）、三清山，生于山顶矮林中、石壁上、山脊灌丛中，海拔1000~1600m。浙江、湖南、广东、广西等地区也有分布。

用途和繁殖方法：药用（枝、皮、种子）。播种繁殖。

白豆杉

　　a. 雄球花腋生，具极短的梗；叶先端具尖刺；叶面中脉凸起；b~c. 叶背具两条白色气孔带，较绿边宽；叶螺旋状排列，基部扭曲而呈二列状。d. 常绿灌木，有时小枝下垂呈"藤蔓"状；e 肉质假种皮杯状、白色；

3.9 买麻藤科 Gnetaceae Blume

形态特征：常绿木质藤本。茎分节，节部呈膨大关节状，幼枝下部具有宿存环状总苞片。单叶对生，有叶柄，或无托叶；叶片具羽状脉（似双子叶植物）。花单性，雌雄异株；球花伸长成细长穗状，具多轮合生环状苞。雄球花花穗单生或数穗组成顶生及腋生聚伞花序；雌球花花穗单生或数穗组成聚伞圆锥花序，常侧生于老枝上，每轮总苞腋生雌性生殖单位 2~12 枚，雌性生殖单位具 2 层囊状外盖被和 1 层珠被；珠被的顶端延长成珠孔管。种子核果状，包于红色或橘红色肉质假种皮中；子叶 2 枚，花粉粒无萌发孔，但具刺。胚乳丰富；子叶 2 枚，发芽时出土。

分布与种数：分布于亚洲、非洲、南美洲的热带、亚热带地区，全球 1 属 44 种。中国 1 属 10 种。江西 1 属 2 种。

3.9.1 买麻藤属 Gnetum Linnaeus

特征同科。

中国 10 种。分布于江西、云南、福建、广东、广西、贵州、湖南。江西 2 种。

分种检索表

1. 种子较大，长 2.5cm 以上；叶长 10~18cm ·················**罗浮买麻藤 Gnetum lofuense**
1. 种子较小，长 2cm 以下；叶长 4~10cm ·················**小叶买麻藤 G. parvifolium**

（1）罗浮买麻藤 Gnetum luofuense C. Y. Cheng

中国植物志，第 7 卷：501，1978；Flora of China，Vol.4：105，1999；世界裸子植物的分类和地理分布，278，2017；中国生物物种名录，第一卷（总上）：233，2019.

形态特征：常绿木质藤本，茎枝圆形，皮孔不显著。叶对生，革质，矩圆形或矩圆状卵形，长 10~18cm，宽 5~8cm，先端短渐尖，基部近圆形或宽楔形，侧脉 7~10 对，明显，由中脉近平展伸出；叶背侧脉较明显；叶柄长 0.8~1cm。种子无柄，矩圆状椭圆形，长约 2.5cm，直径约 1.5cm，顶端微急尖状，基部宽圆。花期 6~7 月，果期 10 月至翌年 2 月。

分布：江西分布于龙南县（九连山）、寻乌县（丹溪），生于路边、阔叶疏林中，海拔 150~700 m。广东、福建等地区也有分布。

用途和繁殖方法：纤维原料，园林藤本植物配置。播种、扦插繁殖。

罗浮买麻藤

a. 常绿木质藤本；b. 叶对生，矩圆形或矩圆状卵形；c. 叶背侧脉较明显；d. 种子矩圆状椭圆形；e. 种子无柄。

（2）**小叶买麻藤 Gnetum parvifolium**（Warburg）W. C. Cheng

中国植物志，第 7 卷：498，1978；Flora of China，Vol.4: 104，1999；世界裸子植物的分类和地理分布，285，2017；中国生物物种名录，第一卷（总上）：233，2019.

形态特征：常绿木质藤本，枝具膨大的节；枝、叶无毛；茎枝圆形，皮孔明显。叶对生，全缘，中脉在叶面凸起；叶革质、椭圆状倒卵形，长 4~10cm，宽 2~3cm，先端渐尖而钝，基部宽楔形，侧脉较细而不明显，叶柄较细短，长 0.5~1cm。雄球花花序不分枝或一次分枝，分枝三出或成两对，总梗细弱，长 0.5~1.5cm；雄球花花穗长 1.2~2cm，直径约 0.4cm，具 5~10 轮环状总苞，每轮总苞内具雄花 40~70 枚，雄花基部细长，花丝完全合生，稍伸出假花被，花药 2 枚，合生，仅先端稍分离，花穗上端具不育雌花 10~12 枚。雌球花花序生于老枝，1~3 次分枝，总梗长 1.5~2cm；雌球花花穗细长，每轮总苞内有雌花 5~8 个；雌花的珠被管短，先端深裂。雌球花序成熟时长 10~15cm，轴较细，直径约 0.3cm。成熟种子具肉质状假种皮，长 1.5~2cm，先端具小尖头，种子表面具细纵纹，近无种柄。

分布：江西分布于龙南县（九连山）、信丰县（金盆山）、寻乌县（菖蒲、丹溪），生于路边、阔叶疏林中，海拔 150~600m。福建、广东、广西、湖南等地区也有分布。

用途和繁殖方法：纤维原料，园林藤本植物配置。播种、扦插繁殖。

小叶买麻藤

a. 枝具膨大的节；叶革质；b. 雄球花花穗具 10 轮以下环状总苞；c. 叶对生，全缘，中脉在叶面凸起；d. 叶背无毛，网脉不明显；e. 枝具明显的皮孔；种子无柄。

第二部分

被子植物

1. 被子植物 APG Ⅳ系统

1.1 APG Ⅳ系统

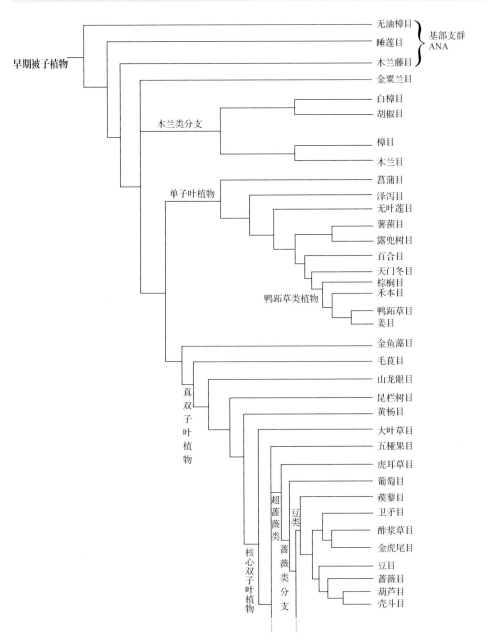

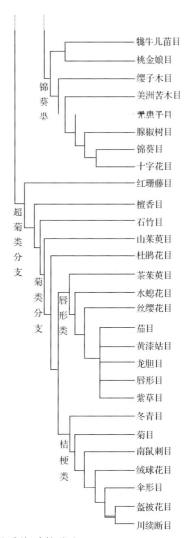

（注：虚线为上、下两页的对接线）

1.2 本卷 APG Ⅳ 系统各目所包含的科

2. 睡莲目 Nymphaeales Salisb. ex Bercht . et J. Presl

莼菜科 Cabombaceae Richard ex A. Richard

睡莲科 Nymphaeaceae Salisbury

3. 木兰藤目 Austrobaileyales Takht. ex Reveal

五味子科 Schisandraceae Blume（含八角科 Illiciaceae）

4. 金粟兰目 Chloranthales Mart.

金粟兰科 Chloranthaceae R. Brown ex Sims

6. 胡椒目 Piperales Bercht. et J. Presl

三白草科 Saururaceae Richard ex T. Lestiboudois

胡椒科 Piperaceae Giseke

马兜铃科 Aristolochiaceae Jussieu（包括细辛科 Asaraceae Vent. 及 APG Ⅲ 系统承认的鞭寄生科 Hydnoraceae C. Agardh. 和囊粉花科 Lactoridaceae Engl.）

7. 木兰目 Magnoliales Juss. ex Bercht. et J. Presl

木兰科　Magnoliaceae Jussieu

番荔枝科 Annonaceae Jussieu

8. 樟目 Laurales Jussieu ex Bercht. et J. Presl

樟科 Lauraceae A. L. Jussieu

蜡梅科 Calycanthaceae Lindley

9. 菖蒲目 Acorales Mart.

菖蒲科 Acoraceae Martinov

10. 泽泻目 Alismatales R. Br. ex Bercht. et J. Presl

天南星科 Araceae Jussieu（包括浮萍科 Lemnaceae）

泽泻科 Alismataceae Ventenat

水蕹科 Aponogetonaceae Planchon

2. 各论

2.1 莼菜科 Cabombaceae Richard ex A. Richard

形态特征： 多年生水生草本，挺水植物。根状茎较小，匍匐状；茎常分枝、较细，为胶质鞘包被。叶二型：漂浮叶和沉水叶（仅见于水盾草属 **Cabomba**）。漂浮叶互生，盾状，全缘，具较长的叶柄；沉水叶对生或轮生，掌状分裂。叶柄及花梗具胶状物质。花单生，在远轴的节上腋生；两性花，辐射对称；花萼与花瓣互生，均为离生，各 3 枚；萼片花瓣状，宿存；雄蕊 3~36 枚（稀 51 枚），花药纵裂；雌蕊心皮 3~18 枚，离生；心皮不生长在花托的穴内，而生于小型花托上，每心皮具 1~3 枚倒生胚珠；花柱短，柱头头状或线形下延。子房下位，1 室；果为瘦果或蓇葖状，不开裂。种子具内胚乳及外胚乳。

关键特征： 多年生水生植物；叶二型；漂浮叶互生，盾状，全缘；沉水叶对生或轮生，掌状分裂；心皮生于小型花托上；子房下位，1 室；果为瘦果或蓇葖状，不开裂。

分布与种数： 2 属 6 种，分布于热带和温带地区。中国 2 属 2 种。江西 1 属 1 种。

2.1.1 莼菜属 Brasenia Schreber

形态特征： 多年生水生草本。根状茎匍匐状，较小；茎多分枝，包被在胶质鞘内。叶二型，即漂浮叶和沉水叶。漂浮叶互生，盾状，脉序辐射状，全缘，具长叶柄；沉水叶在发芽时仍可见。叶柄及花梗具胶状物质。花单生，细小；花萼及花瓣各 3 枚，均宿存；雄蕊 12~36 枚，与花萼及花瓣对生；花丝锥状，花药侧向；雌蕊心皮 6~18 枚，离生，生于小形花托上；花柱短，柱头线形下延；胚珠 1~2 枚，垂生。

分布与种数： 分布于亚洲东部、大洋洲、非洲西部及北美洲，1 种。中国 1 种。江西 1 种。

（1）莼菜 Brasenia schreberi J. F. Gmelin

中国植物志，第 27 卷：5，1979；Flora of China, Vol. 6: 120, 2001；中国生物物种名录，第一卷（总中）：527，2018.

形态特征： 多年生水生草本，根状茎具叶和匍匐枝。匍匐枝在节部生根，并生出具叶的茎和新的匍匐枝。叶椭圆状矩圆形，长 5~10cm，宽 3.5~6cm，叶背淡红绿色或淡绿色，两面无毛，从叶脉处皱缩；叶柄长 25~40cm，它与花梗均被柔毛。花直径 1~2cm，暗紫色；花梗长 6~10cm；萼片及花瓣条形，长 1~1.5cm，先端圆钝；花药条形，长 0.5cm；心皮条形，具微柔毛。坚果矩圆卵形，有 3 至多个心皮；每个心皮具种子 1~2 颗。花期 6 月，果成熟期 10~11 月。

分布：江西分布于鄱阳县（鄱阳湖）、贵溪市（冷水乡）等地区的池塘、湖泊、沼泽水域，海拔 500m 以下。江苏、浙江、湖南、四川、云南也有分布。

用途和繁殖方法：食用，药用。分株、埋茎繁殖。

莼菜

a. 叶椭圆状矩圆形，盾状着生，漂浮于水面；茎生于水中的土壤中；b. 叶面绿色。

2.2 睡莲科 Nymphaeaceae Salisbury

形态特征：水生或沼泽生草本，具根状茎（沉于水中）。叶沉水、浮水面或挺水；单叶互生，叶片常盾状。花两性，辐射对称，单生于花梗顶端；花托具环带状维管束；萼片呈花瓣状，黄色，或花萼明显而呈绿色，花萼 4~6 枚；花瓣多数（或花瓣缺，即花瓣退化成短小的窄楔形，长仅 0.8cm，先端微凹）。雄蕊多数；花药内向；雌蕊心皮合生，与杯状花托愈合，子房半下位或下位，多室，胚珠多数。浆果开裂；子房多室，种子多数。

关键特征：花两性，辐射对称，单生于花梗顶端；萼片 4~6 枚；花药内向；心皮合生，与杯状花托愈合，子房半下位或下位，浆果开裂。

分布与种数：分布于热带、亚热带和温带，全球约 3 属 60 种。中国 4 属约 10 种。江西 3 属 5 种 1 亚种 1 变种，其中引种栽培 1 种 1 变种。

分属检索表

1. 萼片 5~6 枚，黄色，呈花瓣状；花瓣缺；雄蕊多数；心皮生花托上；叶片基部深凹

　　···**萍蓬草属 Nuphar**

1. 萼片 4 枚，绿色；花瓣数枚；心皮生于花托内。

　　2. 子房下位；花瓣 3~5 轮；花丝条形；叶柄、叶脉及果实有刺；叶片基部不凹陷

　　　　···**芡属 Euryale**

　　2. 子房半下位；花瓣多轮，有时内轮渐变成雄蕊；花丝花瓣状；种子常有假种皮；

　　　　叶柄、叶脉及果实无刺；叶片基部深凹·····················**睡莲属 Nymphaea**

2.2.1 萍蓬草属 Nuphar J. E. Smith

形态特征：多年生水生草本，根状茎肥厚、横生。叶漂浮于水面或高出水面，卵状心形，基部深凹，全缘；叶柄着生于叶片基部；沉水叶膜质。花漂浮于水面；花萼 4~6 枚，革质，黄色；花萼花瓣状，直立，背面凸出，宿存；花瓣缺（退化为短小的窄楔形，长仅 0.8cm，先端微凹）；雄蕊多数，比萼片短，花丝短、扁平，花药内向；心皮多数，生于花托上，且与花托合生。子房上位，多室，胚珠多数，柱头盘状。浆果卵柱形，不规则开裂。种子多数，有胚乳。

分布与种数：分布于亚洲、欧洲、美洲的亚热带、温带地区，约 25 种。中国约 4 种。江西 1 种 1 亚种。

分种检索表

1. 花较小，直径 2~4cm；叶心状卵形，长 6~14cm，叶背具短柔毛⋯⋯⋯⋯⋯⋯⋯⋯⋯⋯⋯⋯⋯⋯⋯⋯⋯⋯⋯⋯⋯⋯⋯⋯⋯⋯**萍蓬草 Nuphar pumila**
1. 花较大，直径 5~6cm；叶心状卵形，长 8.5~15cm，叶背无毛⋯⋯⋯⋯⋯⋯⋯⋯⋯⋯⋯⋯⋯⋯⋯⋯⋯⋯⋯⋯**中华萍蓬草 N. pumila** subsp. **sinensis**

（1）萍蓬草 Nuphar pumila (Timm) de Candolle

中国植物志，第 27 卷：13，1979；Flora of China, Vol. 6: 115，2001；中国生物物种名录，第一卷（总下）：990，2018.

（1）a. 萍蓬草（原亚种）Nuphar pumila subsp. **pumila**

Flora of China, Vol. 6: 115，2001；中国生物物种名录，第一卷（总下）：990，2018.

形态特征：多年生水生草本，根状茎直径 2~3cm。叶心状卵形，长 6~14cm，宽 6~10cm，先端圆钝，基部心形、深凹，裂片相互分开，先端圆钝；侧脉羽状，多级二歧分枝；叶面无毛，叶背具短柔毛；叶柄着生于叶片基部；叶柄长 20~50cm。花较小，直径 2~4cm；花梗长 40~50cm，具短柔毛；萼片黄色，矩圆状椭圆形，长 1~2cm；花瓣退化成短小的窄楔形（长 0.8cm，先端微凹）；柱头盘状，10 浅裂。浆果卵形，具浅条纹，长约 3cm；种子长 0.5cm，褐色。花期 5~7 月，果成熟期 7~9 月。

分布：江西分布于鄱阳湖，海拔 500m 以下。黑龙江、吉林、河北、江苏、浙江、福建、广东等地区也有分布。

用途和繁殖方法：根状茎可食用，药用，观赏。播种、分株、埋茎繁殖。

萍蓬草

a.叶背具短毛，果具浅条纹；b.叶高出水面，叶柄着生于叶片基部（箭头所指）；c.花萼黄色，5片，花瓣状；d.花萼黄色，6片；叶基部深凹呈心形，凹裂两侧的裂片相互分开，裂片先端圆钝。

2.2.2 芡属 **Euryale** Salisbury

形态特征：一年生水生草本，多刺；根状茎粗壮；茎不明显。叶二型，初生叶为沉水叶，次生叶为浮水叶。叶柄、叶脉及果实有刺；叶片基部不凹陷。萼片 4 枚、绿色，宿存，生于花托边缘，萼筒和花托基部合生；花瓣比萼片小，花瓣数枚，3~5 轮；花丝条形，花药矩圆形；心皮 8 枚，生于花托内，形成 8 个子房室；子房下位，柱头盘凹入，其边缘与萼筒愈合，每个子房室具胚珠 1 至多枚。浆果球形、革质，不整齐开裂，顶端有直立宿存的花萼；种子 20~100 颗，每颗种子具浆质假种皮和黑色厚种皮，并具粉质胚乳。

分布与种数：分布于中国、俄罗斯、朝鲜、日本、印度，仅 1 种。中国 1 种。江西 1 种。

（1）芡实 **Euryale ferox** Salisbury

中国植物志，第 27 卷：6，1979；Flora of China，Vol. 6: 118，2001；中国生物物种名录，第一卷（总下）：990，2018.

形态特征：一年生水生草本。沉水叶箭形或肾形，长 4~10cm，叶两面及叶柄具刺；浮水叶圆形或椭圆状肾形，叶面皱褶状、具刺，直径 10~130cm，盾状着生，全缘；叶背紫红色，被短毛，叶两面于叶脉分枝处具锐刺；叶柄及花梗具硬刺。花萼内面紫红色，外面具刺；花瓣紫红色；浆果球形。花期 7~8 月，果成熟期 8~9 月。

分布：江西分布于鄱阳湖（吴城等水域）、永修县、靖安县、丰城市、樟树市、太和县等地的池塘、水田、湖泊中，海拔 400m 以下。中国南、北各地区都有分布。

用途和繁殖方法：园林观赏，污水处理，药用，食用（嫩茎作蔬菜，种子酿酒）。播种、分株、埋茎繁殖。

芡实

a. 浮水叶圆形或椭圆状肾形、叶面皱褶状、具刺；b. 花萼外面具刺；花瓣紫红色。

芡实（续）

c.叶面于叶脉分枝处具锐刺；d.叶背紫红色，具短毛，于叶脉上具锐刺。

2.2.3 睡莲属 **Nymphaea** Linnaeus

形态特征：多年生水生草本，无刺；根状茎肥厚。叶二型，浮水叶圆形或卵形，基部深凹，无出水叶；沉水叶膜质。花形大，浮于水面或高出水面；花萼4枚，绿色，近离生；花瓣8枚至多枚，排列成多轮，白色、蓝色、黄色或粉红色，有时内轮花瓣渐变成雄蕊状；心皮环状，心皮生于肉质杯状花托内，上部延伸成花柱；柱头盘状，胚珠倒生。浆果海绵质，不规则开裂，在水面下成熟；种子坚硬，为胶质物包裹，有肉质杯状假种皮，具少量内胚乳及丰富外胚乳。

分布与种数：分布于温带、热带地区，全球约30种。中国5种。江西野生分布2种，引种栽培1种1变种。

分种检索表

1. 叶全缘（稀具不整齐的波状钝齿），两面无毛。
　2. 叶心状卵形或卵状椭圆形；花瓣白色；萼片宿存·····························
　　··· 睡莲 **Nymphaea tetragona**
　2. 叶近圆形。
　　3. 花瓣白色、蓝色、紫红色；萼片宿存；雄蕊花药隔先端具长附属物·········
　　　··· 延药睡莲 **N. nouchali**
　　3. 花瓣白色或红色；萼片脱落；雄蕊花药隔先端无长附属物，内轮雄蕊花*丝丝状*；
　　　萼片、花瓣椭圆状披针形，叶基部的裂片靠近而呈平行状（稀稍开展）·········
　　　··· 白睡莲 **N. alba**
1. 叶边缘具整齐的三角状锐齿，叶背具微柔毛；花瓣白色、红色、粉红色·········
　··柔毛齿叶睡莲 **N. lotus** var. **pubescens**

（1）睡莲 **Nymphaea tetragona** Georgi

中国植物志，第 27 卷：9，1979；Flora of China，Vol. 6: 117，2001；中国生物物种名录，第一卷（总下）：991，2018.

形态特征：多年生水生草本，根状茎短粗。叶卵状椭圆形或近圆形，全缘，两面无毛，长 5~12cm，宽 3.5~9cm，基部深凹，凹入部分长度约占叶片全长的 1/3；裂片先端急尖，上部稍开展，中部以下相互靠近呈平行状；叶背淡红色，具小点；叶柄长 60cm，无毛。花直径 3~5cm；花梗细长；花萼基部近四棱形，萼片革质，长 2~3.5cm，宿存；花瓣白色，长 2~2.5cm，内轮不变成雄蕊；雄蕊比花瓣短，花药条形；柱头具 5~8 条辐射线。浆果球形，为宿存萼片包裹；种子黑色。花期 6~8 月，果期 8~10 月。

分布：江西各地有分布，生于水塘、湖泊、池塘等水中；海拔 800m 以下。中国南、北各地区均有分布。

用途和繁殖方法：观赏，污水处理，食用。播种、分株、埋茎繁殖。

睡莲

a. 叶卵状椭圆形或近圆形；b. 叶背淡红色，叶基部深凹；两侧裂片先端急尖，上部稍展开，中部以下相互靠近呈平行状；叶柄无毛；c. 花白色，花瓣内轮不变成雄蕊；雄蕊比花瓣短，花药条形；d. 花萼绿色，基部近四棱形。

（2）延药睡莲 Nymphaea nouchali N. L. Burmann

Flora of China，Vol. 6: 117，2001；中国生物物种名录，第一卷（总下）：991，2018. 中国植物志，*Nymphaea stellata* Willd.，第 27 卷：11，1979.

形态特征：多年生水生草本，根状茎肥厚。叶圆形或椭圆状圆形，长 7~13cm，直径 7~10cm，基部凹进的两侧裂片平行或开展，裂片先端急尖，叶边缘波状或近全缘，背面带紫色，两面无毛；叶柄长达 50cm。花直径 6~15cm；花梗与叶柄近等长；萼片条形或矩圆状披针形，长 7~8cm，有紫色条纹，但无纵肋，宿存；花瓣紫红色或白色、蓝色，10~30 枚，条状披针形，长 4.5~5cm，内轮花瓣渐变成雄蕊状，雄蕊花药隔先端具长附属物。浆果球形；种子具条纹。花期 7~9 月；果成熟期 9~12 月。

分布：江西栽培于铅山县（鹅湖）、南昌市（艾溪湖）、赣州市（八景公园）等地的池塘、湖泊中，海拔 600m 以下。湖北、广东、海南有分布。

用途和繁殖方法：观赏，污水处理。播种、分株、埋茎繁殖。

内轮花瓣渐变为雄蕊状

延药睡莲

叶基部凹进的两侧裂片先端急尖，叶边缘波状，近全缘；内轮花瓣渐变成雄蕊状，雄蕊花药隔先端具长附属物。

（3）白睡莲 Nymphaea alba Linnaeus

中国植物志，第27卷：008，1979；Flora of China，Vol. 6: 117，2001；中国生物物种名录，第一卷（总下）：990，2018. *Nymphaea alba* var. *rubra* Lonnr.，中国植物志，第27卷：012，1979.

形态特征：多年生水生草本，根状茎匍匐。叶近圆形，直径10~25cm，基部深凹的两侧裂片相互靠近呈平行状或开展，叶全缘，两面无毛；叶柄长约50cm，具微毛。花直径10~20cm；花梗与叶柄近等长；萼片披针形，长4~6cm，脱落或花期后腐烂；花瓣20~25枚，白色、红色或粉红色，卵状矩圆形，长3~6cm；雄蕊花药隔先端无长附属物，内轮雄蕊花丝丝状；萼片、花瓣椭圆状披针形（较窄），花药先端不延长。浆果扁平至半球形，长2.5~3cm。花期6~8月，果期8~10月。

分布：江西分布于鄱阳湖（吴城）、南昌市（艾溪湖）等地，生于池塘、湖泊中，海拔500m以下。河北、山东、陕西、浙江等地区也有分布。

用途和繁殖方法：观赏，污水处理，食用（根状茎）。播种、分株繁殖。

白睡莲

a. 叶有时高出水面，叶基部裂片开展，叶全缘，叶柄具微毛；花瓣白色；b. 萼片、花瓣椭圆状披针形（较窄）；c. 花瓣红色。

白睡莲（续）

d. 花瓣红色，叶浮于水面；e. 叶基部两侧裂片相互靠近呈平行状。

（4）**齿叶睡莲** Nymphaea lotus Linnaeus

中国植物志，第 27 卷：10，1979。

（4）**a. 齿叶睡莲（原变种）**Nymphaea lotus var. lotus

中国植物志，第 27 卷：10，1979。

中国无分布。

（4）**b. 柔毛齿叶睡莲** Nymphaea lotus var. **pubescens**（Willdenow）J. D. Hooker et Thomson

中国植物志，第 27 卷：10，1979；Flora of China，Vol. 6: 117，2001；中国生物物种名录，第一卷（总下）：991，2018.

形态特征：多年水生草本，根状茎肥厚、匍匐状。叶圆形或卵圆形，直径 15~26cm，基部两侧裂片展开，裂片先端钝尖；叶边缘具三角状锐齿，微上翘；叶正面无毛，叶背被柔毛；叶柄长约 50cm，无毛。花直径 3~8cm；萼片矩圆形，长 5~8cm；花瓣 12~14 枚，白色、红色或粉红色，矩圆形，长 5~9cm，先端圆钝，具 5 条纵条纹；雄蕊花药先端不延长，外轮花瓣状，内轮不孕，花丝扩大，宽约 0.2cm；柱头具棒状附属物。浆果呈凹陷的卵形，长约 5cm，宽约 4cm，具部分宿存雄蕊；种子具假种皮。花期 8~10 月，果成熟期 9~11 月。

分布：江西栽培于铅山县鹅湖、赣州市等地的池塘、湖泊中，海拔 600m 以下。云南、湖北、广东等地区也有栽培。原产印度、缅甸、泰国、欧洲及北非地区。

用途和繁殖方法：观赏，污水处理。播种、分株繁殖。

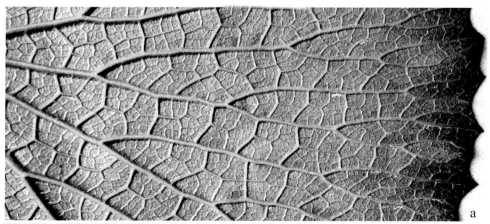

柔毛齿叶睡莲

a. 叶背被柔毛；叶边缘具锯齿；b. 花红色；c. 花白色。

2.3 五味子科 Schisandraceae Blume

形态特征：木质藤本或常绿乔木、灌木。单叶互生，叶柄无托叶。有限花序腋生；花单性或两性，雌雄异株或同株；辐射对称。萼片和花瓣通常无明显区别（统称为花被），花被片多枚。雄蕊多数，离生；雌蕊心皮分离，多数，排列成球形、穗状或为单轮排列而呈盘状，腹缝开裂。肉质聚合果或蓇葖聚合果，即成熟心皮为肉质小浆果，或成熟心皮为木质状蓇葖。

关键特征：单叶互生，萼片和花瓣通常无明显区别，花被片多枚。心皮分离，多数，排列成球形、穗状或为单轮排列而呈盘状。

分布与种数：3 属约 79 种，主要分布于东亚、东南亚，少数种类分布到北美洲和南美洲。中国 3 属约 54 种。江西 3 属 12 种 1 亚种，引种栽培 1 种。

分属检索表

1. 木质藤本；叶纸质或革质；花单性，雌雄异株或同株；成熟心皮为肉质小浆果。
  2. 雌蕊群的花托倒卵状圆球形或椭圆形，发育时不伸长；聚合果果序球形⋯⋯⋯⋯
  ⋯⋯⋯⋯⋯⋯⋯⋯⋯⋯⋯⋯⋯⋯⋯⋯⋯⋯⋯⋯⋯⋯⋯**南五味子属 Kadsura**
  2. 雌蕊群的花托圆柱形或圆锥形，发育时明显伸长；聚合果果序穗状⋯⋯⋯⋯⋯⋯
  ⋯⋯⋯⋯⋯⋯⋯⋯⋯⋯⋯⋯⋯⋯⋯⋯⋯⋯⋯⋯⋯⋯⋯**五味子属 Schisandra**
1. 乔木或灌木；叶革质；花两性，雌雄同株。无托叶；雄蕊和雌蕊轮状排列于隆起、顶平的花托上；心皮分离，单轮排列成盘状，成熟心皮为蓇葖⋯⋯⋯⋯⋯⋯⋯⋯⋯
⋯⋯⋯⋯⋯⋯⋯⋯⋯⋯⋯⋯⋯⋯⋯⋯⋯⋯⋯⋯⋯⋯⋯⋯⋯⋯**八角属 Illicium**

2.3.1 南五味子属 Kadsura Jussieu

形态特征：木质藤本，小枝圆柱形；芽鳞稀宿存于小枝基部。叶基部下延。花单性，雌雄同株或异株，单生于叶腋；花梗常具 1~10 枚分散的小苞片；雌花与雄花的花被片形态相似，花被片 7~24 枚，覆瓦状排列成数轮，中轮最大。雄花的雄蕊 12~80 枚，花丝细长，花丝与药隔连成棍棒状，两药室包围着药隔顶端，雄蕊群呈圆柱形或椭圆形。雌蕊 20~300 枚，螺旋状排列于倒卵形或椭圆形的花托上，花柱钻形，或侧向平扁为盾形的柱头冠，或形状不规则；子房室被挤向基部，胚珠 2~11 枚，叠生于腹缝线或从子房顶端悬垂。果时花托不伸长，小浆果薄革质或肉质，其基部插入果轴，聚合果果序为球形；种子两侧压扁，肾形或卵圆形，种脐凹入，侧生或顶生，种皮通常褐色、光滑。

分布与种数：分布于亚洲东部和东南部，约 16 种。中国 8 种。江西 5 种。

分种检索表

1. 叶全缘，全株无毛；雌、雄花被片均为红色，花的外形呈长柱形；雌蕊花柱短尖，小浆果外果皮革质 ·· **黑老虎 Kadsura coccinea**

1. 叶具锯齿或微齿；花被片白色或淡黄色，花的外形为球形；小浆果外果皮近肉质。

  2. 叶近全缘（具微齿），雄花花托圆锥状凸出于雄蕊群外；雄蕊群近椭圆形 ··· **异形南五味子 K. heteroclita**

  2. 雄花花托顶端不凸出雄蕊群外；雄蕊群球形。

    3. 叶边缘具锯齿。

      4. 花柱具盾状柱头冠；聚合果较大，直径 1.5~3.5cm ·········· **南五味子 K. longipedunculata**

      4. 聚合果较小，直径 1.2~2cm ·········· **冷饭藤 K. oblongifolia**

    3. 叶具微齿或近全缘，窄椭圆形或倒卵状椭圆形 ·········· **日本南五味子 K. japonica**

（1）黑老虎 Kadsura coccinea（Lemaire）A. C. Smith

中国植物志，第 30（1）卷：234，1996；Flora of China, Vol. 7: 40, 2001；中国生物物种名录，第一卷（总下）：1448，2018.

形态特征： 常绿木质藤本，全株无毛。叶革质，长圆形至卵状披针形，长 7~18cm，宽 3~8cm，先端短渐尖，基部宽圆形，全缘，侧脉 6~7 对，网脉不明显；叶柄长 1~2.5cm。花单生于叶腋，雌雄异株；雌花和雄花的花被片均为红色，雌、雄花的外形呈长柱形。雄花的花被片 6~12 枚，长 2~2.5cm，宽约 1.6cm，最内轮 3 枚明显增厚而呈肉质；花托长圆锥形，顶端具 1~20 条分枝的钻状附属物，雄蕊排列在柱状花托上，具雄蕊 14~48 枚；花丝顶端为两药室包围；花梗长 1~4cm。雌花的花被片与雄花相似，花柱短尖，花梗长 0.5~1cm。聚合果近球形、红色，直径 6~10cm；小浆果倒卵形，外果皮薄革质，不显出种子。种子心形，长 1~1.5cm，宽 0.8~1cm。花期 4~7 月，果成熟期 7~11 月。

分布： 江西各地山区有分布，海拔 500~1500m。福建、浙江、湖南、广东、香港、海南、广西、四川、贵州、云南等地区也有分布。

用途和繁殖方法： 药用（根），园林藤本，食用（果）。播种、扦插繁殖。

黑老虎

　　a. 叶长圆形至卵状披针形，厚革质、全缘；b. 小浆果外果皮薄革质；b-1. 雌蕊群近球形，花柱先端尖【引自中国植物志：第30（1）卷：234，1996】；c. 花的外形呈长柱形，花被红色；c-1. 雄蕊排列在柱状花托上【引自中国植物志：第30（1）卷：234，1996】。

（2）异形南五味子 Kadsura heteroclita（Roxburgh）Craib

中国植物志，第 30（1）卷：238，1996；Flora of China，Vol. 7:40，2001；中国生物物种名录，第一卷（总下）：1448，2018.

形态特征： 常绿木质大藤本，无毛。叶卵状椭圆形至阔椭圆形，长 6~15cm，宽 3~7cm，先端急尖，基部近圆钝，近全缘（或上半部具微齿），侧脉 7~10 条；叶柄长 0.6~2.5cm；叶背网脉不明显，无毛。花单生于叶腋，雌雄异株，雌花和雄花的花被片均为白色或淡黄色；雌、雄花的外形为球形。雄花花被片 11~15 枚，外轮和内轮的较小，中轮 1 片最大。雄花的花托顶端稍伸长而呈圆锥状凸出于雄蕊群外；雄蕊群近椭圆形，药隔顶端横长方形，药室约与雄蕊等长，花丝极短；花梗长 0.3~2cm。雌花的雌蕊群近球形，直径约 0.9cm，花柱顶端具盾状的柱头冠；花梗 0.5~3cm。聚合果近球形，直径 2.5~4cm；成熟心皮近肉质、红色。花期 5~8 月，果成熟期 8~12 月。

分布： 江西各地山区有分布，海拔 1000m 以下。湖北、广东、海南、广西、贵州、云南等地区也有分布。

用途和繁殖方法： 药用，园林藤本，食用（果实）。播种、扦插繁殖。

异形南五味子

a. 常绿木质藤本；叶阔椭圆形，基部近圆钝；b. 雄蕊群近椭圆形，药隔顶端横长方形；花托顶端稍凸出于雄蕊群外；c. 聚合果近球形，成熟心皮近肉质、红色；d. 植株生境；e. 叶背网脉不明显，无毛。

（3）南五味子 Kadsura longipedunculata Finet et Gagnepain

中国植物志，第30（1）卷：240，1996；Flora of China，Vol. 7: 41，2001；中国生物物种名录，第一卷（总下）：1448，2018.

形态特征：常绿木质藤本，全株无毛。叶具锯齿，长圆状披针形（较长），或卵状椭圆形（较短），长5~13cm，宽2~6cm，先端渐尖，基部狭楔形，侧脉5~7条；叶柄长0.6~2.5cm。花单生于叶腋，雌雄异株。雌花和雄花的花被片均为白色或淡黄色；雌、雄花的外形为球形。雄花的花被片8~17枚，中轮1枚最大；花托顶端稍伸长但不凸出雄蕊群外；雄蕊群球形，药隔顶端横长圆形，药室儿与雄蕊等长，花丝极短。花梗长0.7~4.5cm；雌花的雌蕊群球形，花柱具盾状柱头冠，胚珠3~5枚叠生于腹缝线上。花梗长3~13cm。聚合果球形，径1.5~3.5cm；果梗粗壮；小浆果外果皮薄革质，干时显出种子。种子肾形。花期6~9月，果成熟期9~12月。

分布：江西分布于寻乌县（项山）、龙南县（九连山）、井冈山、芦溪县（武功山）、靖安县（九岭山）等地，生于路边，海拔300~1000m。江苏、安徽、浙江、福建、湖北、湖南、广东、广西、四川、云南等地区也有分布。

用途和繁殖方法：药用（根、茎、叶、种子），园林藤本。播种、扦插繁殖。

药隔顶端横长圆形

南五味子

a.叶边缘具锯齿，叶长圆状披针形；b.果梗粗壮，小浆果红色；c.叶卵状椭圆形（较短），叶背无毛；d.花被淡黄色，雄蕊群球形，药隔顶端横长圆形；e.雌蕊群球形，花柱具盾状柱头冠。

（4）冷饭藤 Kadsura oblongifolia Merrill

中国植物志，第 30（1）卷：242，1996；Flora of China，Vol. 7: 41，200；中国生物物种名录，第一卷（总下）：1448，2018.

形态特征：常绿木质藤本，全株无毛。叶具锯齿，厚纸质，长圆状披针形或狭椭圆形，长 5~10cm，宽 1.5~4cm，基部楔形，侧脉 4~8 条；叶柄长 0.5~1.2cm。花单生于叶腋，雌雄异株，雌花和雄花的花被片均为白色或淡黄色；雌、雄花的外形为球形；雄花的花被片 12~13 枚；花托顶端不伸长；雄蕊群球形，直径 0.5cm，药隔顶部平滑，药室长 0.1cm，近无花丝，花梗长 1~1.5cm；雌蕊花柱顶端增大；雌花的花梗纤细，长 1.5~4cm。聚合果近球形，直径 1.2~2cm；小浆果长约 0.5cm，红色；种子肾形。花期 7~9 月，果成熟期 10~11 月。

分布：江西分布于寻乌县（菖蒲）、井冈山（双溪口）等地，生于林缘、路边，海拔 100~900m。海南、广东、福建等地区也有分布。

用途和繁殖方法：药用，园林藤本。播种、扦插繁殖。

冷饭藤

a. 叶边缘具锯齿，花梗纤细；b. 花托顶端不伸长，雄蕊群球形；药隔顶部平滑；雄花的花被片淡黄色；c. 雌花的花被片淡黄色，花柱顶端增大。

（5）日本南五味子 Kadsura japonica（Linnaeus）Dunal

中国植物志，第30（1）卷：243，1996；Flora of China，Vol. 7: 41，200；中国生物物种名录，第一卷（总下）：1448，2018.

形态特征：常绿藤本，全株无毛。叶近革质，叶具微齿或近全缘，窄椭圆形或倒卵状椭圆形，长5~13cm，宽2.5~6cm，先端钝或短渐尖，基部楔形；叶面中脉平坦，侧脉4~8条，网脉不明显；叶柄长约1cm。花单生叶腋，雌雄异株；雄花和雌花的花被片淡黄色，雄花的花被片8~13枚；雄花花托顶端不伸长，无附属物；雄蕊群近球形，直径约0.7cm，花丝与药隔连成梯形，药隔顶端横长圆形，有腺点；花梗长0.6~1.5cm；雌花的花被片与雄花相似，雌蕊群近球形，直径约0.5cm；花梗长2~4cm。聚合果近球形，直径2cm以下；聚合果上的小浆果近球形，每心皮具种子1~3颗，肾形或椭圆形。花期3~8月，果成熟期7~11月。

分布：江西分布于广丰区（铜钹山保护区），生于林缘、路边，海拔300~700m。福建、台湾、浙江也有分布。

用途和繁殖方法：药用（果），园林藤本。播种、扦插繁殖。

日本南五味子

a. 常绿藤本，无毛，叶近全缘；b. 叶背无毛，侧脉和网脉不清晰；c. 叶窄椭圆形或倒卵状椭圆形；d. 聚合果近球形，小浆果红色。

2.3.2 五味子属 Schisandra Michaux

形态特征：落叶木质藤本，小枝在叶柄的基部两侧下延而成纵条纹状，或有时呈狭翅状，有长枝和短枝之别。叶基部下延至叶柄成狭翅状，叶肉具透明点；叶痕圆形，维管束痕呈 3 点排列。花单性，雌雄异株，单生于短枝的叶腋；花被片 5~12 枚，通常中轮的花被片最大；雄花的雄蕊 5~60 枚，花丝细长或贴生于花托上而无花丝；药隔狭窄，两药室平行或稍分丌，雄蕊群圆柱形、卵圆形、球形。雌花的雌蕊 12~120 枚，离生，螺旋状紧密排列于花托上，受粉后花托逐渐伸长而使雌蕊变得稀疏；柱头侧生于心皮近轴面，先端钻状或形成扁平的柱头冠，柱头基部下延成附属体；胚珠叠生于腹缝线上。成熟心皮为小浆果，排列于下垂肉质的棒状果托上，呈长穗状的聚合果。种子肾形或扁球形，种脐通常 U 形。

分布与种数：分布于东亚和东南亚，北美洲仅 1 种，全球约 22 种。中国约 19 种。江西 3 种 1 亚种。

分种检索表

1. 老枝和嫩枝均具翅棱，枝、叶无毛，叶背具白粉；聚合果柄长 7~8cm，果序穗状……
………………………………翼梗五味子 **Schisandra henryi** subsp. **henryi**
1. 枝圆柱形，不具翅棱，全株无毛；聚合果果序穗状。
  2. 叶近圆形，基部宽楔形，叶长 5.5~9cm；叶柄红色；小浆果果皮具白点…………
………………………………………………二色五味子 **S. bicolor**
  2. 叶柄不为红色，有时仅上部淡红绿色。
    3. 叶倒卵形，叶柄上部灰红色；叶背粉绿色，上部具疏齿；聚合果果柄长 6~17cm
…………………………………………华中五味子 **S. sphenanthera**
    3. 叶卵状椭圆形，叶柄淡绿色；聚合果果柄长 3.5~9.5cm…………………………
………………………………绿叶五味子 **S. arisanensis** subsp. **viridis**

（1）翼梗五味子 Schisandra henryi C. B. Clarke

Flora of China，Vol. 7: 45，2001；中国生物物种名录，第一卷（总下）：1448，2018. 中国植物志，第 30（1）卷：253，1996.

（1）a. 翼梗五味子（原亚种）Schisandra henryi subsp. henryi

Flora of China，Vol. 7: 46，2001；中国生物物种名录，第一卷（总下）：1448，2018. *Schisandra henryi* Clarke. var. *henryi*，中国植物志，第30（1）卷：253，1996.

形态特征： 落叶木质藤本，老枝和嫩枝都具 0.1~0.2cm 宽的翅棱，嫩枝基部宿存芽苞片（芽鳞），苞片长 0.8~1.5cm。枝、叶无毛；叶宽卵形、长圆状卵形，长 6~11cm，宽 3~8cm，先端短渐尖，基部楔形，叶边缘具胼胝质锯齿或全缘，叶背被白粉而呈粉绿色，侧脉 4~6 条；叶柄长 2.5~5cm，叶基部下延。雄花的花梗长 4~6cm，花被片黄色，8~10 片，雄蕊群倒卵圆形，直径约 0.5cm；雄花花托圆柱形，顶端具近圆形的盾状附属物。雌花的花被片黄色；雌蕊群长圆状卵圆形，长约 0.8cm，雌蕊的花柱长 0.5cm。果序穗状，聚合果果柄长 7~8cm，小浆果红色，球形。种子褐黄色，扁球形，种脐斜"V"形。花期 5~7 月，果成熟期 8~9 月。

分布： 江西分布于崇义县（齐云山）、上犹县（光姑山）、遂川县（南风面）、井冈山、芦溪县（武功山）、靖安县（九岭山）等地区，生于路边、林缘的灌丛中，海拔 300~1000m。浙江、福建、河南、湖北、湖南、广东、广西、四川、贵州、云南等地区也有分布。

用途和繁殖方法： 药用，食用（果实）。播种、扦插繁殖。

翼梗五味子

a.叶边缘具胼胝质锯齿，嫩枝具翅棱；b.嫩枝、老枝都具翅棱，果序穗状，叶背被白粉，嫩枝基部具宿存的苞片；b-1.雌花的花被片黄色；雌蕊的花柱明显长尖状（长约 0.5cm）；c.嫩枝具翅棱；d. 老枝具翅棱。

（2）二色五味子 Schisandra bicolor W. C. Cheng

Flora of China，Vol. 7: 46，2001；中国生物物种名录，第一卷（总下）：1448，2018. *Schisandra bicolor* Cheng var. *bicolor*，中国植物志，第30（1）卷：267，1996.

形态特征： 落叶木质藤本，全株无毛。枝圆柱形，不具翅棱，一年生枝淡红色。叶近倒卵状长椭圆形，长5.5~9cm；先端急尖，基部阔楔形，边缘具胼胝质尖的疏离浅齿；叶基部下延至叶柄成狭翅状，叶背灰绿色，侧脉4~6条；叶柄长2~4.5cm，淡红色。花雌雄同株；雄花的花梗长1~1.5cm；花被片7~13枚；外轮花被片绿色，内轮红色；雄蕊群红色，扁平五角形，雄蕊5枚，花丝初合生，开花后分离，药隔顶端截形；雌花的花被片与雄花的花被片相似，雌蕊群近球形，长约0.5cm；雌蕊9~16枚，柱头短小。聚合果穗状，聚合果果柄长2~6cm，果序（生小浆果的部分）长3~7cm；小浆果球形，果皮具白色点；种皮背具小瘤点。花期7月，果成熟期9~10月。

分布： 江西分布于三清山、九宫山等地，生于河谷路边、林缘，海拔400~1000m。浙江、福建也有分布。

用途和繁殖方法： 药用，园林藤本。播种、扦插繁殖。

二色五味子

枝不具翅棱；叶柄淡红色；叶基部下延至叶柄成狭翅。

（3）华中五味子 Schisandra sphenanthera Rehder et E. H. Wilson

中国植物志，第 30（1）卷：258，1996；Flora of China，Vol. 7: 45，2001；中国生物物种名录，第一卷（总下）：1449，2018.

形态特征：落叶木质藤本，全株无毛。叶纸质，宽倒卵形，长 5~11cm，宽 3~7cm，先端短渐尖，基部阔楔形，下延至叶柄成狭翅；叶背粉绿色，具白点；叶边缘 1/2~2/3 以上具稀疏的胼胝质齿，侧脉 4~5 条，网脉较密；叶柄上部灰红色，长 1~3cm。雄花和雌花都生于近基部叶腋，花梗纤细，长 2~4.5cm，基部具长约 0.4cm 的苞片，花被片 5~9 枚，淡黄色；雄花的雄蕊群倒卵圆形，花托圆柱形，顶端无盾状附属物；雄蕊 11~19 枚，药室内侧向开裂；雌花的雌蕊群近球形，直径约 0.6cm，雌蕊心皮镰刀状椭圆形，长 0.3cm，柱头冠狭窄。聚合果穗状，果柄长 6~17cm，聚合果果托（生小浆果的部分）长 3~10cm，小浆果红色，具短柄；种脐斜"V"字形。花期 4~7 月，果成熟期 7~9 月。

分布：江西各地山区均有分布，生于路边灌丛、林缘，海拔 400~1100m。山西、陕西、甘肃、山东、江苏、安徽、浙江、福建、河南、湖北、湖南、四川、贵州、云南等地区也有分布。

用途和繁殖方法：药用，园林藤本。播种、扦插繁殖。

华中五味子

a. 落叶藤本；b. 叶柄上部灰红色，叶缘具稀疏的胼胝质齿；雄花生于近基部叶腋；c. 果序生于近基部叶腋，花梗纤细；d. 雄蕊群倒卵圆形，花托顶端无盾状附属物；e. 叶背粉绿色；f. 叶面侧脉稍凹陷。

（4）阿里山五味子 Schisandra arisanensis Hayata

中国植物志，第 30（1）卷：261，1996；Flora of China，Vol. 7: 44，2001；中国生物物种名录，第一卷（总下）：1448，2018.

（4）a. 阿里山五味子（原亚种）Schisandra arisanensis subsp. arisanensis

Flora of China，Vol. 7: 44，2001；中国生物物种名录，第一卷（总下）：1448，2018. 江西无分布；分布于台湾。

（4）b. 绿叶五味子 Schisandra arisanensis subsp. viridis（A. C. Smith）R. M. K. Saunders

Flora of China，Vol. 7: 44，2001；中国生物物种名录，第一卷（总下）：1448，2018. *Schisandra viridis* A. C. Smith，中国植物志，第 30（1）卷：261，1996.

形态特征：落叶木质藤本，全株无毛，一年生枝红褐色，老枝暗褐色。叶卵状椭圆形（最宽处在中部以下），长 4~16cm，宽 2~4cm，先端渐尖，基部阔圆形或阔楔形，叶边缘中部以上具胼胝质齿或波状疏齿，叶背粉绿色，侧脉 3~6 条，网脉稀疏而清晰。叶柄淡绿色。雄花和雌花的花被片黄绿色或绿色；雄花的花梗长 1.5~5cm，6~8 枚；雄蕊群近球形，花托顶端伸长具盾状附属物，花药隔棒状长圆形，长约 0.2cm，稍长于药室；雌花的花梗长 4~7cm，雌蕊群近球形，心皮 15~25 枚。聚合果果柄长 3.5~9.5cm，聚合果果托（生小浆果的部分）7~12cm，成熟心皮红色，排成两行，果皮具黄色腺点，顶端的花柱基部宿存，基部具短柄。种皮具皱纹或小瘤点。花期 4~6 月，果成熟期 7~9 月。

分布：江西分布于龙南县（九连山）、井冈山等地，生于山谷路边、林缘灌丛中，海拔 500~1000m。安徽、浙江、福建、湖南、广东、广西等地区也有分布。

用途和繁殖方法：药用，园林藤本。播种、扦插繁殖。

绿叶五味子

a. 叶边缘中部以上具胼胝质齿；一年生枝红褐色，老枝暗褐色；叶背粉绿色；叶基部阔圆形；b. 叶先端渐尖。

绿叶五味子（续）

c.叶基部阔楔形，网脉稀疏而清晰；d~e.为另一株，示叶缘锯齿较明显。

2.3.3 八角属 Illicium Linnaeus

形态特征：常绿乔木或灌木，全株无毛，顶芽芽鳞覆瓦状排列。单叶互生，或聚生于小枝近顶端，偶尔假轮生或近对生；叶革质，全缘，羽状脉，叶柄无托叶。花两性，雌雄同株，红色或黄色，稀白色；单生或 2~5 朵簇生于叶腋。花萼与花瓣无明显区别（统称花被），花被片 7~33 枚，分离；花被片覆瓦状排列为数轮，最外的花被片较小，有时呈小苞片状，内轮的较大而且呈肉质状，最内轮的花被片变小。雄蕊和雌蕊轮状排列于隆起、顶平的花托上；雄蕊 4 至多枚，排列呈 1 轮或数轮；雄蕊直立，花丝舌状或近圆柱状，花药具 4 药囊 2 室。雌蕊的心皮 7~15 枚；心皮分离，排列成单轮，盘状，花柱短，钻形；子房 1 室，具倒生胚珠 1 枚。心皮成熟后变成木质的蓇葖，聚合果由多数蓇葖组成，单轮排列呈盘状；每个蓇葖腹缝开裂。种子平扁，具光泽，胚小，具胚乳。

分布与种数：主要分布于东亚和东南亚，少数种类分布到北美洲东南部和热带美洲，全球约 40 种。中国 27 种。江西 4 种，其中引种栽培 1 种。

分种检索表

1. 花被片薄纸质，在花期完全展开，狭条形；花被片 34~55 枚；叶面中脉凸起⋯⋯⋯⋯⋯⋯⋯⋯⋯⋯⋯⋯⋯⋯⋯⋯⋯⋯⋯⋯⋯⋯⋯⋯⋯⋯⋯⋯⋯**假地枫皮 Illicium jiadifengpi**
1. 内花被片较厚呈肉质状，在花期稍张开；叶面中脉凹下或平坦。
　2. 心皮（蓇葖）10~15 枚。
　　3. 叶倒披针形，不整齐地排列在枝上；心皮（蓇葖）10~15 枚；雄蕊 6~11 枚⋯⋯⋯⋯⋯⋯⋯⋯⋯⋯⋯⋯⋯⋯⋯⋯⋯⋯⋯⋯⋯⋯⋯⋯⋯⋯**红毒茴 I. lanceolatum**
　　3. 叶 3~8 片聚生在小枝顶端成假轮生状，叶窄椭圆形；雄蕊 19~31 枚，心皮 8~13 枚，花梗纤细⋯⋯⋯⋯⋯⋯⋯⋯⋯⋯⋯⋯⋯⋯**红花八角 I. dunnianum**
　2. 心皮（蓇葖）仅 8 枚，花梗较粗壮，外层花被片纸质，内层花被片肉质⋯⋯⋯⋯⋯⋯⋯⋯⋯⋯⋯⋯⋯⋯⋯⋯⋯⋯⋯⋯⋯⋯⋯⋯⋯⋯**八角 I. verum**

（1）假地枫皮 Illicium jiadifengpi B. N. Chang

中国植物志，第30（1）卷：203，1996；Flora of China，Vol. 7: 33，2001；中国生物物种名录，第一卷（总下）：1447，2018.

形态特征：常绿小乔木。叶3~5片聚生于小枝近顶端，椭圆状披针形，长7~16cm，宽2~4.5cm；先端渐尖，基部渐狭，下延；叶面中脉凸起，侧脉5~8条；叶柄长1.5~3.5cm。花白色或浅黄色，腋生或近顶生；花梗长2~3cm；花被片在花期完全展开，34~55枚，薄纸质（半透明），狭条形，长短不一，宽0.5~0.8cm；雄蕊28~32枚；心皮12~14枚。果梗长1.5~3cm；果直径3~4cm，蓇葖12~14枚，顶端具向上弯曲的尖头。种子浅黄色。花期3~5月，果成熟期8~10月。

分布：江西分布于寻乌县（项山）、安远县（三百山）、龙南县（九连山）、崇义县（齐云山）、遂川县（南风面）、井冈山、芦溪县（武功山）、三清山、武夷山等地区，生于阔叶林中，海拔900~1500m。广西、广东、湖南、福建等地区也有分布。

用途和繁殖方法：药用，优质用材。播种繁殖。

假地枫皮

　　a. 叶3~5片聚生于小枝近顶端，椭圆状披针形；b. 花被片白色，薄纸质（半透明），狭条形，全部展开；c. 心皮（蓇葖）12~14枚，顶端具向上弯曲的尖头；d. 叶全缘，中脉在叶面凸起，网脉不明显；e. 叶背无毛，叶脉不明显。

（2）红毒茴 Illicium lanceolatum A.C.Smith　莽草、披针叶茴香

中国植物志，第 30（1）卷：213，1996；Flora of China，Vol. 7: 37，2001；中国生物物种名录，第一卷（总下）：1447，2018.

形态特征：常绿小乔木，高 3~10m。叶互生，不整齐地排列在枝上；叶革质，倒披针形，长 5~15cm，宽 1.5~4.5cm，先端尾尖，基部窄楔形；叶面中脉凹陷，网脉不明显；叶柄纤细，长 0.7~1.5cm。单花或 2~3 朵花生于叶腋；花被片红色，10~15 枚，较厚呈肉质；花梗纤细，长 1.5~5cm；雄蕊 6~11 枚，长约 0.3cm，花丝长约 0.2cm，花药分离，药隔不明显截形或微缺，药室凸起；心皮（蓇葖）10~15 枚，花柱钻形，长 0.3cm。果梗长约 6cm，纤细，蓇葖（10~15 枚）呈轮状排列，聚合果直径 3.4~4cm，单个蓇葖顶端具向后弯曲的尖头。花期 4~6 月，果成熟期 8~10 月。

分布：分布于江西各地山区，生于阔叶林中，海拔 300~1000m。江苏、安徽、浙江、福建、湖北、湖南、贵州等地区也有分布。

用途和繁殖方法：药用。播种繁殖。

红毒茴

a. 花被片红色，较厚呈肉质；雄蕊 6~11 枚，药隔微凹缺；b. 常绿小乔木；c. 花被片 10~15 枚；d. 蓇葖 10~14 枚；e. 叶倒披针形或倒卵状椭圆形，中脉在叶面凹下。

（3）红花八角 Illicium dunnianum Tutcher

中国植物志，第 30（1）卷：222，1996；Flora of China，Vol. 7: 36，2001；中国生物物种名录，第一卷（总下）：1447，2018.

形态特征：常绿灌木，枝、叶无毛，高 1~3m。叶革质，3~8 枚聚生于近枝顶或假轮生状；叶狭倒披针形或狭椭圆形，长 5~12cm，宽 1~3cm，先端渐尖，基部下延至叶柄，叶面中脉平坦。花单生于叶腋或 2~3 朵簇生于枝上部叶腋；花梗纤细；花被片红色或粉红色，12~20 枚；雄蕊 19~31 枚，长 0.2~0.5cm；雌蕊心皮 8~13 枚。果梗纤细，长 2~6cm；果较小，直径仅 1.5~3cm，蓇葖 7~8 枚（稀见 13 枚），单个蓇葖顶端具明显钻形尖头，略弯曲。种子较小，仅长 0.4cm，宽 0.3cm。花期 3~6 月，果成熟期 8~11 月。

分布：江西分布于寻乌县（丹溪乡），生于河流沿岸、山谷溪流旁的岩石缝中或沙地，海拔 200~800m。福建、广东、广西、湖南、贵州等地区也有分布。

用途和繁殖方法：药用，园林观赏。播种、扦插繁殖。

红花八角

a. 叶 3~8 枚聚生于近枝顶或假轮生状，花 2~3 朵簇生于枝上部叶腋，叶面中脉平坦，枝、叶无毛；b. 叶狭椭圆形，基部下延至叶柄，无毛；c. 花梗纤细，花被片红色。

（4）八角 Illicium verum J. D. Hooker　八角茴香

中国植物志，第 30（1）卷：228，1996；Flora of China，Vol. 7: 38，2001；中国生物物种名录，第一卷（总下）：1448，2018.

形态特征：常绿乔木，高约 10m，枝、叶无毛。叶革质互生，或于枝上部聚生或3~6 枚近轮生，倒卵状椭圆形或倒披针形，长 5~15cm，宽 2~5cm，先端短渐尖，基部楔形，下延；叶面中脉平坦或下部微凸；叶柄长 0.8~2cm。外层花被片纸质，内层花被片肉质；花被片红色或淡红色，7~12 枚；花单生于叶腋，花梗较粗壮，长 1.5~4cm；雄蕊 11~20 枚，长 0.2~0.4cm，花丝长 0.1cm，药隔截形，药室稍为凸起，长约 0.1cm；心皮 8 枚（稀 7~9 枚），花柱钻形，长度比子房长。果梗长 2~6cm，聚合果直径 3.5~4cm，蓇葖 8 枚（俗称"八角"），先端钝或尖。花期 3~5 月，果成熟期 9~10 月。

分布：江西上犹县赣南树木园引种栽培，海拔 200m。野生分布于广西。

用途和繁殖方法：经济树种（调味、香料），药用，园林观赏。播种、扦插、嫁接繁殖。

八角

a. 叶聚生于枝上部，倒卵状椭圆形；b. 叶倒披针形，花生于枝顶部叶腋，叶面中脉平坦或下部微凸；c. 蓇葖 8 枚（八角），先端钝或尖；d. 花淡红色，药室稍为凸起；花被稍张开；e. 叶背无毛，叶脉不明显，叶基部下延。

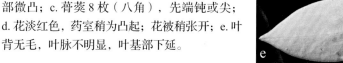

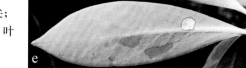

2.4 金粟兰科 Chloranthaceae R. Brown ex Sims

形态特征：草本、半灌木或小乔木。单叶对生、羽状脉，叶边缘有锯齿；叶柄基部常合生；托叶小。花两性或单性，排成穗状花序、头状花序或复总状花序（圆锥花序），无花被或在雌花中具浅杯状 3 齿裂的花被（萼管）；两性花具雄蕊 1 枚或 3 枚，着生于子房的一侧，花丝不明显，药隔发达；花药 2 室或 1 室，纵裂；具 3 枚雄蕊的花药药隔下部互相结合或仅基部结合或分离。雌蕊 1 枚，由 1 心皮所组成，子房上位或半下位，1 室 1 胚珠（下垂的直生胚珠），无花柱或具短花柱。单性花的雄花多数，雄蕊 1 枚；雌花少数，具与子房贴生的 3 齿萼状花被。核果，外果皮稍肉质，内果皮硬。种子含丰富的胚乳和微小的胚。

关键特征：花两性或单性，排成穗状花序，无花被；核果，外果皮稍肉质，内果皮硬。

分布与种数：5 属 70 种，分布于热带和亚热带。中国 3 属 15 种。江西 2 属 6 种 1 变种。

分属检索表

1. 雄蕊 3 枚，多年生草本，茎节无膨胀····················金粟兰属 Chloranthus
1. 雄蕊 1 枚，半灌木，茎节处显著膨胀···················草珊瑚属 Sarcandra

2.4.1 金粟兰属 Chloranthus Swartz

形态特征：多年生草本，茎节无膨胀。叶对生或呈轮生状，边缘有锯齿；叶柄基部相连接；托叶小。花两性，无花被或具 3 裂的花被；花序穗状或分枝排成圆锥花序状，顶生或腋生。雄蕊着生于子房的上部一侧，雄蕊 3 枚，药隔卵形、披针形或线形，花药 1~2 室；当为 3 枚雄蕊时，中央的花药 2 室或偶无花药，两侧的花药 1 室；当为单枚雄蕊时，花药 2 室。子房 1 室 1 胚珠（下垂、直生的胚珠），无花柱。核果球形或梨形。

分布与种数：全球约 17 种，分布于亚洲的温带和热带地区。中国约 13 种。江西 5 种 1 变种。

分种检索表

1.叶具明显的叶柄。

  2.叶两面无毛。

    3.雌蕊无柄，单一穗状花序顶生（稀2~3分枝）·········**及已 Chloranthus serratus**

    3.雌蕊（子房）具短柄；穗状花序多条（个别穗条具分枝），花序顶生或腋生···

    ·····································**多穗金粟兰 Ch. multistachys**

  2.叶背具鳞秕状小白点，叶背叶脉被短毛······················**宽叶金粟兰 Ch. henryi**

1.叶无叶柄。

    4.叶面侧脉和网脉凹陷，密而清晰；花序粗而密···································

    ·····································**台湾金粟兰 Ch. oldhamii**

    4.叶面侧脉和网脉清晰但不下陷；花序长而稀疏。

      5.叶倒卵形状菱形，边缘具圆齿；雄蕊分离；总花梗较细长···········

      ·····································**四川金粟兰 Ch. sessilifolius**

      5.叶椭圆形，边缘具锐锯齿；雄蕊基部明显合生；总花梗较粗短···········

      ·····························**华南金粟兰 Ch. sessilifolius var. austrosinensis**

（1）**及已** Chloranthus serratus（Thunberg）Roemer et Schultes

中国植物志，第20（1）卷：91，1982；Flora of China，Vol. 4: 136，1999；中国生物物种名录，第一卷（总中）：572，2018.

形态特征：多年生草本，根状茎横生。茎、叶无毛；茎直立，单生或丛生，具明显的节；茎下部的节上具2枚对生的鳞片。叶对生，具明显的叶柄，4~6枚聚于茎上部，椭圆形、倒卵形或卵状披针形，长7~15cm，宽3~6cm，先端渐尖或尾尖，基部楔形，边缘具锐而密的锯齿；侧脉6~8对；叶柄长0.8~2.5cm；鳞状叶膜质，三角形；托叶小。单一穗状花序顶生（稀2~3分枝）；总花梗长1~3.5cm；无花被；雄蕊3枚，药隔下部合生，着生于子房上部外侧，中央药隔有1个2室的花药；雌蕊无柄。子房无柄（即雌蕊无柄），无花柱。核果近球形或梨形，绿色。花期4~5月，果成熟期6~8月。

分布：分布于江西各地的山区，生于阔叶林下，海拔200~1000m。安徽、江苏、浙江、福建、广东、广西、湖南、湖北、四川等地区也有分布。

用途和繁殖方法：药用（全株）。播种或埋根或埋茎繁殖。

及己

a. 叶对生，4~6枚聚于茎上部，叶先端尾尖。穗状花序顶生、单一；b. 叶缘具锯齿；叶具明显的叶柄；c. 叶背无毛。

（2）多穗金粟兰 Chloranthus multistachys S. J. Pei

中国植物志，第20（1）卷：91，1982；Flora of China，Vol. 4: 137，1999；中国生物物种名录，第一卷（总中）：572，2018.

形态特征： 多年生草本，茎直立，下部节上具一对鳞片。叶两面无毛，对生，4枚聚生茎顶端，宽椭圆形或倒卵圆形，长10~20cm，宽6~11cm，顶端渐尖，基部宽楔形，边缘具粗锯齿或圆锯齿，叶背无毛或具稀疏微小的鳞屑；侧脉6~8对，网脉明显；叶柄长0.8~2cm。穗状花序多条（个别穗条具分枝），花序顶生或腋生；花小，无花被，排列稀疏；雄蕊1~3枚，着生于子房上部外侧；雌蕊（子房）具短柄；子房无花柱，柱头截平。核果绿色，具长0.2cm的柄（雌蕊柄）。花期5~7月，果成熟期8~10月。

分布： 分布于江西各地的山区，生于阔叶林下，海拔300~1100m。河南、陕西、甘肃、安徽、江苏、浙江、福建、湖南、湖北、广东、广西、贵州、四川等地区也有分布。

用途和繁殖方法： 药用（根及根状茎）。播种、埋根或埋茎繁殖。

多穗金粟兰

a.穗状花序多条（个别穗条具分枝），花序顶生或腋生；b.叶宽椭圆形或倒卵圆形；c.叶背无毛；雌蕊（子房）具短柄。

（3）宽叶金粟兰 Chloranthus henryi Hemsley

中国植物志，第20（1）卷：92，1982；Flora of China，Vol. 4: 137，1999；中国生物物种名录，第一卷（总中）：572，2018.

（3）a. 宽叶金粟兰（原变种）Chloranthus henryi var. henryi

Flora of China，Vol. 4: 137，1999；中国生物物种名录，第一卷（总中）：572，2018.

形态特征： 多年生草本，根状茎黑褐色。茎直立，下部节上生一对鳞状叶。叶背具鳞秕状小白点，叶背叶脉被短毛；叶对生，常4枚聚生于茎上部，宽椭圆形、卵状椭圆形或倒卵形，长9~18cm，宽5~9cm，先端渐尖，基部楔形，边缘具锯齿；叶柄长0.5~1.2cm；鳞状叶卵状三角形，膜质。穗状花序顶生，常二歧或总状分枝；花无花被；雄蕊3枚，基部分离，仅内侧稍相连；雌蕊（子房）具短柄；子房无花柱，柱头近头状。核果具短柄。花期4~6月，果成熟期7~8月。

分布： 江西分布于遂川县（南风面、五斗江）、井冈山、芦溪县（武功山）、三清山、修水县（九岭山）、铅山县（武夷山）等地区，生于阔叶林下，海拔400~1200m。陕西、甘肃、安徽、浙江、福建、湖南、湖北、广东、广西、贵州、四川等地区也有分布。

用途和繁殖方法： 药用（根状茎或全草）。播种、埋根或埋茎繁殖。

宽叶金粟兰（原变种）

a. 叶背具鳞秕状小白点，叶脉被短毛；b. 叶对生，常4枚聚生于茎上部；c. 雌蕊（子房）具短柄，穗状花序顶生。

（4）台湾金粟兰 Chloranthus oldhamii Solms-Laubach

中国植物志，第20（1）卷：84，1982；Flora of China，Vol. 4: 4，1999；中国生物物种名录，第一卷（总中）：572，2018.

形态特征：多年生草本，全株无毛。茎直立，下部节上具鳞片叶1对。叶面侧脉和网脉凹陷，密而清晰；叶对生，4枚聚生于茎顶端呈假轮生状；叶宽椭圆形或宽卵形，长10~13cm，宽6~9cm，顶端长渐尖，基部宽楔形至圆形，边缘具细齿或锐锯齿；侧脉5~7对；无叶柄。花序粗而密；穗状花序从茎顶抽出，总状分枝，分枝对生，总花梗长3.5~7cm；具3裂的花被，花白色；雄蕊3枚，药隔基部结合，着生于子房上部外侧；子房倒卵形，具0.1cm的花柱，柱头数裂。核果倒卵形或梨形，栗褐色，具长0.2cm的柄。花期4月，果成熟期6~7月。

分布：江西分布于资溪县（黄连坑），生于阔叶林下、沟谷路边，海拔350~600m。福建、台湾等地区也有分布。

用途和繁殖方法：药用，园林观赏。播种、埋根或埋茎繁殖。

台湾金粟兰

叶近无叶柄，叶面侧脉和网脉凹陷而清晰，叶对生，4枚聚生于茎顶端呈假轮生状；花序粗而密，穗状花序从茎顶抽出，总状分枝，分枝对生。

（5）四川金粟兰 Chloranthus sessilifolius K. F. Wu

中国植物志，第 20（1）卷：93，1982；Flora of China，Vol. 4: 137，1999；中国生物物种名录，第一卷（总中）：573，2018.

（5）a. 四川金粟兰（原变种）Chloranthus sessilifolius var. sessilifolius

Flora of China，Vol. 4: 138，1999；中国生物物种名录，第一卷（总中）：573，2018.

形态特征：多年生草本，茎直立，单生或丛生，具 4~5 个明显的节，下部节上对生 2 片鳞状叶。叶无柄，对生，4 枚聚生于茎顶端，呈轮生状；叶片倒卵形或菱形，长 12~20cm，宽 7~12cm，顶端尾尖，基部楔形，边缘具圆锯齿；叶背无毛或被稀疏的白色屑状鳞秕，侧脉 6~8 对，网脉两面清晰但不下陷。花序长而稀疏；穗状花序自茎顶抽出，具 2~4 下垂的分枝，总花梗细长 10~15cm；具 3 裂的花被，花白色；雄蕊 3 枚，基部分离，着生于子房外侧上部；雌蕊（子房）具短柄，子房无花柱，柱头截平，边缘有齿突。核果近球形，褐色，具长 0.2cm 的柄。花期 3~4 月，果成熟期 6~7 月。

分布：江西分布于崇义县（齐云山）、上犹县（光姑山），芦溪县（武功山），生于阔叶林下，海拔 600~1000m。

用途和繁殖方法：药用，园林观赏（地被植物）。播种、埋根或埋茎繁殖。

四川金粟兰

a. 穗状花序自茎顶抽出，具 2~4 下垂的分枝，总花梗细长；b. 叶无柄；叶背无毛，但被稀疏的白色屑状鳞秕；c. 穗状花序白色；d. 叶 4 枚聚生于茎顶端，呈轮生状。

（5）b. 华南金粟兰 Chloranthus sessilifolius var. austrosinensis K. F. Wu

中国植物志，第20（1）卷：93，1982；Flora of China，Vol. 4: 138，1999；中国生物物种名录，第一卷（总中）：573，2018.

形态特征： 多年生草本，茎直立，单生或丛生。叶无柄，对生，4枚聚生于茎顶端，呈轮生状；叶面特征变化较大，但叶面网脉清晰；叶椭圆形，边缘具锐锯齿；叶背中脉和侧脉具明显短细毛。雄蕊基部明显合生；总花梗较粗短，4~9cm；苞片扇形，中央具尖突，雄蕊基部明显合生；雌花具3裂的白色花被；子房无花柱，柱头截平，边缘有齿突。花期3~4月，果成熟期6~7月。

分布： 江西分布于寻乌县（中和乡、鸡隆嶂）、龙南县（九连山）、婺源县（大鄣山），生于阔叶林下、沟谷路边，海拔400~900m。福建、广东、广西、贵州等地区也有分布。

用途和繁殖方法： 药用，播种。分株繁殖。

华南金粟兰

a. 穗状花序自茎顶抽出，分枝较多，总花梗较粗短；b. 叶面波状皱褶；c. 无叶柄；中脉和侧脉具明显短细毛（白色箭头所示）；d. 雌蕊（子房）具短柄。

华南金粟兰（续）

e~h. 为另一株，其中 e~f. 示叶面无波状皱褶；g. 雌花具 3 裂的白色花被；子房无花柱，柱头截平，边缘有齿突；h. 示叶背，具明显短细毛（白色箭头所示）。

2.4.2 草珊瑚属 **Sarcandra** Gardner

形态特征：半灌木，茎节处显著膨胀；无毛，木质部无导管。叶对生，卵状椭圆形或椭圆状披针形，边缘具粗锯齿；叶柄短，基部合生；托叶小。穗状花序顶生，具分枝，呈圆锥花序状；花两性，无花被亦无花梗；雄蕊着生于子房的一侧，雄蕊 1 枚，肉质，棒状，花药 2 室，纵裂；子房卵形，含 1 枚下垂的直生胚珠，无花柱，柱头近头状。核果球形；种子胚乳丰富，胚微小。

分布与种数：分布于亚洲东南部至印度，约 3 种。中国 1 种 1 变种，江西 1 种。

（1）草珊瑚 **Sarcandra glabra**（Thunberg）Nakai

中国植物志，第 20（1）卷：79，1982. Flora of China，Vol. 4: 132，1999；中国生物物种名录，第一卷（总中）：573，2018.

（1）a. 草珊瑚（原亚种）**Sarcandra glabra** subsp. **glabra**

Flora of China，Vol. 4: 132，1999；中国生物物种名录，第一卷（总中）：573，2018.

形态特征：常绿半灌木，高 50~120cm，茎、叶均无毛；茎节处显著膨大。叶卵形或卵状披针形，长 6~17cm，宽 2~6cm，顶端渐尖，基部楔形，边缘具粗锐锯齿；叶柄长 0.5~1.5cm，基部合生成鞘状；托叶钻形。穗状花序顶生，分枝，苞片三角形；花黄绿色；雄蕊 1 枚，肉质，棒状，花药 2 室，生于药隔上部之两侧；子房球形无花柱。核果球形，成熟时红色。花期 6 月，果成熟期 8~10 月。

分布：分布于江西各地山区，生于阔叶林下、路边，海拔 200~1000m。安徽、浙江、福建、台湾、广东、广西、湖南、四川、贵州等地区也有分布。

用途和繁殖方法：药用（全株）。播种、扦插繁殖。

a

草珊瑚

　　a.常绿半灌木,穗状花序(果序)顶生,分枝,核果红色; b.叶边缘具粗锐锯齿。c.叶对生,茎节处膨大; d.雄蕊1枚生于子房的一侧,肉质,棒状。

2.5 三白草科 Saururaceae Richard ex T. Lestiboudois

形态特征：多年生草本，茎直立或匍匐状，具明显的节。单叶互生；托叶贴生于叶柄。花两性，聚生呈稠密的穗状花序或总状花序，花序基部具总苞或无总苞，苞片花瓣状，无花被；雄蕊 3~8 枚，离生或贴生于子房基部，或为上位雄蕊；花药 2 室，纵裂。雌蕊具 3~4 心皮，离生或合生，如果是离生心皮，则每心皮具胚珠 2~4 枚；如果是合生心皮，则子房 1 室，侧膜胎座，胚珠 6~8 枚，花柱分离。果为分果爿或蒴果顶端开裂；种子具胚乳，胚较小。

关键特征：茎具明显的节，托叶贴生于叶柄；花序基部具总苞，苞片花瓣状，无花被。

分布与种数：4 属 6 种，主要分布于东亚、东南亚、北美洲。中国 3 属 4 种。江西 2 属 2 种。

分属检索表

1. 子房上位；叶柄短于叶片；花聚为稠密穗状花序，花序基部具 4 枚白色花瓣状总苞片；雄蕊 3 枚·······················蕺菜属 Houttuynia
1. 子房上位；叶柄短于叶片；花序的花较稀疏，总状，花序基部无总苞片；雄蕊 6~8 枚
···三白草属 Saururus

2.5.1 蕺菜属 Houttuynia Thunberg

形态特征：多年生草本。叶全缘，叶柄短于叶片，托叶贴生于叶柄上，膜质。花聚为稠密的穗状花序，顶生或与叶对生，花序基部有 4 枚白色花瓣状总苞片；雄蕊 3 枚，花丝下部与子房合生，纵裂。雌蕊具 3 个部分合生的心皮，子房上位，1 室，侧膜胎座（3 个），每 1 个侧膜胎座具胚珠 6~8 枚，花柱 3 枚，柱头侧生。蒴果近球形，顶端开裂。

分布与种数：主要分布于亚洲（东部和南部）、北美洲，全球 2 种。中国 1 种。江西 1 种。

（1）蕺菜 **Houttuynia cordata** Thunberg　鱼腥草

中国植物志，第20（1）卷：8，1982；Flora of China，Vol. 4: 109. 1999；中国生物物种名录，第一卷（总下）：1435，2018.

形态特征：多年生草本，搓揉后具腥臭味，高 30~60cm；茎无毛或节上被毛，有时紫红色；茎的下部分匍匐于地面，且茎节上具轮生细根。叶背具腺点；叶片阔卵形，长 4~10cm，宽 2.5~6cm，顶端渐尖，基部深心形，叶两面近无毛；叶具基出脉 5~7 条；叶柄短于叶片；叶柄长 1~3.5cm，无毛；托叶膜质，长 1~2.5cm，下部与叶柄合生，具缘毛，其基部扩大而略抱茎。花聚为稠密的穗状花序，顶生或与叶对生，花序长 2~3cm，总花梗长 1.5~3cm，无毛；花序基部具 4 枚白色的总苞片；雄蕊 3 枚，长于子房；花丝长为花药的 3 倍；子房上位。蒴果顶端具宿存花柱。花期 4~7 月，果成熟期 7~8 月。

分布：江西各地均有分布，生于阔叶林下、沼泽、沟谷等湿地，海拔 900m 以下。中国东起台湾，西南至云南、西藏，北至陕西、甘肃均有分布。

用途和繁殖方法：药用，湿地植被恢复，园林湿地观赏。播种、埋茎繁殖。

蕺菜

a. 叶基部深心形，稠密的穗状花序与叶对生；花序基部具 4 枚白色总苞片；b. 高约 30cm；c. 托叶膜质，下部与叶柄合生；d. 蒴果顶端具宿存花柱；e. 叶具基出脉 5 条，叶背具腺点。

2.5.2 三白草属 Saururus Linnaeus

形态特征：多年生草本，具根状茎。叶全缘，具柄；托叶着生在叶柄边缘上。花聚生为总状花序，花序与叶对生或兼有顶生，基部无明显的总苞片（苞片小，贴生于花梗基部）。雄蕊 6~8 枚（稀退化为 3 枚），花丝与花药等长。雌蕊具 3~4 心皮，心皮分离或基部合生；子房上位，每心皮具胚珠 2~4 枚；花柱 4，离生。果实分裂为 3~4 分果爿。

分布与种数：主要分布于亚洲东部和北美洲，全球 2 种。中国 1 种。江西 1 种。

（1）三白草 Saururus chinensis（Loureiro）Baillon

中国植物志，第 20（1）卷：6，1982；Flora of China，Vol. 4: 108. 1999；中国生物物种名录，第一卷（总下）：1435，2018.

形态特征：多年生草本，茎粗壮，具纵状棱和沟槽，茎下部匍匐地面。叶具较密的腺点，叶片卵状披针形，长 10~20cm，宽 5~10cm，顶端渐尖，基部心形，两面均无毛，上部的叶片较小，茎顶端 2~3 枚叶片常为白色（呈花瓣状）。叶柄短于叶片；叶具基出脉 5~7 条，网状脉明显；叶柄长 1~3cm，无毛，基部与托叶合生成鞘状而略抱茎。花序的花较稀疏，总状，花序基部无总苞片；花序白色，长 12~20cm；总花梗长 3~4.5cm，无毛，花序轴密被短柔毛。雄蕊 6~8 枚，花药纵裂；子房上位。蒴果表面具疣状凸起。花期 4~6 月，果成熟期 7~8 月。

分布：江西各地均有分布，生于阔叶林下、沼泽、溪旁等湿地，海拔 1000m 以下。河北、山东、河南以及长江以南各地均有分布。

用途和繁殖方法：药用，湿地植被恢复，观赏。播种、埋茎繁殖。

三白草

a. 多年生草本，茎上部的叶常为白色（呈花瓣状），花序总状，花序基部无总苞片；b. 叶基部心形，两面无毛，基出脉 5 条，网状脉明显。

三白草（续）

c. 花序白色，花序轴密被短柔毛；d. 叶柄基部与托叶合生成鞘状而略抱茎；
e. 叶片卵状披针形，基部心形。

2.6 胡椒科 Piperaceae Giseke

形态特征：草本、灌木或藤本，叶搓揉后具较强烈的香气，维管束散生（与单子叶植物类似）。叶互生（稀对生或轮生）；单叶，两侧常不对称，具掌状脉或羽状脉；具托叶或无托叶。花两性或单性（稀杂性），雌雄异株；穗状花序或由穗状花序再排成伞形花序，花序与叶对生（稀腋生或顶生）；花序基部的苞片小，通常盾状或杯状；花无花被；雄蕊 1~10 枚，花丝离生，花药 2 室，纵裂；雌蕊具 2~5 心皮，子房上位，1 室，子房室具 1 枚直生胚珠，柱头 1~5 裂（无花柱或具极短的花柱）。浆果，具较薄的肉质果皮；种子具丰富的外胚乳。

关键特征：茎维管束散生；叶多为掌状脉；花无花被；叶搓揉后具较强烈的香气。

分布与种数：主要分布于热带和亚热带地区，尤以南美洲种类丰富，全球 8~9 属 2000~3000 种。中国 3 属 68 种。江西仅 1 属（胡椒属）6 种。

分属检索表

1. 总状花序的花排列疏松；果被较密的刺毛⋯⋯⋯⋯⋯⋯⋯⋯**齐头绒属 Zippelia**
1. 穗状花序的花排列紧密，或由穗状花序再聚集成伞形花序；果无刺毛。
　2. 矮小草本；叶对生或轮生；花柱柱头 1 个（稀 2 个）⋯⋯⋯⋯⋯⋯⋯
　⋯⋯⋯⋯⋯⋯⋯⋯⋯⋯⋯⋯⋯⋯⋯⋯⋯⋯⋯⋯**草胡椒属 Peperomia**
　2. 亚灌木至小乔木或藤本；叶互生，具托叶；柱头 3~5 个；花序与叶对生或腋生⋯⋯
　⋯⋯⋯⋯⋯⋯⋯⋯⋯⋯⋯⋯⋯⋯⋯⋯⋯⋯⋯⋯⋯⋯⋯**胡椒属 Piper**

2.6.1 胡椒属 **Piper** Linnaeus

形态特征：常绿亚灌木至小乔木或藤本，茎、枝具膨大的节，叶搓揉后具较强烈的香气。叶互生，全缘；托叶贴生于叶柄上，早落。花单性或两性，单性花为雌雄异株；穗状花序与叶对生（稀花序着生于叶腋）；有时 3~7 个穗状花序再聚集成伞形花序；花序总花梗的苞片离生，盾状或杯状；雄蕊 2~6 枚，着生于花序轴上（稀着生于子房基部）；花药 2 室，2~4 裂；子房离生或嵌生于花序轴中而与其合生，子房内具 1 枚胚珠；花柱的柱头 3~5 裂。浆果倒卵形或球形，红色或黄色，无柄或具长短不等的柄。

分布与种数：主要分布于热带地区，全球 1000~2000 种。中国约 60 种。江西 6 种。

分种检索表

1. 叶基部圆钝。
  2. 叶、茎无毛。
    3. 叶窄椭圆形状披针形，基部狭圆钝……………**竹叶胡椒 Piper bambusifolium**
    3. 叶卵圆状披针形，基部宽圆钝…………………………………**山蒟 P. hancei**
  2. 叶、茎明显具微硬毛；叶卵圆状披针形，基部宽圆钝…………………………………
    …………………………………………………………………**石南藤 P. wallichii**
1. 叶基部深心形或浅心形。
    4. 茎、叶无毛；基出五出脉；叶基部对称………………**假蒟 P. sarmentosum**
    4. 茎、叶明显被毛，叶基部两侧裂片有时部分重叠。
      5. 叶卵状宽圆形，叶基部浅心形，基出五出脉（有时其中 2 脉从距叶基部约 1cm 处发出）……………………………**华南胡椒 P. austrosinense**
      5. 叶卵状披针形、卵圆形；叶基部浅心形或深心形（两侧裂片有时部分重叠），五出脉（其中 2 脉从距叶基部 1.5cm 处发出）……………………………
      …………………………………………………**小叶爬崖香 P. sintenense**

（1）竹叶胡椒 **Piper bambusifolium** Y. C. Tseng

中国植物志，第 20（1）卷：61，1982；Flora of China，Vol. 4: 127. 1999；中国生物物种名录，第一卷（总下）：1113，2018.

形态特征：常绿藤本，茎、叶无毛。叶窄椭圆形状披针形，基部狭圆钝，叶具细腺点，长 4~8cm，宽 1.8~2.6cm，顶端长渐尖，两侧对称；叶基出脉 5 条（长度大于叶片长度一半以上的脉），其中基部一对明显为基出脉，其余两条距离叶基部 1~1.5cm 处发出，并呈互生或对生状；叶背网脉清晰。叶柄长 0.6cm，仅基部具鞘。花单性，雌雄异株；穗状花序与叶对生；雄花序长 4~21cm，直径约 0.2cm，黄色；总花梗与叶柄等长或略长；花序轴被毛；花序基部的苞片圆形，近无柄，直径约 0.1cm，盾状；雄蕊 3 枚，花药肾形；雌花序短，花期长 1.5cm 总花梗略长于叶柄；花序轴和苞片与雄花序的相同；子房离生，花柱极短，柱头 3 裂。浆果球形，成熟时红色。花期 4~7 月，果成熟期 7~9 月。

分布：江西分布于寻乌县（基隆嶂、丹溪乡）、信丰县（金盆山）、南丰县（西头虾蟆潭）等地区，生于阔叶林石壁、树上，海拔 240~900m。福建、广东、广西、湖北、四川、贵州等地区也有分布。

用途和繁殖方法：药用，园林藤本植物。播种、埋茎（节）繁殖。

竹叶胡椒

　　a.叶窄椭圆形状披针形，基部狭圆钝；b.叶基出脉 5 条，其中基部一对明显为基出三出脉，其余两条脉距离叶基部大于 1.5cm 处发出，且呈互生状；c.果离生，宿存花柱极短，果柱头 3 裂；d.叶柄较短（约 0.6cm）；e.另一株的叶略呈卵状窄披针形，基出脉的上部一对脉距离叶基部较长，且呈近对生状。

（2）山蒟 **Piper hancei** Maximowicz

中国植物志，第20（1）卷：60，1982；Flora of China，Vol. 4: 127. 1999；中国生物物种名录，第一卷（总下）：1113，2018.

形态特征：常绿藤本，茎、叶无毛（稀具极稀疏的微毛）；老茎具细纵纹。叶近革质，卵状披针形，长6~12cm，宽2.5~4.5cm，顶端渐尖，基部宽圆钝，通常基部两侧对称（有时略偏斜）；叶脉5~7条（长度均超过叶片长度一半），其中基部一对明显为基出三出脉，其余两条距离叶基部1~3cm从中脉发出（互生或近对生），弯拱上升达叶片顶部，网状脉明显；叶柄长0.6~1.2cm；叶鞘长约为叶柄的一半。花单性，雌雄异株，穗状花序与叶对生；雄花序长6~10cm，直径约0.2cm；总花梗与叶柄近等长，花序轴被微毛；花序基部苞片近圆形，盾状；雄蕊2枚；雌花序长约3cm，在果期伸长；花序基部苞片与雄花序的相同；子房近球形，离生，柱头4裂（稀3裂）。浆果球形，黄色。花期3~8月，果成熟期6~9月。

分布：江西分布于遂川县（南风面）、井冈山、龙南县（九连山）等地，生于阔叶林下、石壁或攀缘于树上，海拔350~900m。浙江、福建、湖南、广东、广西、贵州、云南等地区也有分布。

用途和繁殖方法：药用，园林藤本植物。播种、埋茎（节）繁殖。

山蒟

a.常绿藤本；b.子房离生，花柱极短，柱头3~4裂；c~d.为另一株，叶卵状披针形，基部宽圆钝；d.叶脉5~7条，其中基部一对明显为基础脉，其余两条距离叶基部1~3cm从中脉发出（近对生），弯拱上升达叶片顶部；e.茎、叶无毛；节膨大；叶背网状脉明显。

（3）石南藤 **Piper wallichii**（Miquel）Handel-Mazzetti

中国植物志，第20（1）卷：50，1982；Flora of China，Vol. 4: 126. 1999；中国生物物种名录，第一卷（总下）：1115，2018. *Piper martinii* C. DC.，中国植物志，第20（1）卷：48，1982.

形态特征：常绿藤本，枝具微硬毛。叶卵状披针形，长 5~14cm，宽 2~5cm，顶端渐尖，基部宽圆钝，两侧对称（稀偏斜），叶背被微硬毛（有时脱落变近无毛）；叶脉 5~7 条，基部两条侧脉呈明显的基出三出脉；离叶片基部 1~2cm 处从中脉发出的两条侧脉互生或近对生；其余的侧脉很短，其长度均小于中脉长度的一半（非三出脉）；叶柄长 1~2cm，被微硬毛；叶鞘长为叶柄的 1/4 ~ 1/3。花单性，雌雄异株，穗状花序与叶对生；雄花花序长于叶片，总花梗被毛，长为叶柄的 2.5~3 倍；花序轴被疏微毛，花序苞片圆形、盾状；雄蕊 3 枚；雌花序长约 1.5cm，但在果期伸长至约 6cm；总花梗长 2~4.2cm，具微毛；子房离生，柱头 3~4 裂（线形）。浆果成熟时近球形，无毛，具疣状凸起。花期 2~6 月；果成熟期 7~9 月。

分布：江西分布于井冈山（笔架山）、芦溪县（武功山、红岩谷）等地，生于阔叶林下、石壁，海拔 400~1000m。广东、广西、贵州、云南、四川等地区也有分布。

用途和繁殖方法：药用，园林藤本。播种、埋茎（节）繁殖。

石南藤

叶柄、茎背微硬毛（箭头所示），叶基部宽圆钝，对称（稀偏斜），叶基部两条从中脉基部发出的侧脉呈明显的基出三出脉，离叶片基部 1~2cm 处的两条脉互生，其余的侧脉很短。

（4）假蒟 **Piper sarmentosum** Roxburgh

中国植物志，第 20（1）卷：42，1982；Flora of China， Vol. 4: 119. 1999；中国生物物种名录，第一卷（总下）：1114，2018.

形态特征：多年生匍匐半木质藤本，茎、叶无毛（幼时茎或幼叶背面具极细的粉状微毛）。叶具细腺点，叶片阔卵形或近圆形，长 7~14cm，宽 6~13cm，顶端短渐尖，基部深心形，两侧裂片对称；叶背沿脉上被极细的粉状短柔毛；叶脉 5 条（稀 7 条），基部 5 条脉（连同中脉）呈明显的基础五出脉，有时离叶基部 1~2cm 处从中脉发出的两条侧脉呈离基三出脉状（两侧脉长度超过叶片长度一半），且弯拱上升至叶片顶部与中脉汇合；网状脉明显；叶柄长 2~5cm，叶鞘长约为叶柄的一半。花单性，雌雄异株；穗状花序与叶对生；雄花序长 1.5~2cm，总花梗具极细的粉状微毛，花序轴被毛；花序基部苞片圆形、盾状，雄蕊 2 枚；雌花序长 1cm，果期稍伸长，花序轴无毛；花序基部苞片圆形、盾状；柱头 3~5 裂。浆果近球形，具四角棱，无毛，基部嵌生于花序轴中并与其合生。花期 4~11 月，果成熟期 8~11 月。

分布：江西分布于寻乌县（丹溪乡、菖蒲乡）、龙南县（九连山）等地，生于阔叶林中的沟谷、路边，海拔 200~800m。福建、广东、广西、云南等地区也有分布。

用途和繁殖方法：药用。播种、埋茎（节）繁殖。

假蒟
a. 叶基部深心形，两侧裂片对称；叶脉 5 条（稀 7 条），基出五出脉；网脉明显；
b. 芽生于叶柄基部，长锥状；c. 叶背无毛。

（5）华南胡椒 Piper austrosinense Y. C. Tseng

中国植物志，第 20（1）卷：54，1982；Flora of China，Vol. 4: 125. 1999；中国生物物种名录，第一卷（总下）：1113，2018.

形态特征： 常绿木质藤本，茎、叶明显被毛。叶厚纸质，无明显腺点；叶卵状宽圆形，叶基部浅心形，两侧裂片对称；叶为基出五出脉（有时其中 2 脉于距离叶基部约 1cm 处发出），网状脉明显；叶柄长 0.5~2cm。花单性，雌雄异株，穗状花序与叶对生；雄花序顶端钝，长 3~6.5cm；总花梗长 1~1.8cm，花序基部苞片圆形、盾状，雄蕊 2 枚；雌花序长 1~1.5cm，果期伸长，花序基部苞片与雄花序相同；子房基部嵌生于花序轴中，柱头 3~4 裂，被短毛。浆果球形，基部嵌生于花序轴中。花期 4~6 月，果成熟期 6~7 月。

分布： 江西分布于寻乌县（项山）、会昌县（清溪）、龙南县（九连山）等地，生于阔叶林下石壁、路边，海拔 250~900m。湖南、广西、广东、福建等地区也有分布。

用途和繁殖方法： 药用。播种、埋茎（节）繁殖。

华南胡椒

a. 叶卵状宽圆形，基部浅心形，基部两侧裂片对称；b. 为基部浅心形，但有时叶片基部宽圆形（箭头所示）；c. 茎、叶柄具较密的短毛；d. 叶柄和叶背具微短毛；叶基出五出脉（其中 2 脉于距离基部约 1cm 处发出），网状脉明显。

（6）小叶爬崖香 **Piper sintenense** Hatusima

Flora of China，Vol. 4: 131，1999；中国生物物种名录，第一卷（总下）：1114，2018. 中国植物志，Piper arboricola C. DC. 第 20（1）卷：45，1982.

形态特征：近草质藤本，茎、枝、叶均被毛，幼时密被粗毛，老时脱落变稀疏。叶较薄，有细腺点；叶两型：匍匐枝的卵状长圆形，长 3.5~5cm，宽 2~3cm，顶端短尖，基部浅心形或深心形（有时两侧裂片部分重叠），两面被粗毛，叶柄长 1~2.5cm，被粗毛，基部具鞘；小枝的叶卵状披针形，长 7~11cm，宽 3~4.5cm，顶端渐尖，基部心形（有时偏斜），叶脉为五出脉（或其中 2 脉在距叶基部 1.5cm 以上发出，呈互生或近对生状），叶柄较短，长 0.5~1cm。花单性，雌雄异株，穗状花序与叶对生；雄花序纤细，长 5.5~13cm，直径 0.3cm，花序轴被毛，花序基部的苞片圆形、盾状，雄蕊 2 枚；雌花序长 4~6cm；子房近球形、离生，柱头 4 裂（线形）。浆果离生。花期 3~7 月，果期 6~8 月。

分布：江西分布于寻乌县（丹溪乡、基隆嶂）、全南县（桃江源）等地，生于阔叶林下石壁，或缠绕于树干，海拔 250~900m。台湾、福建、广东、广西、湖南、湖北、浙江、江苏、贵州、四川、云南、西藏等地区也有分布。

用途和繁殖方法：药用（全株），园林藤本。播种、埋茎（节）繁殖。

小叶爬崖香

a. 小枝的叶卵状长圆形，两侧对称，基部浅心形；b. 茎、枝、叶、果序均被毛，浆果离生。

小叶爬崖香（续）

c. 茎具肿大的节，叶背被毛，基部深心形（有时偏斜），叶脉为五出脉，其中 2 脉在距叶基部 1.5cm 以上发出，呈互生或近对生状；d. 老茎（枝）上的叶基部浅心形；e~f. 为另一株匍匐在地面的茎，叶较小，基部深心形，有时两侧裂片部分重叠，两面被粗毛。

2.7 马兜铃科 Aristolochiaceae Jussieu

形态特征：草质、木质藤本、灌木或多年生草本。单叶互生，叶片全缘或 3~5 裂，基部常心形，无托叶。花两性，具花梗，单生、簇生或排成总状、聚伞状、伞房花序，顶生、腋生或生于老茎，花具腐肉臭味；花被辐射对称或两侧对称，花无花萼，花被花瓣状，花被筒管钟状、瓶状、管状、球状或其它形状；花被筒的上部具檐，檐呈圆盘状、壶状或圆柱状，具整齐或不整齐 3 裂，裂片向一侧延伸成 1~2 舌片；裂片镊合状排列；雄蕊 6 枚至多数，排列为 1 或 2 轮；花丝短，离生或与花柱、药隔合生成合蕊柱；花药 2 室，平行，外向纵裂；子房下位，稀半下位或上位，子房室 4~6 室或为不完全的子房室；花柱短，离生或合生而顶端 3~6 裂；每个子房室具多枚倒生的胚珠，常 1~2 行叠置，中轴胎座或为内侵型的侧膜胎座。蒴果蓇葖果状、长角果状、浆果状；种子多数，种皮平滑、具皱纹或疣状凸起，种脊海绵状增厚或翅状，胚乳丰富。

关键特征：花无花萼而呈花瓣状，花被筒管状、瓶状或球形；花被筒上部具檐。

分布与种数：分布于热带和亚热带，8 属约 600 种。中国 4 属 86 种。江西 3 属 19 种。

分属检索表

1. 花被两侧对称，花被筒的上部具檐，檐部偏斜，且不整齐 3 裂或一侧呈 1~2 枚舌片状 ··马兜铃属 Aristolochia
1. 花被辐射对称，裂片整齐排列。
  2. 花被 1 轮，心皮合生，雄蕊 12 枚；蒴果为浆果状·················细辛属 Asarum
  2. 花被 2 轮，心皮基部合生；蒴果为蓇葖状，腹缝线开裂··························· ··马蹄香属 Saruma

2.7.1 马兜铃属 Aristolochia Linnaeus

形态特征：草质或木质藤本，具块状根。叶互生，全缘或 3~5 裂，基部心形；羽状脉或 3~7 出掌状脉，无托叶，具叶柄。花排成总状花序，花序腋生或生于老茎；总花梗和花梗基部或近中部具苞片；花无花萼，花被花瓣状，花被 1 轮，花被筒基部通常膨大（呈球形等各种形状），花被筒的上部具檐，檐呈圆盘状、壶状或圆柱状，具整齐或不整齐 3 裂，裂片向一侧延伸成 1~2 舌片；花具腐肉臭味；雄蕊 6 枚，围绕合蕊柱排成一轮，成对或逐个与合蕊柱裂片对生，花丝缺；花药外向、纵裂；子房下位，6 室；侧膜胎座稍凸起或于子房中央连接；合蕊柱肉质，顶端 3~6 裂；胚珠排成两行或在侧膜胎座两边单行叠置。蒴果室间开裂或沿侧膜处开裂。种子多数，种脊有时增厚或呈翅状，种皮坚硬，胚乳丰富。

分布与种数：主要分布于热带、亚热带和温带地区，全球约400种。中国45种。江西5种。

分种检索表

1. 草质藤本，花被筒基部球形。

  2. 叶背无毛。

    3. 叶多型；花被筒上部檐的舌片先端短尖或圆钝，舌片通常黄绿色…………………………………………………………………马兜铃 **Aristolochia debilis**

    3. 叶单型，卵状心形；花被筒上部檐的舌片先端微凹或钝，舌片通常紫红色……………………………………………………………………管花马兜铃 **A. tubiflora**

  2. 叶背具短绒毛，网脉凸起而清楚；叶卵状三角形；总状花序具2~4枚花，花序基部苞片具柄…………………………………………………通城虎 **A. fordiana**

1. 木质藤本，花被筒基部非球形。

    4. 花被檐部盘状，花序基部苞片披针形；茎、叶被短毛；叶多型，基部心形…………………………………………………………………大叶马兜铃 **A. kaempferi**

    4. 花被檐部盘状；叶被密毛；叶单型，基部心形，基出脉5条…………………………………………………………………………………寻骨风 **A. mollissima**

（1）马兜铃 Aristolochia debilis Siebold et Zuccarini

中国植物志，第24卷：233，1988；Flora of China，Vol. 5: 267. 2003；中国生物物种名录，第一卷（总中）：353，2018.

形态特征：草质藤本，茎、叶无毛。叶多型，卵状三角形、长卵状三角形、戟形，长3~6cm，基部心形，两侧裂片圆形；叶两面无毛，具基出脉5~7条；叶柄长1~2cm。花两性，单生或2朵聚生于叶腋；花梗长1~1.5cm，基部具小苞片，长0.3cm，脱落；花无花萼，花被花瓣状；花被片长3~5.5cm，基部膨大呈球形，向上收缩呈狭管状，管长2~2.5cm，管口扩大呈漏斗状，管口部有紫斑，外面无毛，内有长腺毛；檐部一侧极短，另一侧渐延伸成舌片；舌片通常黄绿色，长2~3cm，顶端短尖或圆钝；花药贴生于合蕊柱近基部；子房圆柱形，长约1cm，具6棱；合蕊柱顶端6裂。蒴果顶端圆形而微凹，长约6cm，直径约4cm，具6棱，成熟时黄绿色，由基部向上沿室间6瓣开裂；果梗长2.5~5cm；种子扁平，边缘具白色膜质宽翅。花期7~8月，果成熟期9~10月。

分布：江西分布于芦溪县（麻田乡）、井冈山市（大井）、石城县等地区，生于路边或灌丛中，海拔200~1200m。山东、河南、江苏、浙江、湖南等地区也有分布。

用途和繁殖方法：药用。播种、扦插繁殖。

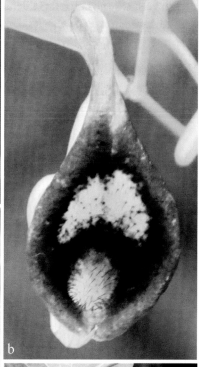

马兜铃

  a. 叶长卵状三角形，花被筒黄绿色，基部膨大呈球形；b. 花被筒向上收缩呈狭管状，管口具紫斑，内具长腺毛；舌片顶端圆钝；c. 叶戟形，基部心形；d. 叶背无毛，果阔圆柱状。

（2）管花马兜铃 Aristolochia tubiflora Dunn　辟蛇雷

中国植物志，第 24 卷：238，1988；Flora of China，Vol. 5: 268. 2003；中国生物物种名录，第一卷（总中）：354，2018.

形态特征：草质藤本，茎、叶无毛。叶单型，卵状心形（稀戟形），长 3~15cm，宽 3~16cm，顶端钝而具凸尖，基部深心形，两侧裂片下垂，叶背常紫红色；基出脉 7 条；叶柄长 2~10cm。花两性，1~2 朵花生于叶腋；花梗长 1~2cm，基部具小苞片；花被总长 3~4cm，基部膨大呈球形，然后向上收缩成一个狭管，管口漏斗状，管内无毛；狭管筒上部的檐延长为舌片；舌片先端微凹或钝，通常紫红色；花贴生于合蕊柱近基部；子房圆柱形，具 5~6 棱；合蕊柱顶端 6 裂。蒴果长圆形，长约 2.5cm，直径约 1.5cm，具 6 棱，成熟时黄褐色，由基部向上 6 瓣开裂；种子中间具种脊，边缘无翅。花期 4~8 月，果成熟期 10~12 月。

分布：江西分布于崇义县（齐云山）、上犹县（黄沙坑）、遂川县（高坪）、井冈山（黄坳）、铜鼓县（七星崖）等地，生于路边、灌丛中，海拔 200~1000m。湖北、河南、湖南、四川、贵州、广西、广东、浙江、福建等地区也有分布。

用途和繁殖方法：药用（根和果实）。播种、扦插繁殖。

管花马兜铃

a. 叶基部深心形；b. 叶背紫红色、无毛；基出脉 7 条；叶基部两侧裂片呈下垂状（基部凹入很深的结果）；c. 茎缠绕在小树上，幼果长圆形；d. 管口内部无毛（箭头所指）；e. 花被筒上部的舌片先端微凹，舌片通常紫红色；f. 花的外形。

（3）通城虎 *Aristolochia fordiana* Hemsley

中国植物志，第 24 卷：231，1988；Flora of China，Vol. 5: 266. 2003；中国生物物种名录，第一卷（总中）：353，2018.

形态特征：草质藤本，根圆柱形，细长，茎无毛。叶薄革质，卵状三角形，长10~12cm，宽 5~8cm，顶端渐尖，基部心形，两侧裂片顶端近圆形，长约 3cm，展开；叶全缘，叶面无毛，叶背具短绒毛，网脉凸起而清楚；基出脉 5~7 条，侧脉近边缘弯拱并与网脉互相连接；叶柄长 2~4cm，腹面具纵槽，基部稍膨大，无毛。总状花序具2~4 枚花（或有时仅一朵腋生），长约 4cm，花序基部苞片具柄；花梗长约 0.8cm；花被管基部膨大呈球形，直径约 0.4cm，向上收缩形成狭长管，管直径约 0.2cm，管口扩大呈漏斗状；管口檐部一侧极短，边缘有时向下翻，另一侧延伸成舌片；舌片长1~1.5cm，顶端钝而具凸尖，暗紫色，近无毛；花药着生于合蕊柱近基部；子房圆柱形，长约 0.5cm，具 6 纵棱；合蕊柱肉质，顶端 6 裂。蒴果长圆形或倒卵形，具纵棱，长3~4cm，直径 1.5~2cm，褐色，成熟时由基部向上 6 瓣开裂，果梗亦随之开裂；种子具小疣点，腹面凹入。开花期 3~4 月，果成熟期 5~7 月。

分布：江西分布于芦溪县（武功山黄狗冲至华云界）、德兴市等山区，生于阔叶林下路边，海拔 700~1100m。广西、广东、湖南、浙江、福建等地区也有分布。

用途和繁殖方法：药用。播种、扦插繁殖。

通城虎

a. 草质藤本，茎无毛，蒴果长圆形或倒卵形，具纵棱；b. 叶薄革质，卵状三角形，顶端渐尖，基部心形，两侧裂片顶端近圆形，展开；叶全缘，叶面无毛；c. 叶背网脉凸起而清楚；基出脉 5~7 条，侧脉近边缘弯拱并与网脉互相连接；d. 叶背具短绒毛，尤其脉上被毛明显。

2.7.2 细辛属 Asarum Linnaeus

形态特征：多年生草本，根常肉质，有芳香气和辛辣味。叶 1~2 枚或 4 枚，基生、互生或对生，叶片基部深凹呈心形或近心形，叶全缘不裂；叶柄基部常具薄膜质苞片。花被辐射对称，裂片整齐排列；花两性，单生于叶腋，花梗直立或向下弯垂；花萼与花瓣不分化（统称为花被），花被整齐，1 轮，紫绿色或淡绿色，基部多少与子房合生，子房以上分离或形成明显的花被管；花被裂片 3 枚，直立、平展或反折。雄蕊 12 枚，排列成 2 轮（或具瓣状不育雄蕊），花药通常外向纵裂，或外轮稍向内纵裂；子房下位或半下位，常 6 室，中轴胎座，胚珠多数，花柱分离，花柱顶端完整 2 裂或合生成柱状；柱头顶生或侧生。蒴果浆果状，近球形，果皮革质，不规则开裂；种子多数，椭圆状或椭圆状卵形，背面凸，腹面平坦，有肉质附属物。

分布与种数：主要分布于亚洲（东部、南部），少数种类分布亚洲（北部）、欧洲和北美洲，全球约 90 种。中国约 30 种，南北各地均有分布。江西约 13 种。

分种检索表

1. 花被片分离（裂至花柱基部），或仅基部合生成极短的花被筒，花柱合生，柱头 6 裂。
  2. 花被裂片直伸或反折。
    3. 花被裂片直伸，先端长线状，弯曲但不反折⋯⋯⋯⋯⋯⋯⋯⋯⋯⋯⋯⋯⋯⋯⋯⋯⋯⋯⋯⋯⋯⋯⋯⋯⋯⋯⋯**尾花细辛 Asarum caudigerum**
    3. 花被裂片反折，先端短渐尖；茎、叶和叶柄均背长柔毛；雄蕊和花柱不伸出花被；叶基部心形⋯⋯⋯⋯⋯⋯⋯⋯⋯⋯**长毛细辛 A. pulchellum**
  2. 花被基部合生成极短的花被筒（0.5~1cm）。
    4. 花被片先端短尾尖，叶脉具短毛，雄蕊药隔伸出成舌状⋯⋯⋯⋯⋯⋯⋯⋯⋯⋯⋯⋯⋯⋯⋯⋯⋯⋯⋯⋯⋯**短尾细辛 A. caudigerellum**
    4. 花被片钝尖或圆钝，叶被疏毛，花被裂片直伸，花柱粗短，花梗短，0.5~1.5cm⋯⋯⋯⋯⋯⋯⋯⋯⋯⋯⋯⋯⋯⋯⋯⋯⋯**地花细辛 A. geophilum**
1. 花被片合生成明显的花被筒，雄蕊花丝极短，花柱离生或仅基部合生。
    5. 花丝与花药等长，子房半下位或近上位，花被筒喉部内侧无膜状环，花被裂片直伸，叶面近无毛，叶背被疏微毛，叶柄无毛⋯⋯⋯⋯⋯**细辛 A. sieboldii**
    5. 花丝短于花药，子房下位或半下位，花被筒喉部内侧具膜状环。
      6. 花柱顶端 6 裂。
        7. 花被筒喉部缢缩，花被片不反折；叶卵状心形，先端急尖⋯⋯⋯⋯⋯⋯⋯⋯⋯⋯⋯⋯⋯⋯⋯⋯⋯⋯**小叶马蹄香 A. ichangense**

7. 花被筒喉部无缢缩，花被片两侧微反卷；叶长卵状心形，叶背和叶柄被柔毛 ··· 福建细辛 **A. fulkienense**

6. 花柱顶端二叉分枝。

  8. 花被筒漏斗状，直伸，长 3~5cm；叶基部裂片向外展开 ···················· ··· 祁阳细辛 **A. magnificum**

  8. 花被筒非漏斗状；叶基部裂片向下伸展。

    9. 花被筒内具凸起网格状网眼，花被筒喉部无缢缩，花被筒钟状，基部无斑块 ·· 杜衡 **A. forbesii**

    9. 花被筒内无凸起网格状网眼，但具不规则皱褶。

      10. 花被筒中部具凸起圆环，或花被筒上部具凸起圆环或肿胀。

        11. 花被筒中部具凸起圆环，叶较大（15~32cm）·················· ··· 大叶马蹄香 **A. maximum**

        11. 花被筒上部具凸起圆环或肿胀；喉部窄三角形 ················· ··· 金耳环 **A. insigne**

      10. 花被筒无凸起圆环或肿胀。

        12. 花被筒被微毛，叶背和叶柄具微毛；果具线状棱 ············· ··· 五岭细辛 **A. wulingense**

        12. 花被筒无毛，叶背和叶柄无毛；果无线状棱 ················· ································ 慈姑叶细辛 **A. sagittarioides**

（1）尾花细辛 Asarum caudigerum Hance

Flora of China，Vol. 5: 249. 2003；中国生物物种名录，第一卷（总中）：354，2018. *Asarum caudigerum* Hance var. *caudigerum*，中国植物志，第 24 卷：165，1988；*Asarum caudigerum* Hance var. *cardiophyllum*（Franch.）C. Y. Cheng et C. S. Yang，中国植物志，第 24 卷：165，1988.

形态特征：多年生草本，茎、叶柄和叶背具柔毛。叶片卵状心形，长 5~10cm，宽 4~10cm，先端渐尖，基部心形；叶面脉上背短毛，无斑块或具白色云斑；叶背被毛；叶柄长 5~20cm，具柔毛。花被外壁具紫红色细点和卷曲长柔毛；花梗长 1~2cm，具

尾花细辛

a. 叶面沿叶脉具短毛或近无毛；b. 叶片基部心形；叶面具明显的基出三出脉，即从中脉基部发出的侧脉仅 2 条超过中脉长度的一半以上，叶面无斑块；c. 花被片分离（裂至花柱基部），喉部不缩缢，花被裂片上部卵状长圆形，先端骤窄成细长尾尖，弯曲而不反折；花被外壁具紫红色细点和卷曲长柔；叶对生，花从对生叶之间发出；d. 子房下位，雄蕊比花柱长，花柱顶端 6 浅裂；中轴胎座。

柔毛；花被裂片直立，喉部不缢缩，内壁具柔毛和纵纹，花被裂片上部卵状长圆形，先端骤窄成细长尾尖，尾长可达 1~2cm，弯曲而不反折；雄蕊比花柱长，药隔伸出；子房下位，具6棱，花柱合生，柱头顶生；中轴胎座。浆果状蒴果近球状，直径约1.8cm，具宿存花被。花期 4~5 月，果成熟期 8~10 月。

分布: 江西分布于寻乌县、会昌县、龙南县、崇义县、遂川县、井冈山、芦溪县（武功山）、铅山县（武夷山）、资溪县等各地山区，生于阔叶林下、溪谷等阴湿地，海拔 260~1100m。浙江、福建、台湾、湖北、湖南、广东、广西、四川、贵州、云南等地区也有分布。

用途和繁殖方法: 药用（全草）。播种繁殖。

尾花细辛（续）

e~i. 为另一株，e. 示叶面具白色云斑；f~g. 叶背脉上和叶柄背柔毛；基出三出脉的两侧脉之间具较整齐的短侧脉；h. 花被裂片上部卵状长圆形，先端细长尾状；i. 叶先端钝。

（2）短尾细辛 Asarum caudigerellum C. Y. Cheng et C. S. Yang

中国植物志，第 24 卷：171，1988；Flora of China，Vol. 5: 250. 2003；中国生物物种名录，第一卷（总中）：354，2018.

形态特征：多年生草本，茎、叶被短柔毛。叶对生，叶片心形，长 5~10cm，宽 4~8cm，先端渐尖，基部心形，两侧裂片长 1~3cm，宽 2~4cm；叶面散生短毛，脉上被毛较密；叶背仅脉上具毛，叶缘两侧在中部常向内卷；叶柄长 4~18cm；芽长约 2cm。花被在子房以上合生成短筒状；花被裂片三角状卵形，外壁被长柔毛，长 1~1.2cm，先端短尾尖，长 0.5~1cm；雄蕊长于花柱，药隔伸出成尖舌状；子房下位，近球状，有 6 纵棱，被长柔毛，花柱合生，顶端辐射状 6 裂。蒴果浆果状。花期 4~5 月，果成熟期 6~8 月。

分布：江西分布于崇义县（齐云山）、芦溪县（武功山）等地，阔叶林下阴湿地，海拔 600~1000m。四川、贵州、云南、湖北等地区也有分布。

用途和繁殖方法：药用（全草）。播种、埋茎繁殖。

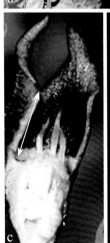
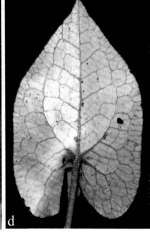

短尾细辛

a. 叶先端渐尖，叶面散生短毛，脉上被毛较密；b. 茎被稀疏柔毛；c. 花被在子房以上合生成短筒状（见双箭头部分）；花被裂片三角状卵形，外壁被长柔毛，先端短尾尖；d. 叶背仅脉上具毛；叶柄被短毛。

（3）**地花细辛** Asarum geophilum Hemsley

中国植物志，第24卷：173，1988；Flora of China，Vol. 5: 251. 2003；中国生物物种名录，第一卷（总中）：355，2018.

形态特征： 多年生草本，茎、叶被散生柔毛。叶卵状心形，长5~10cm，宽6~12cm，先端钝或急尖，基部心形，两侧裂片长1~3cm，宽2~6cm，叶面散生短毛或近无毛，叶背密被柔毛，后渐脱落；叶柄紫红色，长3~15cm，密被柔毛。花两性，花被紫色；花梗较短（长0.5~1.5cm），具毛；花被与子房合生部分近球状而成短筒状，花被筒中部以上与花柱等高处具凸环，花被裂片浅绿色，外壁密生丛毛；花被片钝尖或圆钝，花被裂片直伸；花柱粗短。雄蕊花丝比花药稍短，药隔伸出，锥尖或舌状；子房下位，具6棱，被毛；花柱合生，短于雄蕊，顶端6裂，柱头向外下延成线形。蒴果浆果状，具宿存花被。花期4~6月，果成熟期6~8月。

分布： 江西分布于寻乌县、龙南县（九连山）、信丰县（金盆山）、崇义县（聂都）等地，生于阔叶林下，海拔300~900m。广东、广西、贵州、四川、云南、福建、浙江、江西、湖南、湖北、台湾等地区也有分布。

用途和繁殖方法： 药用（全草）。播种、埋茎繁殖。

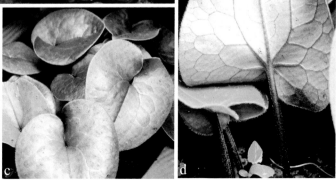

地花细辛

a. 叶先端钝，叶面散生短毛；叶柄紫红色；b. 叶背密被黄棕色柔毛，明显的三出脉（其余侧脉不超过中脉一半长度）；c. 叶面近无毛，基部裂片有时重叠；d. 叶柄紫红色明显。

（4）细辛 Asarum sieboldii Miquel

中国植物志，第 24 卷：176，1988；Flora of China，Vol. 5: 251. 2003；中国生物物种名录，第一卷（总中）：355，2018.

形态特征：多年生草本。叶通常 2 枚，叶片卵状心形，长 6~11cm，宽 5~13cm，先端渐尖或急尖，基部深心形，两侧裂片长 1.5~4cm，宽 2~5.5cm，顶端圆形；叶面近无毛，叶背仅脉上被稀疏微毛；叶柄长 8~18cm，无毛；芽生于根茎处。花被片合生成明显的花被筒，花被筒喉部内侧无膜状环；花被内侧紫黑色；花梗长 2~4cm；花被筒钟状，直径 1~1.5cm，内壁有疏离纵向脊状皱褶；花被裂片长约 0.8cm，直伸或近平展；雄蕊着生子房中部，花丝与花药近等长，药隔突出而呈短锥形；子房半下位或近上位、球状；花柱离生或仅基部合生，花柱 6 枚，较短，顶端 2 裂，柱头侧生。浆果状蒴果近球状。花期 4~5 月，果成熟期 6~8 月。

分布：江西分布于广丰区（铜钹山）等地，生于阔叶林下、路边，海拔 400~900m。山东、安徽、浙江、河南、湖北、陕西、四川等地区也有分布。

用途和繁殖方法：药用（全草）。播种、埋茎繁殖。

细辛

a. 叶面无毛，基部裂片先端圆钝；b. 叶背脉上被稀疏微毛，三出脉内侧的侧脉不整齐；c. 叶柄紫红色，无毛，芽生于根茎处。

（5）小叶马蹄香 Asarum ichangense C. Y. Cheng et C. S. Yang

中国植物志，第 24 卷：178，1988；Flora of China，Vol. 5: 252. 2003；中国生物物种名录，第一卷（总中）：355，2018.

形态特征： 多年生草本，根状茎短而肉质。叶卵状心形，长 5~8cm，宽 3.5~7.5cm，先端急尖或钝，基部心形；叶面深绿色，有时在中脉两旁有白色云斑，脉上或近边缘处有短毛；叶背浅绿色或紫红色（后逐渐变为灰绿色），近无毛；叶柄长 3~15cm，无毛。花被片合生成明显的花被筒；花被紫色；花梗长约 1cm，有时向下弯垂；花被片不反折；花被筒球状，花被筒喉部内侧具膜状环，内壁具格状网眼；雄蕊花丝极短；花柱离生，子房半下位，花柱顶部 6 裂，柱头顶生。花期 4~5 月，果成熟期 6~7 月。

分布： 江西分布于广丰区（铜钹山），生于阔叶林下，海拔 200~1000m。安徽、浙江、福建、湖北、湖南、广东、广西等地区也有分布。

用途和繁殖方法： 药用（全草）。播种、埋茎繁殖。

小叶马蹄香

a. 叶卵状心形，先端急尖，叶面脉上具短毛，生境为阔叶林下；b. 花被紫色，花被片不反折（双箭头部分），花柱离生，子房半下位。

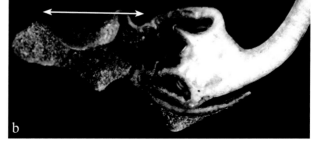

（6）福建细辛 Asarum fulkienense C. Y. Cheng et C. S. Yang

中国植物志，第 24 卷：180，1988；Flora of China，Vol. 5: 252. 2003；中国生物物种名录，第一卷（总中）：355，2018.

形态特征：多年生草本，根肉质。叶片近革质，长卵状心形，长 4.5~10cm，宽 4~7cm，先端短渐尖，基部耳状心形；叶面偶有白色云斑，仅沿中脉散生短毛或近无毛（幼叶叶面具微毛），叶背和叶柄被柔毛；叶柄长 7~17cm；叶边缘具睫毛状柔毛。花绿紫色；花梗长 1~2.5cm，具柔毛；花被筒喉部无缢缩，无膜环，内壁有纵向脊状皱褶；花被裂片两侧微反卷；花被筒长约 1.5cm，外壁具柔毛；药隔伸出，锥尖状；子房下位，具 6 棱；花柱分离，顶端不开裂（有时浅凹）。果具宿存花被。花期 4~11 月，果成熟期 7~12 月。

分布：江西分布于井冈山（白银湖、石溪）等地，生于阔叶林下阴湿处，海拔 300~1000m。安徽、浙江、湖南、福建等地区也有分布。

用途和繁殖方法：药用（全草）。播种、埋茎繁殖。

福建细辛

a.叶片近革质，长卵状心形，先端短渐尖，基部耳状心形；叶面偶有白色云斑，近无毛；b.叶背和叶柄被柔毛；叶边缘具睫毛状柔毛；但幼叶叶面具微毛。

（7）祁阳细辛 Asarum magnificum Tsiang ex C. Y. Cheng et C. S. Yang

中国植物志，第 24 卷：193，1988；Flora of China，Vol. 5: 257. 2003；中国生物物种名录，第一卷（总中）：355，2018.

（7）a. 祁阳细辛（原变种）Asarum magnificum var. magnificum

中国植物志，第 24 卷：193，1988；Flora of China，Vol. 5: 257. 2003；中国生物物种名录，第一卷（总中）：355，2018.

形态特征： 多年生草本。叶片薄革质，三角状阔卵形，长 6~13cm，宽 5~12cm，先端急尖，基部心状耳形，两侧裂片向外展开；叶面叶脉具短毛，中脉两侧具白色云斑；叶背近无毛，仅叶脉上具微短毛；网脉明显；叶柄具短毛，长 6~16cm。花被绿色带紫；花梗长约 1.5cm；花被筒漏斗状，直伸，喉部不缢缩，花被裂片长约 3cm，宽 2.5~3cm，顶端及边缘紫绿色，中部以下紫色，花被筒基部呈纵向脊状皱褶；药隔锥尖；花柱顶端二叉分枝；子房下位，花柱分离，顶端 2 裂，柱头侧生。花期 3~5 月，果成熟期 6~7 月。

分布： 江西分布于寻乌县（项山）、崇义县（齐云山）、井冈山等地，生于阔叶林下，海拔 200~900m。浙江、湖北、陕西、湖南、广东等地区也有分布。

用途和繁殖方法： 药用（全草）。播种、埋茎繁殖。

祁阳细辛

　　a. 叶三角状阔卵形，基部两侧裂片向外展开；叶面叶脉具短毛；b. 叶背近无毛，仅叶脉上具微短毛；c. 叶柄具短毛；叶面叶脉具短毛；三出脉的两侧脉伸至叶顶部，叶面网脉不明显。

（8）金耳环 Asarum insigne Diels

中国植物志，第 24 卷：189，1988；Flora of China，Vol. 5: 256. 2003；中国生物物种名录，第一卷（总中）：355，2018.

形态特征： 多年生直立草本，根丛生，直径约 0.2cm，稍肉质状。叶片长卵状三角形，长 8~12cm，宽 5~9cm，基出五出脉，先端渐尖，基部耳状深裂，两侧裂片基部常相互覆盖，裂片长约 4cm，向下伸展；叶缘常具柔毛；叶正面中脉两侧有时具白色云斑，叶面具稀疏短毛，或近无毛；叶背脉上具柔毛；叶柄长 9~18cm，具稀疏柔毛；叶柄基部的芽苞叶窄卵形，长 1.5~3.5cm，宽 1~1.5cm，先端渐尖，边缘具睫毛。花被裂片宽卵形，暗紫色，长 1.5~2.5cm，宽 2~3.5cm，基部至中部具半圆形白色斑块；花被筒上部具凸起圆环或肿胀，然后稍缢缩，喉部窄三角形，无膜环；花被管长 1.5~2.5cm；花梗长 2~9.5cm；雄蕊药隔伸出，锥状或宽舌状，或中央稍下凹；子房下位，外具 6 棱；花柱 6 枚，顶端 2 裂；柱头侧生。花期 3~4 月。

分布： 江西宜丰县（官山保护区）、修水县（黄沙乡李材村）、三清山等地有分布，海拔 450~600m。广东、广西、湖南等地区也有分布。

用途和繁殖方法： 药用。分株、播种、埋根或埋茎繁殖。

金耳环

a. 多年生直立草本；b. 叶片长卵状三角形，基出五出脉，两侧裂片基部常相互覆盖；c. 花被裂片宽卵形，暗紫色，基部至中部具白色斑块；d. 花被筒上部具凸起圆环或肿胀（红色箭头），然后稍缢缩。

（9）五岭细辛 Asarum wulingense C. F. Liang

中国植物志，第24卷：192，1988；Flora of China，Vol. 5: 257. 2003；中国生物物种名录，第一卷（总中）：356，2018.

形态特征： 多年生草本。叶片长卵状椭圆形，长7~17cm，宽5~9cm，先端短渐尖，基部耳状心形；叶面偶具白色云斑，无毛（有时侧脉或近叶缘处被短毛），叶背被微毛；叶柄紫褐色，长7~18cm，被微毛。花被绿紫色；花梗长约2cm，常向下弯垂，被短柔毛；花被联合部分呈筒状，长约2.5cm，直径约1.2cm，基部稍窄缩，外壁被微毛；花被筒无凸起圆环或肿胀，花被筒喉部缢缩，内侧具膜环，内壁有纵向脊皱；花被裂片三角状卵形，长宽各约1.5cm；药隔伸出，舌状；子房下位，花柱离生，顶端二叉分裂，柱头侧生。浆果状蒴果成熟期呈紫褐色，外壁具线状棱。花期12月至翌年4月，果成熟期8~6月。

分布： 江西分布于崇义县（齐云山）、芦溪县（武功山）等地，生于阔叶林下，海拔300~1000m。湖南、福建、广东、广西、贵州等地区也有分布。

用途和繁殖方法： 药用（全草）。播种、埋茎繁殖。

五岭细辛

a.叶柄紫褐色，被微毛；b.花被裂片三角状卵形，果紫褐色，外壁具线状棱。

五岭细辛（续）

c~f. 为另一株，其中：c. 叶面具白色云斑，无毛；d. 花被筒喉部缢缩（白色箭头）；花被筒基部稍窄缩（黄色箭头）；e. 叶背和叶柄被微毛；三出脉内侧区域网脉不明显；f. 子房下位，花柱离生，顶端二叉分裂；果具线状棱，紫褐色。

2.7.3 马蹄香属 Saruma Oliver

形态特征：多年生直立草本。地下部分具芳香气味；具明显的地上茎。叶互生，心形。花单生，具花梗；花被片 6 枚，辐射对称，裂片整齐排列（排列成 2 轮）；花萼基部与子房合生，萼片 3 枚；花瓣 3 枚，稍比花萼大；雄蕊 12 枚，排成 2 轮；花药较花丝短，先端膨大内曲，花药内向纵裂；子房半下位，心皮 6 枚，基部合生，上部分离。蒴果蓇葖状，花萼宿存，成熟时沿腹缝线开裂；种子背侧面圆凸，具横皱纹。花粉粒单沟，无萌发孔。

分布与种数：中国特有属。主要分布于中国西南、西北至中南部地区，1 种。江西 1 种。

（1）马蹄香 Saruma henryi Oliver

中国植物志，第 24 卷：160，1988；Flora of China, Vol. 5: 246. 2003；中国生物物种名录，第一卷（总中）：356，2018.

形态特征：多年生直立草本（有时蔓状），茎高 30~100cm，茎、叶均被短柔毛。具根状茎，直径约 0.5cm，根状茎具细长须根。单叶互生；叶心形，长 6~15cm，顶端渐尖，基部心形；叶两面及边缘均被柔毛；叶柄长 3~12cm，被毛。花单生，花梗长 2~5.5cm，被毛；萼片 3 枚，具柔毛，长约 0.7~1cm；花瓣黄绿色，3 枚，长约 1cm，宽约 0.8cm，基部耳状心形；雄蕊与花柱近等长，花丝长约 0.2cm；心皮离生，花柱不明显；胚珠多数，着生于心皮腹缝线上。蒴果蓇葖状，成熟时沿腹缝线开裂。种子背面具横皱纹。花期 4~7 月；果成熟期 7~9 月。

分布：江西分布于芦溪县（武功山黄狗冲）、玉山县（坞陇）等山区，生于山谷、沟溪边、阔叶林下、路边，海拔 350~900m。湖南、湖北、河南、陕西、甘肃、四川、贵州等地区也有分布。

用途和繁殖方法：药用，园林地被植物。播种、扦插繁殖。

马蹄香
a. 茎、叶被短柔毛，叶心形；b. 花瓣黄绿色，3 枚。

马蹄香（续）

　　c. 蒴果蓇葖状，萼片3枚，具柔毛；d. 为第二株，茎、叶被毛较稀少；e~h. 为第三株，其中e. 示茎呈蔓状；f. 叶背被短柔毛；g~h. 子房半下位，心皮6枚，基部合生，上部分离；萼片3枚（宿存），具柔毛。

2.8 木兰科 Magnoliaceae Jussieu

形态特征：乔木或灌木，常绿或落叶。芽为盔帽状托叶所包被；单叶互生、簇生或近轮生，不分裂（稀分裂）；托叶脱落后在小枝或叶柄上留下环状的托叶痕。具明显的花，花两性，稀单性或雌雄异株；花顶生或腋生，或枝与花并顶生，稀为 2~3 朵花形成聚伞花序。花无花瓣与花萼之分，统称为花被；花被片通常花瓣状；雄蕊多数且螺旋状排列于显著隆起的花托上，雄蕊群着生于雌蕊群下部；雌蕊群由多数彼此分离的心皮螺旋状排列在隆起的花托上（稀合生呈柱状）。子房上位，侧膜胎座；心皮多数，离生（稀合生），虫媒传粉，胚珠着生于腹缝线。聚合果背轴面开裂，或为翅果。胚乳丰富。

关键特征：小枝或叶柄上留下环状的托叶痕；花无花瓣、花萼之分（统称为花被），花被片通常花瓣状；雄蕊群着生于雌蕊群下部；子房上位，心皮多数，离生（稀合生）。

分布与种数：主要分布于亚洲（中国及东南亚地区）、北美洲、中美洲（包括墨西哥、安的列斯群岛），全球约 17 属 300 种。中国约 13 属 112 种。江西 8 属 27 种 1 变型，其中野生 24 种 1 变型，引种栽培 3 种。

分属检索表

1. 叶 4~6 裂，先端平截呈马褂状；聚合果为翅状坚果组成；花托在果期稍延长……………………………………………………………………**鹅掌楸属 Liriodendron**

1. 叶不开裂。

  2. 花顶生（包括枝与花并顶生）。

    3. 花两性，幼叶在芽中黏合。

      4. 每蓇葖（心皮）具 4 颗以上种子，花托在果期不延长……………………………………………………………………**木莲属 Manglietia**

      4. 每蓇葖具 1~2 颗种子。

        5. 枝与花并顶生；花托稍延长而使聚合蓇葖果呈短椭圆体；花序柄细长、果下垂；幼叶二列状排列成一个平面……………………**天女花属 Oyama**

        5. 花顶生；花序柄粗短，聚合蓇葖果不下垂；叶螺旋状排列于枝上或近轮生。

          6. 叶簇生于枝顶部，混合芽，花托稍延长……………………**厚朴属 Houpoëa**

          6. 叶螺旋状排列于枝上，非混合芽。

7. 花托延长而使聚合蓇葖果呈扭曲的粗棒状·········**玉兰属 Yulania**

7. 花托不延长而使聚合蓇葖果呈"拳"状、卵柱状······**木兰属 Magnolia**

3. 花杂性，幼叶在芽中分开；花托在果期不延长而使呈"拳"状或卵圆状，心皮

沿背缝线开裂···**拟单性木兰属 Parakmeria**

2. 花腋生；雌蕊群具柄；花托显著延长；心皮分离而使心皮（蓇葖）相互分离，常

有部分心皮不发育；或心皮相互愈合形成"拳"状聚合蓇葖果·······················

···**含笑属 Michelia**

2.8.1 鹅掌楸属 Liriodendron Linnaeus

形态特征：落叶乔木。树皮灰白色，纵裂小块状脱落；小枝具分隔的髓心。冬芽卵形，被 2 片黏合的托叶所包围，幼叶在芽中对折，向下弯垂。叶互生，具长柄，托叶与叶柄离生，叶片先端平截或微凹，叶形呈"马褂"状，近基部具 1~2 对侧裂。花无香气，单生枝顶，与叶同时开放；花两性，花被片 9~17 枚，每 3 片排列成 1 轮；花被片大小近相等；花药室外向开裂；雌蕊群无柄，心皮多数、分离，螺旋状排列，每心皮具胚珠 2 枚，胚珠自子房顶端下垂；通常最下部的雌蕊不育。花托在果期稍延长，聚合果纺锤状，聚合果的小果为翅状坚果，最下部的坚果不育；成熟心皮木质，种皮与内果皮愈合，顶端延伸成翅状，成熟时自花托脱落，花托宿存。种子 1~2 颗，具薄而干燥的种皮，胚藏于胚乳中。木材导管壁无螺纹加厚，管间纹孔对列；花粉外壁具极粗而凸起的雕纹覆盖层，外壁 2 层，稀缺少外壁或极薄。

分布与种数：主要分布于中国和北美洲，全球 2 种。中国 1 种。江西 1 种。

（1）鹅掌楸 Liriodendron chinense（Hemsley）Sargent

中国植物志，第 30（1）卷：196，1996；Flora of China，Vol. 7: 44，2008；中国生物物种名录，第一卷（总下）：945，2018.

形态特征：落叶乔木，小枝具分隔的髓心。冬芽被 2 片黏合的托叶所包围，幼叶在芽中对折。叶互生，具长柄，托叶与叶柄离生（叶柄上无托叶痕），叶片先端平截或微凹，近基部每边具 1 侧裂片，叶片呈"马褂"状；叶长 4~12cm，背面苍白色，叶柄长 4~8cm。花两性，单生枝顶，花杯状；花被片 9 枚，外轮 3 片绿色呈萼片状，内两轮花被 6 枚，直立、花瓣状、倒卵形，具黄色条纹；雌蕊群超出花被之上。花托在果期稍延长，聚合果的小果为翅状坚果，聚合果长 7~9cm；具翅的小坚果顶端钝尖。花期 5 月，果成熟期 9~10 月。

分布：分布于江西铅山县（武夷山）、庐山，阔叶林中，海拔 900~1200m。陕西、安徽、浙江、福建、湖北、湖南、四川、贵州等地区也有分布。

用途和繁殖方法：园林观赏。播种繁殖。

鹅掌楸

a. 叶片先端微凹，近基部每边具 1 侧裂片，叶片呈"马褂"状；聚合果柱状圆锥体；b. 花被片 9 枚，外轮 3 片绿色呈萼片状，内两轮花被 6 枚，直立、花瓣状、倒卵形，具黄色条纹；c. 具翅的小坚果；d. 叶先端平截；e. 落叶乔木，秋叶黄色。

2.8.2 木莲属 Manglietia Blume

形态特征：常绿或落叶乔木。叶全缘，幼叶在芽中黏合；托叶包着幼芽，下部贴生于叶柄，脱落后在叶柄上留下托叶痕。花两性，单生枝顶；花被片 9~13 枚，每 3 片排列为 1 轮，外轮 3 片较薄，带绿色或红色；花药线形，内向开裂，花丝短而不明显，药隔伸出成短尖；雌蕊群和雄蕊群相连接；雌蕊群无柄；心皮多数，螺旋状排列在花托上；心皮离生，腹面全部与花托愈合，背面具 1 条或在近基部具数条纵沟纹，每心皮（蓇葖）具胚珠 4 枚以上。花托不延长而使聚合蓇葖果呈卵圆形、圆柱形或长圆状卵形；成熟的蓇葖近木质，宿存，沿背缝线开裂（或同时沿腹缝线开裂），蓇葖顶端具喙状尖，具种子 4 颗以上。

分布与种数：主要分布于亚洲热带、亚热带地区，约 40 种。中国 27~29 种。江西 6 种。

分种检索表

1. 常绿乔木。
  2. 花直立。
    3. 顶芽被锈褐色毛，叶两面无毛；花白色；叶背淡绿色……………………………
    …………………………………**巴东木莲 Manglietia patungensis**
    3. 顶芽被锈褐色毛，叶背被褐毛（后脱落变近无毛）。
      4. 叶背中脉被毛尤明显（有时叶背无毛，粉白色）；蓇葖背面无凹沟，外壁光滑无疣凸；叶柄腹面无沟槽达托叶痕……………………**木莲 M. fordiana**
      4. 叶背初具短毛（后脱落无毛）；叶柄腹面具沟槽并达托叶痕；蓇葖背面有凹沟，外壁具较密的疣凸……………………**厚叶木莲 M. pachyphylla**
  2. 花下垂。
    5. 顶芽被锈褐色短毛；叶较长 10~20cm，叶背无白粉，叶缘不反卷；雄蕊长条形，先端尖；花被片白色……………………**桂南木莲 M. conifera**
    5. 顶芽被褐毛或无毛；叶较短 6~15cm，叶背具明显白粉，叶边缘显著反卷；雄蕊宽卵状三角形，先端钝；花被片白色带淡红色……………………
    …………………………………**井冈山木莲 M. jinggangshanensis**
1. 落叶乔木，枝叶无毛，花淡黄色，叶背粉白色……………**落叶木莲 M. decidua**

（1）巴东木莲 Manglietia patungensis Hu

中国植物志，第30（1）卷：101，1996；Flora of China，Vol. 7: 57，2008；中国生物物种名录，第一卷（总下）：946，2018.

形态特征：常绿乔木，顶芽被稀疏的褐毛。叶革质，倒卵状椭圆形，长14~18cm，宽3.5~7cm，先端尾状渐尖，基部楔形；叶两面无毛，叶背淡绿色；叶柄长2.5~3cm；托叶痕长约为叶柄长的1/5；侧脉较多，每边13~15条。花白色，直立，花梗长约1.5cm；花被片9枚，外轮3片近革质，狭长圆形，先端圆，长4.5~6cm，宽1.5~2.5cm；中轮及内轮肉质，倒卵形，长4.5~5.5cm，宽2~3.5cm，雄蕊的花药紫红色，药室基部靠合，有时上端稍分开，药隔伸出成钝尖头（长0.1cm）；雌蕊群圆锥形，长约2cm，雌蕊背面无纵沟纹，每心皮具胚珠4~8枚。花托在果期不延长而使聚合蓇葖果呈圆柱状椭圆形，聚合蓇葖果直立，长5~9cm，径2.5~3cm，淡褐红色。蓇葖露出面具疣点。花期5~6月，果成熟期7~10月。

分布：江西分布于宜丰县（官山），生于阔叶林中、路边，海拔400~900m。湖北、四川、湖南等地区也有分布。

用途和繁殖方法：园林观赏。播种繁殖。

巴东木莲

a. 聚合蓇葖果直立，蓇葖露出面具点状凸起，蓇葖先端具凸尖；叶背无毛；b. 托叶痕长约为叶柄长的1/5（箭头所指）；叶面网脉不清晰，侧脉较多，每边13~15条。

（2）木莲 Manglietia fordiana Oliver　乳源木莲

中国植物志，第 30（1）卷：105，1996；Flora of China，Vol. 7: 58，2008；中国生物物种名录，第一卷（总下）：946，2018.

（2）a. 木莲（原变种）Manglietia fordiana var. fordiana

Flora of China，Vol. 7: 58，2008；中国生物物种名录，第一卷（总下）：946，2018. Manglietia yuyuanensis Law，中国植物志，第 30（1）卷：101，1996.

形态特征： 常绿乔木，嫩枝及芽具锈褐色短毛，后脱落近无毛。叶革质，狭倒卵形或狭椭圆状倒卵形，长 8~17cm，宽 2.5~5.5cm；先端短急尖，基部楔形，沿叶柄稍下延；叶边缘稍内卷，叶背被锈褐色短毛或无毛（粉白色），中脉被毛尤明显；侧脉 8~12 条；叶柄长 1~3cm，叶柄腹面无沟槽达托叶痕。花直立，总花梗长 0.6~1.1cm，总花梗上具 1 环状苞片脱落痕，被红褐色短毛。花被片白色，每轮 3 枚；外轮 3 枚质较薄，先端凹入，长 6~7cm，宽 3~4cm；内两轮的花被片稍小，常肉质；雄蕊红色，长约 1cm，花药药隔先端圆钝；雌蕊群长约 1.5cm，具 18~30 枚心皮；每心皮具胚珠约 4~8 颗，排成二列。花托不延长而使聚合蓇葖果呈卵圆形，长 2~5cm；蓇葖背面无凹沟，外壁光滑无疣凸。花期 5 月，果成熟期 10 月。

分布： 江西分布于龙南县（九连山）、寻乌县（项山）、崇义县（齐云山）、遂川县（南风面）、芦溪县（武功山）、资溪县（马头山）、三清山等各地林区，生于阔叶林中，海拔 300~1000m。福建、广东、广西、贵州、云南等地区也有分布。

用途和繁殖方法： 园林观赏。播种繁殖。

木莲

a. 幼枝、顶芽具锈褐色毛；b. 常绿乔木。

木莲（续）

c. 花白色，雄蕊红色，药隔先端圆钝；d. 蓇葖背面无凹沟，外壁光滑无凸疣；叶柄腹面无沟槽达托叶痕；e. 叶背被锈褐色短毛，中脉被毛尤明显；f~h. 为另一株（原乳源木莲类型）；f. 叶背无毛，粉白色；g. 叶全缘；h. 花白色，雄蕊红色，药隔先端圆钝。

（3）**厚叶木莲** Manglietia pachyphylla Hung T. Chang

中国植物志，第30（1）卷：100，1996；Flora of China，Vol. 7: 58，2008；中国生物物种名录，第一卷（总下）：946，2018.

形态特征：常绿乔木，小枝粗壮，幼时被白粉，无毛，芽具锈褐色毛。叶厚革质，倒卵状椭圆形，长 12~32cm，宽 6~10cm，先端急尖，基部楔形，叶面无毛，叶背初具锈褐色稀疏短毛而后逐渐脱落变无毛，网脉不明显；叶柄腹面具沟槽并达托叶痕，托叶痕长约0.3cm。花梗无毛；花白色，花被片9~10枚，排列呈3轮；雄蕊长约1.2cm，花药室下部靠合，上部稍分离，花药长约1cm，药隔突出成钝圆头；雌蕊群长约2.2cm，每个雌蕊具0.2cm长的花柱，胚珠10~12枚。花托不延长而使聚合蓇葖果呈卵圆形，长约7cm；蓇葖背面有凹沟，外壁具较密的疣凸，顶端有短喙。花期5月，果期9~10月。

分布：江西分布于龙南县（杨村、九连山）、信丰县（金盆山），井冈山市（香洲高屋村），生于阔叶林中或路边，海拔 300~800m。广东（从化）有分布。

用途和繁殖方法：园林观赏。播种繁殖。

厚叶木莲

a. 叶厚革质；蓇葖背面（外壁）具较密的疣凸（箭头所示）；b. 叶柄腹面具沟槽并达托叶痕，叶面网脉不清晰；c. 顶芽具锈褐色毛，叶背初具锈褐色稀疏短毛，后逐渐脱落变无毛（箭头所示）；d~h. 为另一株（井冈山市高屋村），d. 示叶柄腹面具沟槽并达托叶痕。

疣凸

疣凸

疣凸

厚叶木莲（续）

　　e. 叶厚革质，顶芽具锈褐色毛，叶面网脉不清晰；
f. 叶背初具锈褐色稀疏短毛，后逐渐脱落变无毛；g、g-1.
蓇葖背面（外壁）具较密的疣凸；蓇葖背面有凹沟（白
色箭头所示）；h. 蓇葖沿背缝线开裂。

（4）桂南木莲 Manglietia conifera Dandy

Flora of China，Vol. 7: 60，2008；中国生物物种名录，第一卷（总下）：946，2018. *Manglietia chingii* Dandy，中国植物志，第30（1）卷：92，1996.

形态特征：常绿乔木，幼枝、芽均被锈褐色短毛。叶狭倒卵状椭圆形，长10~20cm，宽3~6cm，先端渐尖，基部楔形；叶两面无毛，叶背无白粉；叶缘平坦，不反卷；侧脉12~14条；叶柄长2~3cm；托叶痕长0.5cm。花下垂，花梗细长（4~7cm）；花被片9~12枚，排列成3轮，外轮3片绿色，中、内轮花被片白色，肉质；雄蕊红色，倒卵状长条形，先端尖（即药隔伸出为三角形长尖）；雄蕊长1.3~1.5cm，药室为药隔分开；雌蕊群长1.5~2cm，每个心皮先端的花柱柱状。花托不延长而使聚合蓇葖果呈卵圆形，下垂，长4~5cm；蓇葖外壁具疣点，顶端具短喙；种子外壁（种皮）蜂窝状。花期5~6月，果成熟期9~10月。

分布：江西分布于遂川县（南风面）、大余县（内良）、井冈山等地林区，生于阔叶林中、路边，海拔400~1000m。广东、云南、广西、贵州、湖南等地区也有分布。

用途和繁殖方法：园林观赏。播种繁殖。

桂南木莲

a.花顶生，下垂，外轮3枚花被片绿色，叶较长；b.顶芽被锈褐色短毛，聚合蓇葖果卵圆形，下垂；b-1.种子外壁蜂窝状；c.叶背无毛，叶边缘平坦，不反卷；d.雄蕊红色，倒卵状长条形，先端尖；每个心皮先端的花柱柱状。

（5）井冈山木莲 Manglietia jinggangshanensis R. L. Liu et Z. X. Zhang

Feddes Repertorium，01–5，2019，DOI: 10.1002/fedr.20180001.

形态特征： 常绿乔木，顶芽被锈褐色平伏毛或无毛，枝、叶无毛。叶长 6~15cm，宽 3.5~6cm；叶背具白粉，叶边缘显著反卷；先端急尖或钝尖。叶柄长 1.5~2.7cm，叶柄上的托叶痕长 1~2.3cm，为叶柄长度的 2/5~4/5。花顶生，下垂；花直径 3.5~5.5cm，花梗长 2.3~3.5cm，初具白粉；花被片 8~11 枚，长 4.5~6cm，宽 1.5~3cm，排列成 3~4 轮，最外一轮 3 片，绿色，其余花被片白色带淡红色；雄蕊红色，上部宽卵状三角形，先端钝；雌蕊的心皮先端之花柱长锥形。花托不延长而使聚合蓇葖果呈

井冈山木莲

a. 叶较短，先端急尖或钝尖；b. 常绿乔木；c. 叶背具白粉，叶边缘显著反卷；d. 花被片白色带淡红色；雄蕊红色，宽卵状三角形，先端钝；雌蕊的心皮先端之花柱长锥形；e. 种子背面具纵纹（箭头所示）。

卵圆形，下垂，种子背面具纵纹。花期 5 月，果熟期 9~10 月。

分布：江西分布于井冈山（同冈山）、遂川县（七岭）等地林区，生于阔叶林中，海拔 700~1100m。湖南炎陵县（八面山、桃源洞）也有分布。

用途和繁殖方法：园林观赏。播种繁殖。

井冈山木莲（续）

f. 花顶生，下垂；g. 外轮花被片 3 枚，绿色，其余花被片白色带淡红色；h. 芽具锈褐色平伏毛（或无毛），叶背具白粉，叶边缘显著反卷。

（6）落叶木莲 Manglietia decidua Q. Y. Zheng

Flora of China，Vol. 7: 61，2008；中国生物物种名录，第一卷（总下）：946，2018.
Sinomanglietia glauca Z. X. Yu et Q. Y. Zheng，江西农业大学学报，16（2）：302，1994.

形态特征：落叶乔木，枝、叶、芽均无毛，顶芽常被白粉。叶常聚生于枝顶部；叶片薄革质，椭圆状披针形，长 14~20cm，宽 3~4.5cm，先端钝尖或短渐尖；叶侧脉不达叶边缘，网脉不清晰；叶背粉白色或粉绿色，初被稀疏丝状细毛，后脱落变无毛；叶边缘平坦而不反卷；叶柄无毛，长 2.5~5cm，托叶痕长约为叶柄长的 1/4~1/2。花顶生，无毛，花梗长约 1cm；花被片黄色，15~16 枚，长椭圆状披针形，先端短渐尖；雄蕊长 0.6~0.8cm；雌蕊群长约 1cm，心皮 15~22 枚；每个心皮具 6~8 枚胚珠。花托在果期不延长，聚合蓇葖果卵状球形，长 4.7~7cm；蓇葖沿背缝线及腹缝线全开裂。种子具红色的假种皮。

分布：江西分布于宜春市（明月山），生于阔叶疏林中，海拔 500~800m。湖南浏阳市也有分布。

用途和繁殖方法：园林观赏。播种繁殖。

落叶木莲
a. 叶薄革质，椭圆状披针形，先端钝尖或短渐尖；b. 枝、叶、芽均无毛；c. 花被片黄色；d. 叶常聚生于枝顶部；e. 叶背粉白色或粉绿色，侧脉不达叶边缘。

2.8.3 天女花属 Oyama (Nakai) N. H. Xia et C. Y. Wu

形态特征：落叶乔木或灌木，枝具环形托叶痕。幼枝的叶常排列呈二列，老枝的叶螺旋状排列。单叶互生，叶全缘；叶片纸质或厚纸质，叶背灰绿色并其淡灰色疏毛。枝与花并顶生；花两性；花梗纤细，花下垂（开花期似直立）；花被片白色，9~12 枚，大小近相等；花被排列为 3 轮，每轮花被片为 3 枚。雄蕊红色，早落；花丝平扁，顶端微凹；花药分离，内向。雌蕊群无雌蕊柄；心皮个数差异较大；每个心皮通常具 2 枚胚珠；花柱弯曲。花托稍延长而使聚合蓇葖果呈近椭圆状、下垂，蓇葖（成熟的心皮）沿背缝线开裂并宿存于花托，蓇葖顶端具短喙。

分布与种数：主要分布于亚洲东部和东南部，全球约 4 种。中国 4 种。江西 1 种。

分种检索表

1. 小枝红褐色，叶倒卵形（最宽处位于叶中部以上），托叶痕为叶柄长的 1/2~2/3。
  2. 叶阔倒卵形，侧脉 6~8 对；叶背被灰棕色毛，并具散生的金黄色细点；托叶痕约为叶柄长的 1/2；花下垂 ·······················**天女花 Oyama sieboldii**
  2. 叶倒卵形，侧脉 9~13 对；叶背被灰黄色毛；托叶痕约为叶柄长的 2/3；花轻微下垂 ·················**圆叶天女花 O. sinensis（江西无分布）**
1. 小枝紫红色，叶卵形（最宽处位于叶中部以下），托叶痕与叶柄近等长。
  3. 叶卵状椭圆形或卵状矩圆形，长 6.5~12cm；叶背被灰色平伏毛；花下垂·········
    ·················**西康天女花 O. wilsonii（江西无分布）**
  3. 叶卵圆形或卵状椭圆形，长 10~24cm；叶背被棕红色卷曲毛；花下垂·········
    ·················**毛叶天女花 O. globosa（江西无分布）**

（1）天女花 Oyama sieboldii（K. Koch）N. H. Xia et C. Y. Wu

Flora of China, Vol. 7: 20, 2008；中国生物物种名录，第一卷（总下）：948, 2018. *Magnolia sieboldii* K. Koch，中国植物志，第 30（1）卷：125，1996.

形态特征：落叶小乔木或灌木状，高 3~10m，混合芽。初被平伏毛，老枝近无毛，顶芽被锈褐色毛。叶纸质，阔倒卵形（最宽处位于叶中部以上），侧脉 6~8 对；叶长 6~15cm，宽 4~9cm，先端急尖，基部宽圆形或微心形；叶背苍白色，被灰棕色毛，叶背中脉及侧脉被白色长绢毛；叶柄长 1~4cm，被褐色或白色平伏长毛，托叶痕约为叶柄长的 1/2。枝与花并顶生；花两性；花与叶同时开放，白色，稍下垂；花梗长 3~7cm，较纤细，密被灰褐色平伏长柔毛；花被片 9 枚，排列成 3 轮，每轮 3 片，大小近相等，外轮 3 片花被基部被疏毛；雄蕊紫红色，长约 1cm，花药长约 6mm，两药室邻接，内向纵裂，顶端微凹或药隔平，不伸出；雌蕊群椭圆形，绿色，长约 1.5cm。聚合蓇葖果熟时红色，花托稍延长而使聚合蓇葖果呈倒卵状椭圆体、下垂，长 2~7cm；蓇葖狭椭圆形，长约 1cm，沿背缝线二瓣全裂，顶端具长约 0.2cm 的喙；

种子心形。花期 6~7 月，果成熟期 12 月。

分布： 江西分布于芦溪县（武功山）、三清山、铅山县（武夷山）等地林区，生于阔叶疏林中或石壁上，海拔 1100~1500m。

用途和繁殖方法： 园林观赏，花可提取精油。播种繁殖。

天女花

a. 顶芽被锈褐色毛，叶基部宽圆形或微心形；b. 叶背苍白色，被灰棕色柔毛；c. 混合芽抽发的新枝顶端，花和枝并生于枝顶（箭头所指）；d. 花白色，花被片 9 枚；e. 聚合蓇葖果。

2.8.4 厚朴属 Houpoëa N. H. Xia et C. Y. Wu

形态特征：落叶乔木或灌木。枝具环状托叶痕；叶柄具托叶痕。叶较大，在枝上螺旋状排列，簇生于枝顶部呈假轮生状；幼叶在芽中对折、直立。叶片厚纸质或纸质，全缘（稀于顶端 2 浅裂）。花两性，单花顶生，花大、具芳香；芽具 1 枚佛焰苞状苞片；花被片 9~12 枚，白色，大小近相等，排列成 3~4 轮。雄蕊早落，花丝平扁、内向，花药药隔顶端凸尖。雌蕊群无雌蕊柄；心皮多数、分离；每心皮具 2（稀 4）枚胚珠；花柱向外弯曲。花托在果期稍延长，聚合蓇葖果近圆柱形，蓇葖（心皮）分离、木质，沿背缝线开裂，开裂后仍留于花托上；蓇葖顶端具长喙。

分布与种数：分布于北美洲东部、亚洲东南部的温带地区，全球 9 种。中国 3 种。江西 1 种 1 变型。

分种检索表

1. 内轮花被直立，外轮花被先端内向反卷；下部的心皮沿果轴（花托）不下延而使基部呈圆形。
   - 2. 芽无毛，叶背被灰色毛；叶片基部楔形；成熟心皮（蓇葖）顶端具 0.3~0.4cm 长的喙……………………………………………………**厚朴 Houpoëa officinalis**
   - 2. 芽和幼叶背面均被卷曲的红棕色毛；叶基部阔楔形、钝或微心形；成熟心皮（蓇葖）顶端具 0.5~0.8cm 长的喙……………………**长喙厚朴 H. rostrata**（江西无分布）
1. 开花期内、外轮花被张开；下部的心皮沿果轴（花托）下延而使基部呈锥形………
   ………………………………………………………**日本厚朴 H. obovata**（江西无分布）

（1）厚朴 Houpoëa officinalis（Rehder et E. H. Wilson）N. H. Xia et C. Y. Wu

Flora of China, Vol. 7: 18, 2008；中国生物物种名录，第一卷（总下）：945，2018. *Magnolia officinalis* Rehd. et Wils.，中国植物志，第 30（1）卷：119，1996；*Magnolia officinalis* Rehd. et Wils. subsp. *biloba*（Rehd. et Wils.）Law，中国植物志，第 30（1）卷：119，1996.

（1）a. 厚朴（原变型）Houpoëa officinalis f. officinalis　凹叶厚朴

形态特征：落叶乔木，混合芽顶生，顶芽大、无毛，卵状圆锥形。叶较大，厚纸质，在枝上螺旋状排列，簇生于枝顶部呈假轮生状；叶长圆状倒卵形，长 22~45cm，宽 10~24cm，先端短急尖、圆钝或浅裂（凹陷），基部楔形，叶边缘全缘，微波状；叶背被灰色毛或无毛；叶柄粗壮，长 2.5~4cm，托叶痕约为叶柄长的 2/3。花白色，直径 10~15cm；花梗粗短，在距离花被片下面 1cm 处有一个环形的苞片脱落痕；花被片 9~12 枚，外轮 3 片淡绿色；盛花期外轮花被先端内卷，内两轮花被直立；雄蕊长 2~3cm，花药内向开裂，花丝红色；雌蕊群椭圆状卵圆形，长 2.5~3cm。花托稍延长而使聚合蓇葖果呈长圆状卵圆形，长 9~15cm；下部的心皮（蓇葖）沿果轴（花托）

不下延而使基部呈圆形，蓇葖顶端具 0.3~0.4cm 长的喙；种子三角状倒卵形，长约 1cm。花期 5~6 月，果成熟期 8~10 月。

分布：江西分布于井冈山、遂川县（南风面）、崇义县（齐云山）、芦溪县（武功山）、三清山、铅山县（武夷山）等地林区，生于阔叶林中或路边，海拔 300~1300m。陕西、甘肃、河南、湖北、湖南、四川、贵州等地区也有分布。

用途和繁殖方法：药用（树皮）；观赏，药用（树皮）。播种繁殖。

厚朴

a~c. 为一株的特征，其中 a. 示叶簇生于枝顶部呈假轮生状，先端圆钝；花顶生，花被片 9 枚，外轮 3 片淡绿色、先端内卷，内 2 轮花被白色；b. 叶先端短急尖，顶芽大、无毛；c. 叶背无毛，先端急尖。

厚朴（续）

d~i. 为另一株（原凹叶厚朴类型），其中 d. 示托叶痕约为叶柄长的 2/3；e. 叶背具长柔毛；f. 叶先端浅裂（凹陷），花白色；g. 花被片 12 枚，蓇葖（心皮）顶端具 0.3~0.4cm 长的喙；h. 花顶生，外轮花被 3 片，淡褐色；i. 种子黑色，腹面具深沟。

（1）b. 红花厚朴 Houpoeä officinalis f. rubriflora R. L. Liu et Z. X. Zhang

Forma nova，fig. 8.10，in hoc pagina.（新变型）

Forma nova typo differt perianthiis et filamentis rubris，stigmatibus marginalibus papilliformis serratis.

Type: CHINA，Jiangxi Province，Jinggangshan，in sylvis，elevation 820 m，2nd May，2017 (flower)，R.L. Liu L-016 (holotype: L-016，in Herbarium Gannan Normal University).

形态特征： 本新变型与原变型厚朴 Houpoëa officinalis（Rehder et E. H. Wilson）N. H. Xia et C. Y. Wu 的区别是本新变型的花被和花丝均为红色；心皮的柱头边缘具乳头状锯齿。

分布： 江西分布于井冈山、奉新县等地林区，生于阔叶林中、毛竹林边缘或路边，海拔 350~900m。模式标本采自井冈山（茨坪），阔叶林中，海拔 820m；模式标本 L2017 存放于赣南师范大学南岭植物标本馆。湖南炎陵县（大院农场）也有分布。

用途和繁殖方法： 观赏，药用（树皮）。播种繁殖。

红花厚朴

a. 落叶乔木，花红色；b. 外轮 3 枚花被片也为红色；叶背具柔毛；c. 花顶生，花被片和雄蕊均为红色；d. 叶先端浅裂（凹陷）。

2.8.5 玉兰属 Yulania Spach

形态特征：落叶乔木或灌木，非混合芽；托叶膜质，紧贴叶柄生长，脱落后留有托叶痕于叶柄。叶于枝上螺旋状排列，幼叶对折于芽内，直立。叶纸质或厚纸质，全缘，稀叶上部边缘 2 裂。花单生于短枝顶端，两性花，先开花后展叶，或与叶同时开放。花被片 9~15 枚，每 3 枚排列成一轮；最外一轮花被片较小，花萼状，绿色或黄棕色，内轮花被白色、粉红色或紫红色；雄蕊早落，花丝平扁；花药分离，药隔顶端凸出呈尖头状。雌蕊群无柄，心皮分离；每心皮具 2（稀 3~4）枚胚珠；花柱先端向外弯曲。花托延长而使聚合蓇葖果呈弯曲的粗棒状，其上有些心皮通常不发育；成熟的心皮（蓇葖）通常分离（稀愈合），木质或革质。蓇葖（成熟的心皮）沿背缝线开裂，开裂后仍宿存在花托上。

分布与种数：主要分布于亚洲东南部、北美洲的温带和亚热带地区，全球约 25 种。中国 18 种。江西 7 种。

分种检索表

1.叶先端凹缺，花被片外壁淡紫红色或白色而具较宽的淡红色带状……………………
………………………………………………凹叶玉兰 Yulania sargentiana
1.叶先端无凹缺，急尖或短渐尖。
  2.花被片白色或白色具较窄的淡红色条带。
    3.花被片纯白色，落花后再展叶，成熟叶背面仍具明显的毛…………………
………………………………………………………………玉兰 Y. denudata
    3.白色的花被片具淡红色线条，而花被片基部几乎全部为淡红色。
      4.幼枝被柔毛……………………………………黄山玉兰 Y. cylindrica
      4.幼枝无毛…………………………………………宝华玉兰 Y. zenii
  2.花被片淡紫红色。
    5.乔木，叶片基部不沿叶柄下延。
      6.叶宽倒卵形，先端短尖；花被片 9~12 枚，倒卵形…………………
………………………………………………………武当玉兰 Y. sprengeri
      6.叶窄倒卵状披针形，先端短渐尖；花被片 9 枚，匙形…………………
………………………………………………………天目玉兰 Y. amoena
    5.灌木，叶基部沿叶柄下延；花被片 9 枚；成熟叶背面近无毛或仅中脉具稀疏短毛………………………………………………紫玉兰 Y. liliiflora

（1）凹叶玉兰 Yulania sargentiana（Rehder et E. H. Wilson）D. L. Fu

Flora of China，Vol. 7: 25，2008；中国生物物种名录，第一卷（总下）：949，2018. *Magnolia sargentiana* Rehd. et Wils.，中国植物志，第 30（1）卷：127，1996.

形态特征：落叶乔木，高 8~20m，直径可达 1m。当年生枝黄绿色，后变灰色；叶芽被短毛。叶近革质，倒卵形，稀长圆状倒卵形，长 10~19cm，宽 6~10cm，先端凹缺，稀圆钝，通常叶先端的凹陷区域具短尖；叶基部狭楔形或阔楔形；叶面暗绿色，无毛，具光泽；叶背淡绿色，密被银灰色波曲的长柔毛，后脱落近无毛；茎干上嫩枝的叶背仅中脉两侧被毛；侧脉 8~12 对；叶柄长 2~4.5cm，托叶痕为叶柄长的 1/6~1/4。花顶生；花蕾卵圆形，长 3.5cm，被淡黄色长毛；花先叶开放，且与幼叶并存；花稍具芳香，平展或下垂，直径 15~33cm，花被片外壁淡紫红色或白色而具较宽的淡红色带状，肉质，8~14 枚，排列成 3 轮；花被片倒卵状匙形或狭倒卵形，长 8~10cm，宽 3~4.3cm，先端圆或微凹。雄蕊长 1~1.9cm，花药长约 0.9cm，侧向开裂，基部宽，药隔具长约 0.1cm 的短尖，花丝紫红色。雌蕊群绿色，圆柱形，长 1.8~2cm，无毛，柱头紫色；花托延长而使聚合蓇葖果呈弯曲的粗棒状，长 8~15cm，通常扭曲；聚合果圆柱形，长 8~15cm，直径 2~3cm；果柄粗壮，直径 0.7~1cm，节上具残留长毛；蓇葖分离，黑紫色，半圆形或近圆球形，长 1.2~1.4cm，直径约 0.9cm，外壁密生细疣点，顶端具短喙；种子外种皮红褐色，近肾形，不规则圆形或倒卵圆形，长 1~1.2cm，宽约 0.8cm，两侧扁。花期 4~5 月，果成熟期 9~10 月。

分布：江西分布于井冈山（白银湖），生于村落旁边，海拔 720m。湖北、四川、云南等地区也有分布。

用途和繁殖方法：观赏。播种繁殖。

凹叶玉兰

a. 叶近革质，先端凹缺；b. 花芽被长毛；花被片白色而具较宽的淡红色带状；c. 雄蕊的花丝紫红色；d. 叶背后脱落近无毛；e. 花被片 8 枚，白色而具较宽的淡红色带状。

（2）玉兰 **Yulania denudata**（Desrousseaux）D. L. Fu　**白玉兰**

Flora of China，Vol. 7: 27，2008；中国生物物种名录，第一卷（总下）：949，2018. *Magnolia denudata* Desr.，中国植物志，第 30（1）卷：131，1996.

形态特征： 落叶乔木，芽及花梗密被长毛。叶倒卵状阔圆形，长 10~18cm，宽 6~10cm，先端短渐尖；叶背具较密的平伏长毛，成熟的叶背面仍具平伏毛（有时后期脱落变为近无毛）；叶脉及叶柄被毛，叶柄长 1~2.5cm，托叶痕为叶柄长 1/4~1/3。花顶生；落花后再展叶；花被片 9 枚、白色，基部有时稍具淡红色小斑。花托延长而使聚合蓇葖果呈弯曲的粗棒状，扭曲；聚合蓇葖果红色，蓇葖分离。花期 2~3 月，果成熟期 8~9 月。

分布： 江西野生分布于崇义县（齐云山）、井冈山、芦溪县（武功山）、三清山、南昌市（梅岭）等地山区有分布，生于阔叶疏林中或路边，海拔 400~1200m。浙江、湖南、贵州等地区也有野生分布，各地区也广泛栽培。

用途和繁殖方法： 园林观赏，香精原料（花）。播种、压条繁殖。

玉兰

a. 叶倒卵状阔圆形；先端短渐尖；b. 花白色，花被片基部有时稍具淡红色小斑；c. 成熟的叶背面仍具平伏毛（有时后期脱落变为近无毛）；d. 花托延长而使聚合蓇葖果呈弯曲的粗棒状、扭曲；聚合蓇葖果红色，蓇葖分离。

玉兰（续）

　　e~g. 为另一株，其中 e. 示花芽和叶柄具密长毛；f. 叶背具较密的毛；g. 叶倒卵状阔圆形，先端短渐尖，叶面侧脉具短毛。

（3）黄山玉兰 *Yulania cylindrica*（E. H. Wilson）D. L. Fu　黄山木兰

Flora of China，Vol. 7: 29，2008；中国生物物种名录，第一卷（总下）：949，2018. *Magnolia cylindrica* Wils.，中国植物志，第30（1）卷：140，1996.

形态特征：落叶乔木，芽被毛。老枝紫褐色、无毛；嫩枝、幼叶叶背被微毛；叶柄、成熟叶的叶背均被疏短毛。叶纸质，狭倒卵形或倒卵状长圆形，长6~14cm，宽2~5cm，先端短渐尖、钝尖或短尾尖；叶面无毛；叶背近无毛（或仅中脉和侧脉被短毛）；叶柄长0.5~2cm，具狭沟；托叶痕为叶柄长的1/6~1/3。花顶生；花先叶开放但与幼叶并存，花直立而不展开；花梗粗短，长1~1.5cm，密被长绢毛；花被片9枚、白色，但花被片基部常具较窄的淡红色条带；雄蕊药隔凸出形成短尖，花丝淡红色；雌蕊群绿色，圆柱状卵形，长约1.2cm。花托稍延长而使聚合果呈柱形，长5~7.5cm，直径1.8~2.5cm，蓇葖（成熟心皮）愈合；种子褐色、光滑，腹部具宽的凹沟。花期5~6月，果成熟期8~9月。

分布：江西崇义县（齐云山）、上犹县（光姑山）、遂川县（南风面）、井冈山、芦溪县（武功山）、三清山等地林区有分布，生于落—阔叶混交林中或路边，海拔800~1500m。安徽、浙江、福建、湖北等地区也有分布。

用途和繁殖方法：观赏。播种繁殖。

黄山玉兰

a. 叶狭倒卵形，芽具毛；b. 花被片白色，但花被片基部常具较窄的淡红色条带；c. 叶背近无毛（仅中脉和侧脉被短毛）；d. 乔木。

黄山玉兰（续）

　　e.种子褐色、光滑，腹部具宽的凹沟；f~h.为另一株，其中 f.花托在果期稍延长，蓇葖愈合，花梗（果梗）粗短；g.叶背无毛；h.叶倒卵状长圆形，花托在果期稍延长，聚合果呈柱形，蓇葖愈合；i~k.为第 3 株，其中 j、i.示叶面平坦，幼枝和芽被毛；k.幼叶叶背具微毛。

（4）宝华玉兰 Yulania zenii （W. C. Cheng） D. L. Fu

Flora of China，Vol. 7: 73，2008；中国生物物种名录，第一卷（总下）：949，2018. *Magnolia zenii* Cheng，中国植物志，第 30（1）卷：133，1996.

形态特征：落叶乔木。老枝灰褐色，幼枝和老枝均无毛，幼叶叶面无毛，顶芽被长毛。叶倒卵状长圆形或卵状长圆形，长 7~16cm，宽 3~7cm，先端短尖，基部宽楔形或阔圆形；叶背无毛，仅中脉及侧脉初被柔毛，后脱落为无毛；侧脉 8-10 对；叶柄长 0.6~1.8cm，初被柔毛，后脱落为无毛，托叶痕长为叶柄长的 1/5~1/2。先开花后展叶；花梗长 0.4cm，被柔毛；花被片 9 枚，近匙形；花被片外侧具较宽的淡红色条带，花被片长 7~8cm；雄蕊的花药室分开，内侧向开裂，药隔短尖，花丝紫色；雌蕊群圆柱形。聚合蓇葖果棒状，长 5~7cm，具部分不发育的蓇葖；蓇葖分离。花期 3~4 月，果成熟期 8~9 月。

分布：江西分布于瑞昌市（横立山乡芦塘村），生于山坡阔叶林内、路边，海拔 200~350m。江苏、浙江等地区也有分布。

用途和繁殖方法：园林观赏，制精油。播种、压条繁殖。

宝华玉兰

a. 幼叶卵状长圆形，基部阔圆形（箭头所示）；b. 叶背无毛；c. 叶倒卵状长圆形或卵状长圆形，基部宽楔形或阔圆形；d. 先开花后展叶；d-1. 花被片外侧具较宽的淡红色条带（内面白色）。

宝华玉兰（续）

d-2. 雌蕊群圆柱形；e~i. 为另一株，其中 e. 示乔木；f. 叶基部多为宽楔形；g. 叶背无毛；h. 顶芽被长毛；托叶痕长为叶柄长的 1/2；i. 聚合蓇葖果棒状，具部分不发育的蓇葖；蓇葖分离。

（5）武当玉兰 *Yulania sprengeri*（Pampanini）D.L.Fu　武当木兰

Flora of China，Vol. 7: 26，2008；中国生物物种名录，第一卷（总下）：949，2018. *Magnolia sprengeri* Pampan，中国植物志，第 30（1）卷：128，1996.

形态特征：落叶乔木，小枝无毛。叶倒宽卵形，长 10~18cm，宽 6~10cm，先端短尖，基部楔形；成熟的叶片两面无毛（叶背初被平伏细柔毛，后脱落渐为无毛或具不均匀的稀疏微毛）；叶片基部不沿叶柄下延；叶柄长 1~3cm；托叶痕细小。花顶生；花芽被淡灰黄色绢毛，花先叶开放但幼叶与花并存；花被片淡紫红色；花被片 9~12 枚、倒卵形。雄蕊的花丝紫红色，花药的药隔伸出成尖头；雌蕊群圆柱形，长 2~3cm，淡绿色，花柱玫瑰红色。花托延长而使聚合果呈粗棒状，长 6~18cm；蓇葖分离。花期3~4 月，果成熟期 8~9 月。

分布：江西分布于芦溪县（武功山）、浮梁县（鸡冠山）、三清山等地林区，生于山坡中上部的阔叶林中，海拔 800~1200m。陕西、甘肃、河南、湖北、湖南、四川等地区也有分布。

用途和繁殖方法：园林观赏。播种繁殖。

武当玉兰

a. 叶倒宽卵形，先端短尖，叶片基部不沿叶柄下延，叶面中脉有时具短毛；b. 叶背无毛；c. 花被片淡紫红色。

武当玉兰（续）

　　d~g. 为另一株，其中 d. 示枝、叶形态；e. 叶倒宽卵形，芽具密绒毛；f. 叶先端短尖，叶背叶脉上残留了稀疏短毛；g. 花托延长而使聚合果呈粗棒状，蓇葖分离。

（6）天目玉兰 Yulania amoena（W. C. Cheng）D. L. Fu　**天目木兰**

Flora of China，Vol. 7: 26，2008；中国生物物种名录，第一卷（总下）：949，2018. *Magnolia amoena* Cheng，中国植物志，第 30（1）卷：133，1996.

形态特征：落叶乔木，芽被密绒毛。嫩枝绿色，老枝带紫色，无毛；叶窄倒卵状披针形，先端短渐尖；长 10~15cm，宽 3.5~5cm；幼叶背面和叶脉被长毛；成熟叶的背面近无毛；侧脉 10~13 对，托叶痕为叶柄长的 1/5 ~ 1/2；叶片基部不沿叶柄下延。花顶生；花先叶开放但与幼叶并存，花被片 9 枚，淡紫红色，匙形。花托延长而使聚合果呈粗棒状，长 4~10cm，蓇葖分离；种子近心形。花期 4~5 月，果成熟期 9~10 月。

分布：江西分布于井冈山、芦溪县（武功山）、三清山、铅山县（武夷山）等地林区；生于山坡中上部阔叶林中或路边，海拔 700~1000m。安徽、福建、江苏、浙江等地区也有分布。

用途和繁殖方法：园林观赏。播种繁殖。

天目玉兰

a. 落叶乔木；b. 嫩枝绿色，叶窄倒卵状披针形，先端短渐尖，芽被密绒毛，叶基部不下延；c. 花托延长而使聚合果呈粗棒状，蓇葖分离；d. 花被片淡紫红色，匙形。

（7）紫玉兰 Yulania liliiflora（Desrousseaux）D. L. Fu

Flora of China，Vol. 7: 28，2008；中国生物物种名录，第一卷（总下）：949，2018. *Magnolia liliflora* Desr.，中国植物志，第30（1）卷：140，1996.

形态特征：落叶灌木，芽被绢状毛，小枝淡紫褐色。叶椭圆状倒卵形，长8~18cm，宽3~10cm，先端短渐尖，叶基部沿叶柄下延至近托叶痕；幼叶叶背疏生短柔毛，成熟叶背面近无毛或仅中脉具稀疏短毛；侧脉每边8~10对；叶柄长1~2cm，托叶痕约为叶柄长的1/2。花叶同时开放但与幼叶并存。花顶生；花被片淡紫红色，9枚（稀12枚）；雄蕊紫红色，花药侧向开裂，药隔伸出成短尖头；雌蕊群长约1.5cm，淡紫色，无毛。花托延长而使聚合果呈粗棒状，长7~10cm；蓇葖分离，顶端具短喙。花期3~4月，果成熟期8~9月。

分布：江西各地栽培（未见野生）。福建、湖北、四川、云南等地区有野生分布（生于海拔300~1600m的山坡林缘）。

用途和繁殖方法：园林观赏。播种繁殖。

托叶痕顶端

紫玉兰

a.叶椭圆状倒卵形，先端短渐尖；花被片淡紫红色，9枚；b.叶基部沿叶柄下延至近托叶痕（双箭头）；c.花被片内向基部紫红色；雄蕊紫红色；d.灌木状。

2.8.6 木兰属 Magnolia Linnaeus

形态特征：常绿乔木或灌木，枝具环状托叶痕。托叶膜质，展开或紧贴叶柄并在脱落后留下托叶痕于叶柄。幼叶在芽中直立、对折。在枝上叶呈螺旋状排列；叶片厚纸质或革质，全缘。花两性，单花生于短枝顶端；花序柄粗短；花被片 9~12 枚（大小近相等），排列成 3~4 轮；雄蕊早落；花丝平扁，延伸突出花药而形成长尖头或短尖头；花药分离、内向微弯；雌蕊群下方紧连雄蕊群，因此无雌蕊群柄；心皮多数或少数，清晰可辨；每心皮具 2 枚胚珠；花柱偏于心皮的腹面一侧，先端微外弯，花柱柱头具乳头状凸起。花托不延长而使聚合蓇葖果呈"拳"状或卵柱状；蓇葖（成熟心皮）愈合，沿背缝线开裂，先端具短喙；每蓇葖具 2 颗种子；丝状珠柄连着种脐。

分布与种数：主要分布于美洲东部、南部（包括墨西哥和安的列斯），全球约 20 种。中国引进栽培 1 种，江西栽培 1 种。

（1）荷花木兰 Magnolia grandiflora Linnaeus　广玉兰

中国植物志，第 30（1）卷：125，1996；Flora of China，Vol. 7: 15，2008；中国生物物种名录，第一卷（总下）：945，2018.

形态特征：常绿乔木，小枝具横隔的髓心，枝、芽、叶背面和叶柄均密被灰褐色短绒毛。叶螺旋状排列于枝上；叶革质，长圆状椭圆形或倒卵状椭圆形，长 10~20cm，宽 4~7cm，先端短尖，基部楔形；叶面具光泽，边缘反卷；侧脉 8~10 对；叶柄长 1.5~4cm，无托叶痕，但具腹沟。花顶生；花白色，直径 15~20cm；花被片 9~12 枚，厚肉质。雄蕊长约 2cm，花丝扁平、紫色，花药内向，药隔伸出成短尖。雌蕊群椭圆形，密被长绒毛；心皮卵形，长 1~1.5cm，花柱呈卷曲状。花托不延长而使聚合蓇葖果呈卵柱状，长 7~10cm，径 4~5cm，密被灰褐色绒毛；蓇葖愈合，沿背缝线开裂，顶端外侧具长喙；种子卵圆形，长约 1.4cm，径约 0.6cm，外种皮红色。花期 5~6 月，果成熟期 9~10 月。

分布：江西各地广泛栽培。中国其它地区也广泛栽培。

用途和繁殖方法：园林观赏。嫁接、播种繁殖。

荷花木兰

　　a. 花芽顶生, 密被灰褐色短绒毛; 叶革质, 叶面具光泽, 边缘反卷; b. 常绿乔木; c. 叶背面和叶柄均密被灰褐色短绒毛; c-1. 叶柄无托叶痕, 但具腹沟; d. 花白色, 无雌蕊群柄; 花柱呈卷曲状; d-1. 花托不延长而使果呈卵柱状, 蓇葖愈合。

2.8.7 拟单性木兰属 Parakmeria Hu et W. C. Cheng

形态特征：常绿乔木，枝、叶无毛。小枝托叶痕密而呈竹节状；顶芽鳞分裂为2瓣。叶全缘，具骨质半透明边缘，叶基部下延至近叶柄；托叶不连生于叶柄，因此叶柄无托叶痕；幼叶在芽中分开（不对折而是抱住幼芽）。花单生枝顶；花被片下方紧接着1枚佛焰苞状苞片；花两性或杂性。花被片9~12枚，呈轮状排列；外轮3枚，近革质，有纵脉纹；内2、3轮内质，向内渐小；雄花的雄蕊10~75枚，着生于圆锥状花托上，花丝短，花药线形，两药室分离，内向开裂，药隔伸出成短尖头，花谢后，花梗与花托脱落；两性花中，雄蕊与雌花同生于一朵花的情况较少见；雌蕊10~20枚，具明显的雌蕊群柄，心皮发育时全部互相愈合，每心皮具2枚胚珠。花托不延长而使聚合蓇葖果呈椭圆形或倒卵形，有时因部分心皮不育而形状不同；雌蕊群柄形成短果梗。蓇葖愈合，沿背缝线开裂。每蓇葖具种子1~2颗，垂悬于丝状的假珠柄上。外种皮红色或黄色，内种皮硬骨质，具顶孔。

分布与种数：主要分布于中国（西南和东南部）、缅甸，全球约5种。中国5种。江西1种。

分种检索表

1. 花杂性，雄花两性花异株，花被片顶端圆钝或急尖。
  2. 叶革质，中部最宽（椭圆状），基部楔形，外轮花被片外壁浅黄色。
    3. 叶椭圆形，先端钝尖，叶背面浅绿色，无腺点；雄花花托顶端长尖……………………………………………………………………**乐东拟单性木兰 Parakmeria lotungensis**
    3. 叶椭圆形，先端短渐尖，叶背面灰绿色，具腺点；雄花的花托顶端短钝尖………………………………………………………………**峨眉拟单性木兰 P. omeiensis**（江西无分布）
  2. 叶薄革质，中部以下最宽（卵状），基部阔楔形或近圆形，外轮花被片外壁红色；雄花的花托顶端圆钝……………**云南拟单性木兰 P. yunnanensis**（江西无分布）
1. 两性花，花被片先端凸尖。
    4. 叶革质、具光泽，椭圆形或倒卵状椭圆形，侧脉7~13对，花被片外壁紫红色……………………………………………**光叶拟单性木兰 P. nitida**（江西无分布）
    4. 叶片薄革质，叶背绿色，无毛，窄卵状椭圆形，侧脉14~16对，花被片外壁淡黄色………………**恒春拟单性木兰 P. kachirachirai**（江西无分布）

（1）乐东拟单性木兰 Parakmeria lotungensis（Chun et C. H. Tsoong）Y. W. Law
中国植物志，第30（1）卷：147，1996；Flora of China, Vol. 7: 23, 2008；中国生物物种名录，第一卷（总下）：948，2018.

形态特征：常绿乔木，高10~30m，胸径可达30cm，树皮灰白色。一年生枝绿色，小枝托叶痕密而呈竹节状，枝、叶无毛。叶革质，狭倒卵状椭圆形、倒卵状椭圆形或椭圆形（中部最宽），长 6~11cm，宽 3~4cm；叶先端钝尖，基部楔形或狭楔形；叶面深绿色，具光泽，中脉于叶面明显凸起；侧脉 9~13 对，干时两面明显凸起；叶背面浅绿色（有时具白粉），无腺点，无毛；叶柄长 1~2cm，无托叶痕。花顶生；花杂性，雄花两性花异株；雄花花被片 9~14 枚，外轮 3~4 枚浅黄色；花被片倒卵状长圆形，长 2.5~3.5cm，宽 1.2~2.5cm，顶端圆钝或急尖；内 2~3 轮花被白色；雄蕊 30~70 枚，长 0.9~1.1cm，花药长 0.8~0.9cm，花丝长约 0.2cm，花药药隔伸出成短尖，花丝及药隔紫红色（有时具 1~5 枚心皮的两性花，其雄花花托顶端长锐尖，有时具雌蕊群柄）。两性花：花被片与雄花形态相同，雄蕊 10~35 枚；雌蕊群卵圆形，绿色，心皮 10~20 枚。花托不延长而使聚合蓇葖果呈卵圆形；聚合果卵状长圆形或椭圆状卵圆形，稀倒卵形，长 3~6cm，蓇葖愈合。种子椭圆形或椭圆状卵圆形，外种皮红色，长 0.7~1.2cm，直径 0.7cm。花期 4~5 月，果成熟期 8~9 月。

分布：江西寻乌县（项山、基隆山）、会昌县（亚基布山）、龙南县（九连山）、信丰县（金盆山）、安远县（三百山）、赣县（阴掌山）、崇义县（齐云山）、上犹县（光姑山）、遂川县（南风面）、井冈山市（河西陇）、安福县（杨狮幕）等地林区，生于阔叶林中，海拔 400~900m。福建、湖南、广东、海南、广西、贵州等地区也有分布。

用途和繁殖方法：园林观赏。播种繁殖。

乐东拟单性木兰

　　a.叶面中脉凸起，具光泽；b.常绿乔木；c.蓇葖果呈卵圆形，蓇葖愈合；d.叶背面浅绿色（有时具白粉），无腺点，无毛；e.小枝托叶痕密而呈竹节状。

2.8.8 含笑属 Michelia Linnaeus

形态特征：常绿乔木或灌木。单叶互生，全缘；托叶帽状，脱落后小枝具环状托叶痕；托叶与叶柄贴生或离生，托叶贴生于叶柄则叶柄具托叶痕；托叶与叶柄离生则叶柄无托叶痕。幼叶在芽中直立、对折。花腋生；花两性，花被片 6~21 枚，3 枚或 6 枚排列成一轮；雄蕊多数，药室伸长，侧向或近侧向开裂，药隔伸出成长尖或短尖（稀不伸出）；雌蕊群具柄，心皮多数，腹面基部着生于花轴，上部分离而使心皮（成熟后为蓇葖）相互分开，通常有部分心皮不发育，心皮背部无纵纹沟，花柱着生于心皮的近顶端，每心皮具胚珠 2 至多枚。花托延长而使聚合蓇葖果呈弯曲的粗棒状。聚合蓇葖果的蓇葖离生（或因部分蓇葖不发育形成疏松的穗状聚合果）；蓇葖全部宿存于果轴，无柄或具短柄，背缝开裂，或腹缝线与背缝线均开裂而成为 2 瓣裂。种子 2 至多数颗；或雌蕊群具短柄（长 0.3~0.5cm）；花托稍延长，聚合蓇葖果因心皮愈合而呈"拳"状。

分布与种数：主要分布于亚洲热带和亚热带地区，全球约 70 种。中国 37~39 种。江西 9 种，其中引种栽培 2 种。

分种检索表

1. 雌蕊群具短柄（长 0.3~0.5cm）；花托稍延长，聚合蓇葖果因心皮愈合而呈"拳"状 ···**观光木 Michelia odora**

1. 雌蕊群具长柄；花托延长而使聚合蓇葖果呈弯曲的粗棒状；心皮分离，常有部分心皮不发育。

  2. 枝、叶背、叶柄和芽被锈褐色绒毛。

    3. 叶长 17~24cm，宽 6~11cm，叶背、叶柄、芽和花梗密被锈褐色或灰白色平伏毛 ·····················**金叶含笑 M. foveolata**

    3. 叶长 17cm 以下。

      4. 叶柄长 0.7cm 以上，叶长 8~16cm。

        5. 叶柄长 0.7~1cm；叶长 8~15cm，宽 3~5cm，叶背密被平伏灰白色或灰褐色长柔毛，或后近无毛，雄蕊群不超出雌蕊群·········**福建含笑 M. fujianensis**

        5. 叶柄长 2.5~4cm；叶长 7~14cm，宽 5~7cm，叶背被锈褐色夹杂灰白色平伏毛 ·····················**醉香含笑 M. macclurei**

      4. 叶柄长 0.5cm 以下，叶长 10cm 以下。

        6. 花紫红色，叶倒卵形，雄蕊群超出雌蕊群··········**紫花含笑 M. crassipes**

        6. 花白色或淡黄色，叶椭圆状披针形，雄蕊群短于雌蕊群。

          7. 叶先端渐尖，心皮先端长尖并向外弯曲··········**野含笑 M. skinneriana**

          7. 叶先端短尖，心皮先端凸尖并直立或微内弯，花具浓烈的水果型香······ ·····································**含笑花 M. figo**

2.常绿乔木，枝、叶背、叶柄和芽无毛。

　　　　8.顶芽被白粉，叶背具白粉，叶面平坦，花被片白色………………………

　　　　…………………………………………………深山含笑 **M. maudiae**

　　　　8.顶芽无白粉，叶背无白粉，叶面常沿侧脉凹下而不平坦，花被片6枚，

　　　　淡黄色………………………………………乐昌含笑 **M. chapensis**

（1）观光木 Michelia odora（Chun）Nooteboom et B. L. Chen

Flora of China，Vol. 7: 33，2008；中国生物物种名录，第一卷（总下）：948，2018. *Tsoongiodendron odorum* Chun，中国植物志，第30（1）卷：194，1996.

形态特征：常绿乔木，枝纵切面具白色髓心，小枝、芽、叶柄、叶面中脉、叶背和花梗均被锈褐色糙伏毛。叶宽椭圆形或倒卵状椭圆形，长8~17cm，宽4~7cm，顶端急尖，基部楔形；叶面无毛，侧脉微下陷而使网脉清晰；侧脉10~12对；叶柄长1.2~2.5cm，基部膨大，托叶痕达叶柄中部。花腋生；花蕾的佛焰苞状苞片一侧开裂，被柔毛；花梗长约0.6cm，仅具1个苞片脱落痕；花被片淡黄色，有红色小斑点，狭倒卵状椭圆形，外轮的最大，向内各轮渐小；雄蕊30~45枚，花丝白色或带红色，长约0.3cm。雌蕊9~13枚，覆瓦状螺旋排列，密被平伏柔毛；花柱钻状，红色，长约0.2cm，腹面缝线明显。雌蕊群柄粗壮，长约0.3cm，具糙伏毛。花托稍延长，蓇葖（成熟心皮）愈合，聚合蓇葖果呈"拳"状。聚合蓇葖长9~13cm，直径约9cm，蓇葖外壁具显著的黄色斑点；果梗长1~2cm。每蓇葖（心皮）具种子4~6颗。种子悬垂于丝状体上，花期3月，果成熟期10~12月。

分布：江西分布于寻乌县、会昌县、安远县、龙南县、崇义县、上犹县、大余县、遂川县、井冈山、芦溪县（武功山）、靖安县（九岭山）、资溪县、三清山等地林区，生于阔叶林中，海拔400~1000m。福建、广东、海南、湖南、广西、云南等地区也有分布。

用途和繁殖方法：园林观赏，行道树。播种繁殖。

雌蕊群柄

观光木

a. 小枝被锈褐色糙伏毛；b. 叶柄、叶背均被锈褐色糙伏毛；c. 雌蕊群具短柄；花托稍延长，蓇葖愈合，聚合蓇葖果呈"拳"状；d. 常绿乔木；e. 芽被锈褐色糙伏毛，具托叶痕；f. 种子悬垂于丝状体上。

（2）金叶含笑 Michelia foveolata Merrill ex Dandy

中国植物志，第30（1）卷：181，1996；Flora of China，Vol. 7: 39，2008；中国生物物种名录，第一卷（总下）：947，2018. *Michelia foveolata* Merr. ex Dandy var. *cinerascens* Law et Y. F. Wu，中国植物志，第30（1）卷：181，1996；*Michelia fulgens* Dandy，中国植物志，第30（1）卷：183，1996.

形态特征：常绿乔木，芽、幼枝、叶柄、叶背、花梗密被锈褐色或灰白色平伏毛。叶片长圆状椭圆形、阔卵状披针形，叶长 17~24cm，宽 6~11cm，先端渐尖，基部宽楔形、圆钝或近心形，有时叶基部稍偏斜；侧脉 12~18 对，直至近叶缘开叉结网，网脉致密、明显；叶柄长 1.5~3cm，无托叶痕。花腋生；花梗具 3~4 个苞片脱落痕；花被片 9~12 枚，淡黄色，基部稍带紫色，外轮 3 枚花被片阔倒卵形，长 6~7cm，中、内轮较狭小。雄蕊约 50 枚，长 2.5~3cm，花药长 1.5~2cm，花丝深紫色，长 0.7~1cm。雌蕊群长 2~3cm，雌蕊群具长柄（1.7~2cm），被银灰色短绒毛；花托延长，蓇葖（成

金叶含笑

a. 叶背密被锈褐色平伏毛，叶片阔卵状披针形；b. 常绿乔木，幼叶金黄色；c. 花腋生，花被淡黄色。

熟心皮）分离，聚合蓇葖果呈弯曲的粗棒状，常有部分心皮不发育；每蓇葖具种子约8枚。聚合蓇葖果长 7~20cm。花期 3~5 月，果成熟期 9~10 月。

分布：江西分布于寻乌（项山）、安远（三百山）、大余（三江口）、崇义（齐云山）、上犹（五指峰）、遂川（南风面）、井冈山、芦溪县（武功山）、三清山等地林区，生于阔叶林中，海拔 400~1500m。贵州、湖北、湖南、广东、广西、云南等地区也有分布。

用途和繁殖方法：园林观赏。播种繁殖。

金叶含笑（续）

d~h. 为另一株（原灰毛含笑类型），其中 d. 示叶片长圆状椭圆形，花腋生；e. 雌蕊群具长柄，花丝深紫色；f. 叶柄、叶背均密被灰白色平伏毛；g. 枝、叶柄均密被灰白色平伏毛，芽被锈褐色毛；h. 花被片 9 枚，淡黄色。

（3）福建含笑 Michelia fujianensis Q. F. Zheng　美毛含笑

中国植物志，第 30（1）卷：191，1996；Flora of China, Vol. 7: 36, 2008；中国生物物种名录，第一卷（总下）：947，2018. *Michelia caloptila* Law et Y. F. Wu，中国植物志，第 30（1）卷：189，1996；*Michelia septipetala* Z. L. Nong（七瓣含笑），广西植物，13（3）：220~222，1993.

形态特征：常绿乔木，芽、幼枝、叶柄、嫩叶叶面以及成熟叶的叶背、花梗均密被平伏灰白色或灰褐色长柔毛，小枝残留有柔毛。叶狭椭圆形或狭倒卵状椭圆形，长 8~15cm，宽 3~5cm，先端渐尖或急尖，基部阔楔形；叶面中脉微凸、平坦或凹陷，侧脉 9~15 对；叶背具锈褐色平伏毛，或逐渐变无毛（仅叶背中脉被疏毛），叶柄长 0.6~1.5cm，无托叶痕。花腋生；花蕾长 1.5cm；开花后紧接花被下方具 1 枚佛焰苞状苞片，距花被下约 0.2cm 具 1 个苞片脱落痕；花梗粗短，长约 0.7cm；花被片淡黄白色，约 12 枚，排列成 4 轮，最外轮 3 枚。雄蕊群不超出雌蕊群；花药长 0.4cm，花药室分离，向内侧开裂，药隔伸出成长 0.1cm 的钝头；花丝宽扁，长 0.2cm；雌蕊群圆柱形；雌蕊群柄长约 0.1cm，被柔毛；雌蕊心皮圆球形，密被短绒毛。聚合蓇葖果常因多数心皮不育而呈弯曲状，长 2~3cm，蓇葖分离，顶部圆钝，长 1.5~2cm；种子宽扁。花期 4~5 月，果成熟期 8~9 月。

分布：江西分布于资溪县（马头山）、信丰县（金盆山）、崇义县（齐云山）、芦溪县（黄狗冲至华云界）等地林区，生于阔叶林内或路边，海拔 300~800m。福建永安县也有分布。

用途和繁殖方法：园林观赏。播种繁殖。

福建含笑

a. 花被片淡黄白色, 叶面无毛; b. 叶背具锈褐色平伏毛, 或逐渐变无毛（仅叶背中脉被疏毛）。

福建含笑（续）

c. 花（果）腋生；d. 芽、幼枝密被灰褐色长柔毛；e. 花腋生；f. 常绿乔木；g~h. 为另一株（原美毛含笑类型），其中 g. 示叶面侧脉较清晰，中脉微凹陷；h. 幼枝、叶背均密被灰褐色长柔毛。

（4）醉香含笑 Michelia macclurei Dandy　火力楠

中国植物志，第 30（1）卷：173，1996；Flora of China，Vol. 7: 38，2008；中国生物物种名录，第一卷（总下）：947，2018. *Michelia macclurei* var. *sublanea* Dandy，中国植物志，第 30（1）卷：173，1996.

形态特征：常绿乔木，芽、嫩枝、叶柄、托叶及花梗均被红褐色短绒毛。叶椭圆状倒卵形，或长圆状椭圆形，长 7~14cm，宽 5~7cm，先端急尖或短渐尖，基部楔形；叶背被锈褐色夹杂灰白色平伏毛，侧脉 10~15 对，网脉稍清晰；叶柄长 2.5~4cm，腹面具狭沟，无托叶痕。花腋生；花蕾内有时包裹不同节上 2~3 个小花蕾，形成 2~3 枚花的聚伞花序，花梗长 1~1.3cm，具 2~3 个苞片的脱落痕；花被片 9 枚、白色，匙状倒卵形，长 3~5cm，最内轮较小。雄蕊长 1~2cm，花药的药隔伸出形成 0.1cm 的短尖头，花丝红色，长约 0.1cm。雌蕊群长 1.4~3cm，雌蕊群柄长 1~2cm，密被褐色短绒毛；心皮长约 0.5cm；聚合蓇葖果长 3~7cm；蓇葖分离，顶端圆钝，基部宽阔着生于果托上；蓇葖沿腹、背两缝线二瓣状开裂；每蓇葖（成熟心皮）具种子 1~3 颗。花期 3~4 月，果成熟期 9~11 月。

分布：江西各地广泛栽培。广东、海南、广西有野生分布。

用途和繁殖方法：园林观赏。播种繁殖。

醉香含笑

a.雌蕊群具柄（双箭头），花（果）腋生；b.叶柄腹面具狭沟，无托叶痕，花白色；c.叶柄和叶背被锈褐色夹杂灰白色平伏毛；d.花被片白色，匙状倒卵形，花丝红色、平扁；e.常绿乔木；f~h.为另一株，其中 f.示花被片 9 枚，最内轮较小；g.花腋生；h.叶背锈褐色夹杂灰白色平伏毛；i.叶面网脉稍清晰。

（5）紫花含笑 Michelia crassipes Y. W. Law

中国植物志，第30（1）卷：163，1996；Flora of China，Vol. 7: 39，2008；中国生物物种名录，第一卷（总下）：947，2018.

形态特征：常绿小乔木，芽、嫩枝、叶柄、花梗均密被红褐色长绒毛。叶倒卵形或狭倒卵形，长7~13cm，宽2.5~4cm，先端长尾尖或急尖，基部楔形；叶背初被较密的黄褐色长毛，后逐渐脱落变成稀疏短毛或无毛；叶背中脉被长柔毛；叶柄长0.2~0.5cm；托叶痕达叶柄顶端。花腋生；花梗长0.4cm；紫红色或深紫色，花被片6枚，长椭圆形。雄蕊长约1cm，花药长约0.6cm，药隔伸出形成短尖。雄蕊群超出雌蕊群，密被柔毛，雌蕊群具柄；心皮密被柔毛；花柱长0.2cm。聚合蓇葖果长2.5~5cm，果梗粗短（长1~2cm）；蓇葖分离，先端具长喙。花期4~5月，果成熟期8~9月。

分布：江西分布于龙南县（九连山）、安远县（三百山）、崇义县（齐云山）、上犹县（五指峰）、遂川县（七岭）、井冈山、芦溪县（武功山）、三清山等地林区，生于阔叶林中，海拔300~1000m。广东、湖南、广西等地区也有分布。

用途和繁殖方法：园林观赏。播种繁殖。

紫花含笑

a. 花紫红色，叶倒卵形；b. 叶狭倒卵形；c. 叶背具稀疏短毛，叶背中脉被长柔毛；d. 叶背初具较密的黄褐色长毛；e. 果（花）腋生，蓇葖（成熟心皮）先端具长喙。

（6）野含笑 *Michelia skinneriana* Dunn

中国植物志，第30（1）卷：165，1996；Flora of China，Vol. 7: 40，2008；中国生物物种名录，第一卷（总下）：948，2018.

形态特征：常绿小乔木，芽、嫩枝、叶柄、叶背中脉及花梗均密被锈褐色柔毛。叶椭圆状披针形、倒披针形，长5~11cm，宽2~4cm，叶先端渐尖，基部楔形；叶背无毛（稀被疏柔毛），侧脉8~12对，网脉稀疏；叶柄长0.2~0.5cm，托叶痕达叶柄顶端。花腋生；花梗细长，花被片6枚，白色或淡黄色；花被片排列成2轮，外轮3片基部被锈褐色毛。雄蕊群短于雌蕊群；花药侧向开裂，药隔伸出形成长约0.1cm的短尖。雌蕊群长约1cm；心皮分离，先端长尖并向外弯曲；雌蕊群具柄，密被锈褐色毛。聚合蓇葖果长4~7cm，常因部分心皮不育而呈弯曲状，具细长的总梗；蓇葖分离。花期5~6月，果成熟期8~9月。

分布：江西分布于寻乌县（项山）、会昌县、定南县、安远县、崇义县、遂川县、井冈山、芦溪县（武功山）、三清山、铜鼓县、修水县（乐家山）等地林区，生于阔叶林中，海拔200~900m。浙江、福建、湖南、广东、广西等地区也有分布。

用途和繁殖方法：观赏。播种繁殖。

野含笑

a.叶椭圆状披针形；花腋生；b.花被片6枚，白色；雌蕊群具柄；心皮先端长尖并向外弯曲；c.叶倒披针形；d.叶背无毛。

（7）含笑花 Michelia figo (Loureiro) Sprengel 含笑

中国植物志，第 30（1）卷：165，1996；Flora of China，Vol. 7: 40，2008；中国生物物种名录，第一卷（总下）：947，2018.

形态特征：常绿灌木，芽、嫩枝、叶柄、花梗均密被黄褐色绒毛。叶狭椭圆形或倒卵状椭圆形，长 4~10cm，宽 2~4.5cm，叶先端短尖，基部楔形；叶背无毛（稀中脉上残存稀疏褐毛）；叶柄长 0.2~0.4cm，托叶痕长达叶柄顶端。花腋生；花被片直立，白色或淡黄色，顶端边缘稍带红色，具强烈的水果型香；花被片 6 枚，肉质状（较肥厚）；雄蕊的药隔伸出形成急尖头；雌蕊群无毛，超出雄蕊群；雌蕊群具柄，被淡黄色绒毛；心皮先端凸尖并直立或微内弯。聚合蓇葖果长 2~3.5cm；蓇葖顶端有短尖的喙。花期 3~5 月，果期 7~8 月。

分布：江西各地广泛栽培。广东（鼎湖山）有野生分布，生于溪谷阔叶林下，海拔 200~800m。

用途和繁殖方法：园林观赏、花茶（花被片）、香精（花）。播种、扦插繁殖。

含笑花

a. 叶狭椭圆形；b. 雌蕊群具柄，被淡黄色绒毛，心皮先端凸尖并直立或微内弯；c. 雌蕊群超出雄蕊群；d. 花被片 6 枚；e. 叶背无毛，稀中脉上残存稀疏褐毛。

（8）深山含笑 Michelia maudiae Dunn

中国植物志，第30（1）卷：179，1996；Flora of China，Vol. 7: 36，2008；中国生物物种名录，第一卷（总下）：948，2018.

形态特征：常绿乔木，枝、叶、芽均无毛，芽，嫩枝、叶背面、苞片均被白粉。叶阔椭圆形或卵状椭圆形，长 7~18cm，宽 3.5~8.5cm，先端短渐尖，基部楔形；叶面平坦，叶背被白粉；侧脉 7~12 对，至近叶缘开叉结网。叶柄长 1~3cm，无托叶痕。花腋生；花梗绿色，具 3 个环状苞片脱落痕，佛焰苞状苞片淡褐色，长约 3cm；花被片 9 枚，白色，近匙形，排列成 3 轮，内两轮渐小；雄蕊的药隔伸出，形成长 0.2cm 的尖头；花丝宽扁，淡紫色；雌蕊群超出雄蕊群，雌蕊群具柄。聚合蓇葖果淡红色，长 7~15cm，常因心皮不发育而呈弯曲的粗棒状，蓇葖分离。种子具红色假种皮。花期 2~3 月，果成熟期 9~10 月。

分布：江西分布于寻乌县、龙南县、会昌县、安远县、崇义县、遂川县、井冈山、芦溪县（武功山）、三清山、修水县等各地山区，生于阔叶林中，海拔 400~1200m。浙江、福建、湖南、广东、广西、贵州等地区也有分布。

用途和繁殖方法：观赏。播种繁殖。

深山含笑

a. 叶阔椭圆形；b. 花白色；c. 雌蕊群超出雄蕊群；d. 聚合蓇葖果淡红色，蓇葖分离；e. 芽、叶背均被白粉；枝、叶无毛。

（9）乐昌含笑 Michelia chapensis Dandy

中国植物志，第30（1）卷：170，1996；Flora of China，Vol. 7: 41，2008；中国生物物种名录，第一卷（总下）：947，2018.

形态特征：常绿乔木，枝、叶背、叶柄和芽无毛；顶芽、叶背均无白粉，小枝无毛或嫩时节上被灰色微柔毛。叶倒卵形或长圆状倒卵形，长7~15cm，宽3.5~6.5cm，先端短渐尖，尖头钝，基部楔形；叶面常沿侧脉凹下而不平坦，侧脉9~12对；叶柄长1.5~2.5cm，无托叶痕，腹面具张开的沟。花腋生；花梗长0.4~1cm，被平伏灰色微柔毛，具2~5个苞片的脱落痕；花被片6枚，淡黄色，排列成2轮；内轮3枚花被片较狭小；雄蕊的花药长1.1~1.5cm，药隔伸出形成长0.1cm的尖头；雌蕊群超出雄蕊群，雌蕊群具柄（密被平伏微毛）；心皮顶端的花柱长约0.2cm；每心皮具6枚胚珠。聚合蓇葖果长约10cm，果梗长约2cm；常因心皮不发育而使蓇葖果呈弯曲的粗棒状；蓇葖分离，顶端具短弯尖头。种子具红色假种皮。花期3~4月，果期8~9月。

分布：江西分布于寻乌县、龙南县、会昌县、安远县、崇义县、遂川县、井冈山、芦溪县（武功山）、三清山、广丰区、修水县等各地山区，生于阔叶林中，海拔200~1200m。湖南、广东、广西、浙江、福建等地区也有分布。

用途和繁殖方法：园林观赏、行道树。播种繁殖。

乐昌含笑

　　a.叶面常沿侧脉凹下而不平坦，花被片6枚，淡黄色；a-1.雌蕊群超出雄蕊群，雌蕊群具柄；b.叶背无毛；c.顶芽、叶背均无白粉；顶芽无毛；叶柄无托叶痕；d.常绿乔木。

木兰科的特征性状说明

（1）木兰科的芽类型

木兰科芽的类型

　　上图中，a、b、c均为单芽（仅抽枝、展叶的叶芽，或仅为花芽），其中a.为深山含笑的叶芽，b.为福建含笑的花芽；c.为荷花木兰的花芽；d、e、f、g均为混合芽，其中d、e为厚朴的混合芽，d.芽中的叶展开后成为e.的新叶，e.再形成顶生花芽，这种类型的混合芽是先抽枝、展叶，再开花；f.为天女花的混合芽，这种类型的混合芽是同时抽枝、展叶和开花；g.为金叶含笑的混合芽，这种类型的混合芽与天女花相同。

（2）花芽的着生位置

木兰科花芽的着生位置

木兰科花芽的着生位置（续）

上图中 a. 为白玉兰的花顶生，c. 为野含笑的花腋生；b. 是天女花同出自一个芽（混合芽）中的花与枝叶并顶生；d、d-1 示福建含笑少量的花并不是真正的腋生，因为 d 的聚合蓇葖果基部无叶（d-1. 的虚线圈内无托叶痕或叶痕），说明花不是"花腋生"，而是生于短枝顶端；此类型称之为混合型。总之，木兰科花的着生位置演化是花顶生、枝与花并顶生、腋生、混合型 4 个方向，其中花与枝并生于枝顶的实质是顶生，而混合型是稀有的特殊现象（含笑属植物的一株植物体上绝大多数是花腋生）。故花顶生、腋生仍是重要的可遗传的分类特征。

（3）花托延长与否

木兰科果托（花托在果期）延长与否

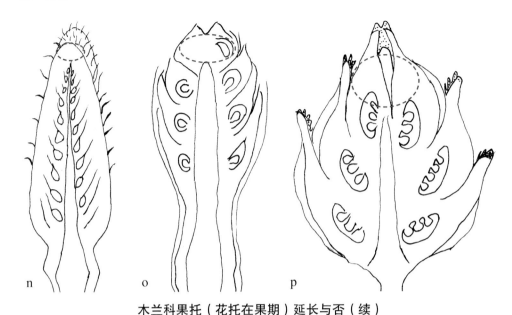

木兰科果托（花托在果期）延长与否（续）

　　上图中 A 示花托；a~d. 为果托（花托在果期）不延长，其中 a. 桂南木莲幼果，b. 桂南木莲果，c. 荷花玉兰果，d. 乐东拟单性木兰果；e~j. 为果托稍延长，其中 e. 黄山玉兰，f. 观光木果，g. 鹅掌楸果，h. 厚朴果，i. 厚朴幼果，j. 天女花果；k~m. 为果托显著延长，其中 k. 玉兰果，l. 醉香含笑果，m. 深山含笑果。图中 a 与 b 对比，果托不延长，只是变粗；h 与 i 对比，果托（花托在果期）稍延长。因此，花托在果期的延长与否有 3 种类型：花托不延长、稍延长、显著延长。其中花托在果期稍延长类型具有蓇葖（成熟的心皮）愈合紧密的特点。显然这 3 种类型是较稳定的分类特征。

　　花托在果期稍延长的模式见图 n.（鹅掌楸的果纵切剖面）、o.（天女花的果纵切剖面）表示花托顶部具限制其延长的组织区域（虚线圈）。p. 示木莲的果纵切剖面，花托顶部的限制组织区域延伸到心皮部分，导致花托在果期不延长。l. 示花托显著延长，其顶部没有限止组织区域，代之以心皮着生。

（4）花的性别

　　木兰科的花的性别比较复杂，绝大多数类群的花是两性花。但是也有少数类群存在雄花与两性花异株（拟单性木兰属）、单性花同株（单性木兰属 Kmeria、焕镛木属 Woonyoungia）、单性花异株（山玉兰 Lirianthe delavayi、合果木属 Paramichelia）3 种类型，这 3 种类型可以称之为杂性花。由此可知，类群之间可能存在自然杂交。显然，两性花和杂性花是木兰科性别演化的两个主要过程。

　　总之，木兰科的遗传演化比较复杂，其性状上的表现主要在花芽的顶生与腋生、花性别的复杂性、花托是否在果期延长 3 个方向的演化。因此，花芽的顶生与腋生、两性花和杂性花、花托是否在果期延长均具有较高分类等级的意义。

2.9 番荔枝科 Annonaceae Jussieu

形态特征：乔木、灌木或攀缘状灌木。单叶互生，排成二列；叶全缘、羽状脉；具叶柄；无托叶。花两性，稀单性；花被辐射对称，绿色、黄色、黄白色或红色；花单生、簇生，或数花组成团伞花序、圆锥花序、聚伞花序；花或花序顶生、与叶对生、腋生或腋外生，或生于老枝上；花序基部通常具苞片或小苞片；下位花；花 3 基数；花萼 3 枚（稀 2 枚），离生或基部合生，裂片镊合状或覆瓦状排列；花瓣 6 枚，排列为 2 轮，每轮 3 片；每轮花瓣覆瓦状或镊合状排列，少数为外轮镊合状排列，而内轮为覆瓦状排列。雄蕊多数，螺旋状着生，药隔凸出成长圆形、三角形、线状披针形、偏斜或阔三角形，顶端截形、尖或圆形；花药 2 室，纵裂，药室毗连、外向，具横隔膜，花丝短。雌蕊心皮 1 枚至多数，离生（稀合生），花柱短，柱头顶端全缘或 2 裂；每心皮具胚珠 1 至多枚，排列成 1~2 排，基生或侧膜胎座；花托凸起（稀平坦或凹陷）。成熟心皮离生，果通常不开裂，浆果状（稀呈蓇葖状开裂），具果柄（稀无果柄）；种子具假种皮，具胚乳和微小的胚。

关键特征：单叶互生，叶全缘，羽状脉；花 3 基数，花萼 3 枚，花瓣 6 枚，轮状排列；花托凸起呈圆柱状或圆锥状；成熟心皮离生。

分布与种数：分布于热带、亚热带地区，尤以旧世界分布类型居多，全球约 129 属 2300 余种。中国 24 属，约 120 种。江西 3 属 5 种。

分属检索表

1. 攀缘状灌木，叶侧脉较稀疏，花瓣覆瓦状排列，叶被星状毛或无毛·······················
·······················**紫玉盘属 Uvaria**
1. 攀缘状灌木，叶侧脉较整齐、密，花瓣镊合状排列。
　2. 花序梗钩状（钩状总花梗）·······················**鹰爪花属 Artabotrys**
　2. 花序梗直伸，外轮花被大于内轮，花药隔顶端尖··············**瓜馥木属 Fissistigma**

2.9.1 紫玉盘属 Uvaria Linnaeus

形态特征：攀缘状灌木（有时直立）；枝、叶被星状毛或无毛。单叶互生，羽状脉，具叶柄；叶侧脉较稀疏。两性花；花单生，或数朵花形成伞花序或短总状花序；花或花序与叶对生、腋生、顶生或腋外生，少数生于茎上或老枝上。萼片 3 枚，基部合生（镊合状排列）；花瓣 6 枚，排列成 2 轮，覆瓦状排列；花托凹陷，被短柔毛或绒毛；雄蕊多数，长圆形或线形，药隔扩大呈多角形或卵状长圆形，顶端圆形或截形；心皮多数，成熟心皮离生，果呈浆果状（不开裂），具果柄；长圆形，花柱短，柱头通常 2 裂而内卷；每心皮具数枚胚（稀 2~3 枚），排列成二列。成熟心皮多数，具长柄，内具种子多颗，种子具假种皮。

分布与种数：分布于热带及亚热带地区，全球约 150 种。中国 8 种。江西 1 种。

（1）光叶紫玉盘 Uvaria boniana Finet et Gagnepain

中国植物志，第 30（2）卷：016，1979；Flora of China, Vol. 19: 674，2011；中国生物物种名录，第一卷（总中）：285，2018.

形态特征：常绿攀缘状灌木，枝、叶无毛。叶长圆形或长圆状倒卵形，长6~15cm，宽 3~5.5cm，先端急尖或短渐尖，基部楔形、圆钝；侧脉 8~10 对，在近叶缘 1cm 左右消失；网脉不明显；叶柄长 0.2~0.8cm。花托凹陷。两性花；花紫红色，1~2 朵花与叶对生或腋外生；花梗纤细，长 2.5~5.5cm，中部以下具小苞片。花萼 3枚，长仅 0.4cm，边缘具毛；花瓣 6 枚，覆瓦状排列；花瓣两面顶端被微毛，排列为2 轮，内轮花瓣比外轮花瓣稍小；药隔顶端截形；心皮长圆形、内弯，密被柔毛，柱头马蹄形，顶端 2 裂。成熟心皮离生；心皮多数，每心皮具 6~8 枚胚珠。果呈浆果状（不开裂），果托凸起，果球形（直径约 1.3cm），成熟时紫红色，无毛；果柄长 4~5.5cm，无毛。花期 5~10 月，果成熟期 6 月至翌年 4 月。

分布：江西分布于寻乌县（基隆山、丹溪），生于山坡下部、沟谷阔叶林边缘，海拔 200~500m。福建、广东、广西等地区也有分布。

用途和繁殖方法：药用，园林藤本植物。播种、扦插繁殖。

光叶紫玉盘

a. 常绿攀缘状灌木；b. 枝、叶无毛，叶基部楔形、圆钝，侧脉在近叶缘 1cm 左右消失；c. 网脉不明显；叶先端急尖。

光叶紫玉盘（续）

　　d~e. 为另一株，其中 d. 示叶较薄；e. 叶背无毛，叶先端短渐尖；f. 果托凸起（白色双尖头部分）；g. 果托微凸起或平（红色右括号部分）；h. 花瓣 6 枚，覆瓦状排列。

2.9.2 鹰爪花属 Artabotrys R. Brown

形态特征： 常绿攀缘状灌木，具钩状的总花梗（依靠此钩攀缘）。单叶互生，羽状脉，具叶柄。两性花，花1~2朵生于木质钩状的总花梗上；萼片3枚，较小，镊合状排列，基部合生；花瓣6枚，排列成2轮，镊合状排列，外轮花瓣与内轮花瓣的大小近相等；花托凸起；雄蕊多数、排列紧密，长圆形或楔形，药隔顶端突出或截平，有时外围具退化雄蕊；心皮4枚或多数，每心皮具2枚胚珠，胚珠基生；花柱长圆状或棍棒状。成熟心皮浆果状，离生，聚生于坚硬的果托上，无柄或具短柄。

分布与种数： 分布于热带、亚热带地区，全球约100种。中国8种。江西1种。

（1）鹰爪花 Artabotrys hexapetalus（Linnaeus f.）Bhandari

中国植物志，第30（2）卷：122，1979；Flora of China，Vol. 19: 702~703，2011；中国生物物种名录，第一卷（总中）：282，2018.

形态特征： 常绿攀缘状灌木，枝、叶无毛。叶长圆状披针形，长6~16cm，顶端渐尖或急尖，基部楔形；叶背粉白色，沿中脉上具微毛或无毛；羽状脉，网脉不明显。花1~2朵生于钩状的总花梗上，淡绿色或淡黄色。萼片3枚，绿色，镊合状排列，长仅0.8cm，两面被稀疏柔毛；花瓣6枚，排列成2轮，镊合状排列，长3~4.5cm，外

鹰爪花

a. 钩状的总花梗与枝对生；b. 网脉不明显；c. 叶背粉白色，无毛；d. 果浆果状，顶端尖，集生于凸起的果托上。

面基部密被柔毛，其余近无毛或被稀微毛，近基部收缩。雄蕊长圆形，药隔三角形；心皮长圆形，柱头线状椭圆形。果浆果状，长 2.5~4cm，直径约 2.5cm，顶端尖，数果集于凸起的果托上。花期 5~8 月，果成熟期 5~12 月。

分布：江西分布于寻乌县（留车镇佑头村角子里公路边），生于林下、路边，海拔 200~400m。浙江、台湾、福建、广东、广西、云南等地区也有分布。

用途和繁殖方法：药用，园林藤本植物。播种、扦插繁殖。

鹰爪花（续）

e. 花 1~2 朵生于木质钩状的总花梗上；f. 果托凸起；g~i. 为另一株，其中 g. 示叶背粉白色、无毛；h、i. 示叶形为长圆状披针形，基部楔形。

2.9.3 瓜馥木属 Fissistigma Griffith

形态特征：常绿攀缘状灌木。单叶互生；叶侧脉较整齐、密，斜升至叶缘。花两性；花序梗直伸，花单生或数朵花集生成团伞花序、圆锥花序；花梗上有小苞片；萼片 3 枚，较小，基部合生，被毛；花瓣 6 枚，排列为 2 轮，镊合状排列，外轮花被大于内轮。雄蕊多数，排列紧密，花药隔顶端尖。心皮多数、分离，通常被毛；柱头顶端 2 裂或全缘，每心皮具胚珠 1~14 枚，胚珠着生于腹缝线。成熟心皮被短柔毛，具柄。

分布与种数：分布于热带、亚热带地区，全球约 75 种。中国 23 种。江西 3 种。

分种检索表

1. 叶背、叶柄、花被、果均被短柔毛，侧脉于叶面稍凹陷·· 瓜馥木 Fissistigma oldhamii
1. 叶背无毛，果无毛。
  2. 侧脉于叶面稍凹陷，叶背始终苍白色，花柱柱头 2 裂···白叶瓜馥木 F. glaucescens
  2. 侧脉于叶面稍凸起，叶背淡黄色，花柱柱头全缘···香港瓜馥木 F. uonicum

（1）瓜馥木 Fissistigma oldhamii（Hemsley）Merrill

中国植物志，第 30（2）卷：162，1979；Flora of China，Vol. 19：705~710，2011；中国生物物种名录，第一卷（总中）：283，2018.

形态特征：常绿攀缘状灌木，小枝被柔毛。叶倒卵状椭圆形或长圆状矩圆形，长 7~12.5cm，宽 3~5cm，顶端圆钝形或微凹（有时急尖），基部圆钝；叶面无毛，叶背被短柔毛，老叶近无毛；侧脉于叶面稍凹陷；侧脉 16~20 对，整齐、较密；叶柄长约 1cm，被短柔毛。花两性；花 1~3 朵集成密伞花序；花序梗直伸，总花梗长约 2.5cm；萼片 3 枚，长仅 0.5cm，顶端急尖；外轮花被大于内轮。花药隔顶端尖；心皮被长绢毛，花柱稍弯，无毛，柱头顶端 2 裂；每心皮具 10 枚胚珠，排列为二列。果浆果状，圆球形，直径约 1.8cm，密被黄棕色绒毛；种子圆形，直径约 0.8cm；果柄长 1~2cm。花期 4~9 月，果成熟期 7 月至翌年 2 月。

分布：分布于江西各地林区，生于阔叶林下、路边，海拔 200~1000m。浙江、福建、台湾、湖南、广东、广西、云南等地区也有分布。

用途和繁殖方法：果可食用，药用（茎之皮、根）。播种、扦插繁殖。

瓜馥木

　　a. 叶长圆状矩圆形，顶端圆钝形或微凹（有时急尖），侧脉于叶面稍凹陷；b. 果浆果状，圆球形，密被黄棕色绒毛；b-1. 果序梗（花序梗）直伸（白色箭头所指）；c. 叶背被短柔毛，侧脉整齐、较密；d. 萼片 3 枚，顶端急尖，密被短柔毛。

（2）白叶瓜馥木 Fissistigma glaucescens（Hance）Merrill

中国植物志，第30（2）卷：136，1979；Flora of China，Vol. 19: 704~706，2011；中国生物物种名录，第一卷（总中）：283，2018.

形态特征：常绿攀缘状灌木，枝、叶无毛。叶卵状长圆形，长5~19cm，宽2~5cm，顶端短渐尖；基部圆钝（不下延）；叶背始终苍白色（干后也呈苍白色）；侧脉于叶面稍凹陷，10~15 对；叶柄长约1cm。花数朵形成聚伞式的总状花序；花序顶生，长约6cm，被黄色绒毛。萼片3枚，长约0.3cm；花瓣6枚，外轮花瓣被柔毛，长约0.6cm；内轮花瓣长约0.5cm，外侧被白色柔毛。雄蕊花药药隔三角形。雌蕊心皮被褐色柔毛，花柱柱头2裂，每心皮具胚珠2枚。果浆果状，圆球形，无毛。花期1~9月，果成熟期4~12月。

分布：江西分布于寻乌县（乱罗嶂），阔叶林中路边，海拔200~700m。广西、广东、福建、台湾等地区也有分布。

用途和繁殖方法：药用（根）；纤维材料（皮）。播种、扦插繁殖。

白叶瓜馥木

a. 叶卵状长圆形，顶端短渐尖，侧脉于叶面稍凹陷；b. 叶背始终苍白色，无毛；c. 叶基部圆钝（不下延）。

（3）香港瓜馥木 Fissistigma uonicum（Dunn）Merr.

中国植物志，第30（2）卷：136，1979；Flora of China，Vol. 19: 704~706，2011；中国生物物种名录，第一卷（总中）：283，2018.

形态特征： 常绿攀缘状灌木。叶长圆状椭圆形，长5~15cm，宽2.5~5cm，顶端急尖或圆钝，基部宽楔形，叶背淡黄色，干后呈红黄色；叶背近无毛；侧脉在叶面稍凸起。花黄色，无毛，1~2朵聚生于叶腋；花梗长约2cm。萼片3枚；花瓣6枚，无毛，内轮花瓣狭长；花药药隔三角形。雌蕊心皮被柔毛，柱头顶端全缘，每心皮具9枚胚珠。果浆果状，圆球形，直径约4cm，成熟时黑色，被短柔毛。花期3~6月，果成熟期6~12月。

分布： 江西分布于寻乌县（乱罗嶂）、上犹县（陡水湖镇犹江岭瀑布旁边）；生于阔叶林中路边，海拔200~700m。广西、广东、福建、湖南、台湾等地区也有分布。

用途和繁殖方法： 药用（根），果可食用，纤维材料（皮）。播种、扦插繁殖。

香港瓜馥木

a.叶长圆状椭圆形，顶端急尖或圆钝，侧脉在叶面稍凸起；b.常绿攀缘状灌木；c.叶背淡黄色，近无毛。

香港瓜馥木（续）

　　d~f. 为另一株，其中 d. 示果浆果状，圆球形，被短柔毛。侧脉在叶面稍凸起；e. 叶长圆状椭圆形，顶端急尖；f. 叶背淡黄色，近无毛。

2.10 樟科 Lauraceae A. L. Jussieu

形态特征：常绿或落叶，乔木或灌木（仅无根藤属 Cassytha 为缠绕性寄生草本）。树皮、枝叶揉搓后具芳香气味，叶常具油点，鳞芽（稀裸芽）。单叶，互生、对生、近对生或轮生，具叶柄；叶多为全缘，稀开裂（如擦木属 **Sassafras**）；羽状脉、三出脉或离基三出脉，无托叶。有限花序，花较小，花萼与花瓣同形（即无花萼和花瓣之分），统称为花被；花被辐射对称，通常 3 基数（稀 2 基数）。花两性（稀单性花），雌雄同株或异株；花被片 6 枚或 4 枚，呈 2 轮排列；或为 9 枚而呈 3 轮排列（外轮花被片一般较小）；花被筒或脱落或呈一果托包围果实的基部（稀为果实完全包藏于花被筒内或子房与花被筒贴生而形成下位子房）。雄蕊着生于花被筒喉部，雄蕊数目通常为定数（木姜子属 **Litsea** 一些种的雄蕊数目不确定），通常排列为 4 轮，每轮 3 枚，通常最内一轮败育且退化为多少明显的退化雄蕊；在花丝的两侧各有一个具柄的腺体（有时无柄）；第一、二轮花药药室通常内向，第三轮花药药室通常外向（稀全部或部分具顶向或侧向药室）；雄蕊 4 室或由于败育而成 2 室；花药 4 室时，2 室上 2 室下；药室自基部向顶部瓣裂；外轮退化雄蕊若存在时则呈花瓣状或舌状，第四轮退化雄蕊通常箭头形或心状箭头形，具柄。花粉球形或近球形，无萌发孔，表面常具小刺或小刺状凸起。心皮 3 枚，形成一个单室子房，子房通常为上位（稀为半下位或下位）；胚珠单一，下垂，倒向；花柱明显，柱头盘状。果为核果或浆果，外果皮肉质；果基部具膨大的果托。果基部具坚硬而紧抱于果的花被片，或果基部大部分陷于果托中；果托本身通常肉质，常有圆形大疣点。假种皮包被胚珠顶部。种子无胚乳，具较薄的种皮（无根藤属种皮坚硬）；子叶大，具 2~8 枚子叶。

关键特征：树皮、枝叶揉搓后具芳香气味；叶常具油点。花较小，花萼与花瓣同形，花被通常 3 基数（稀 2 基数），花两性；雄蕊着生于花被筒喉部，雄蕊通常排列呈 4 轮，每轮 2~4 枚。果为核果或浆果，果基部具膨大的果托。

分布与种数：分布于热带及亚热带地区，大部分种类分布于东南亚和美洲的热带地区，全球约 45 属 2000~2500 种。中国约 25 属 445 种。江西 10 属 94 种 13 变种，引种栽培 4 种。

分属检索表

1. 核果，果序伞形，总梗短（2.5cm 以下）或无总梗而呈簇生状，单性花。
  2. 花被片 4，常绿乔木或灌木，羽状脉 ·······················月桂属 Laurus（江西无分布）
  2. 花被片 6，常绿或落叶。
    3. 叶集生枝顶或呈轮生状。
      4. 叶常绿，集生于枝顶，离基三出脉 ······················新木姜子属 Neolitsea
      4. 叶常绿，于枝顶及枝上呈轮生或假轮生状；叶脉为羽状脉（稀三出脉）
      ··· 黄肉楠属 Actinodaphne
    3. 叶互生于枝条上，不集生枝顶。
      5. 羽状脉，果序伞形或短总状，无总梗或具短总梗或单生叶腋；花药 4 室······
      ··· 木姜子属 Litsea
      5. 羽状脉或三出脉，果序伞形，总梗短或无总梗而呈簇生状；花药 2 室
      ··· 山胡椒属 Lindera
1. 核果，果序总状或圆锥状，总梗较长（2.5cm 以上），花两性或单性。
    6. 花杂性，叶 2~3 浅裂，离基三出脉······················檫木属 Sassafras
    6. 花两性，叶先端不开裂。
      7. 花被筒形成的果托膨大，浅包果基部；成熟时果序下垂；常绿，叶全缘
      ··· 樟 属 Cinnamomum
      7. 花被筒不形成果托，果梗直接生长于果实基部。
        8. 果成熟时花被裂片宿存。
          9. 果椭圆形，花被裂片紧包果基部·····························
          ··· 楠属 Phoebe
          9. 果球形，花被裂片反折而不包果实基部·····················
          ··· 润楠属 Machilus
        8. 果成熟时果基部无宿存的花被裂片。
          10. 叶常绿，叶面常波状不平；果具纵纹·····················
          ··· 厚壳桂属 Cryptocarya
          10. 叶常绿，叶面平坦；果椭圆形，平滑·····················
          ··· 琼楠属 Beilschmiedia

2.10.1 新木姜子属 Neolitsea（Bentham et J. D. Hooker）Merrill

形态特征：常绿乔木或灌木。单叶互生，轮生或聚生于枝顶，离基三出脉。花单性，雌雄异株，伞形花序单生或簇生，无总梗或有短总梗；总梗基部苞片较大，交互对生，迟落。花被片 4 枚，外轮 2 枚，内轮 2 枚。雄花的能育雄蕊 6，排成 3 轮，每轮 2 枚；花约 4 室，均内向瓣裂；第 一轮和第二轮的花丝无腺体，第三轮雄蕊的花丝基部有 2 枚腺体；雄花中具退化雌蕊。雌花的退化雄蕊 6 枚，棍棒状；第一轮退化雄蕊和第二轮退化雄蕊无腺体，第三轮退化雄蕊的花丝基部具 2 枚腺体；子房上位，花柱明显，柱头盾状。核果着生于稍扩大的盘状或内陷的果托（花被管）上，果梗通常略增粗。

分布与种数：分布于印度、马来西亚、中国、日本，全球约 85 种。中国约 45 种。江西 12 种 5 变种。

分种检索表

1. 叶脉为羽状脉。
　2. 叶背被明显的柔毛……………………………………锈叶新木姜子 **Neolitsea cambodian**
　2. 叶背无毛。
　　3. 叶集生于枝顶；叶较大；幼枝、叶柄具明显的棕褐色紧贴伏毛……………………………
　　………………………………………………香港新木子姜 **N. cambodiana** var. **glabra**
　　3. 叶簇生枝顶；叶较短；枝、叶柄、叶两面均无毛…………………………………………
　　………………………………………………………簇叶新木姜 **N. confertifolia**
1. 叶脉为离基三出脉。
　4. 枝、叶柄、叶背具密毛；或枝、叶柄和叶背的毛脱落变为疏毛。
　　5. 枝、叶柄、叶背均被密毛，且不脱落。
　　　6. 叶轮生，较大（长 16~31cm，宽 5~9cm）；果椭圆状，长 1.4~2cm，直
　　　　径 1~1.5cm…………………………………………大叶新木姜子 **N. levinei**
　　　6. 叶聚生于枝顶或近轮生于枝上；叶较小（长 8~14cm，宽 2.5~4cm）；果
　　　　椭圆状，长 0.8cm，直径 0.4cm…………………………新木姜子 **N. aurata**
　　5. 枝、叶柄和叶背的毛脱落变为疏毛。
　　　7. 幼枝、叶柄具明显的毛，叶背的毛脱落为稀疏可见的平伏毛。
　　　　8. 叶长 8~13cm，宽 3.5~5cm；除最下一对三出脉外，其余侧脉出自叶
　　　　　片中部或中部以下，叶柄长 1~2cm
　　　　　……………………………………显脉新木姜子 **N. phanerophlebia**
　　　　8. 叶长 12cm 以下；除最下一对三出脉外，其余侧脉出自叶片中部或
　　　　　中部以上。
　　　　　9. 幼枝具不均匀的短毛,叶柄具明显的密短毛,叶背粉绿色,近无毛…
　　　　　……………………………………………南亚新木姜子 **N. zeylanica**

9.叶聚生枝顶；幼枝具灰黑色短毛，叶柄近无毛（仅残毛）；叶背具稀疏半伏毛……………………**湘桂新木姜子 N. hsiangkweiensis**

7.幼枝、叶柄具稀疏短毛（或残毛），叶背毛脱落为近无毛。

10.叶片窄，宽仅 1~2.5cm……………………………………**浙江新木姜子 N. aurata** var. **chekiangensis**

10.叶片较宽，2.5cm 以上。

11.叶柄较短（1cm 以下），叶椭圆状披针形……………………**短梗新木姜子 N. brevipes**

11.叶柄长（1cm 以上）。

12.叶常为倒卵状披针形……………………**粉叶新木姜子 N. aurata** var. **glauca**

12.叶为卵状椭圆形，边缘波状不平坦……………………**浙闽新木姜子 N. aurata** var. **undulatula**

4.枝、叶柄、叶背均无毛。

13.叶长 12cm 以下。

14.幼叶无毛；老叶的基部除三出脉以外还有一对很纤弱的侧脉沿距叶缘 1mm 处弧曲上升至中部，且叶两面均明显；果椭圆形……………………**新宁新木姜子 N. shingningensis**

14.幼叶具毛；老叶的基部除三出脉以外无侧脉；果近球形。

15.叶柄略圆柱状，腹面无浅沟……………………**云和新木姜子 N. aurata** var. **paraciculata**

15.叶柄腹面稍平且具浅沟……………………**美丽新木姜子 N. pulchella**

13.叶长 12cm 以上。

16.叶片椭圆形至卵状椭圆形，长 12~16cm，宽 3~9cm；果近椭圆形，直径约 0.8cm……………………**鸭公树 N. chui**

16.叶片卵状长圆形（最宽处位于叶片中部以下），长 13~20cm，宽 6~13cm；果球形，直径约 1.5cm……………………**广西新木姜子 N. kwangsiensis**

（1）锈叶新木姜子 Neolitsea cambodiana Lecomte

中国植物志，第 31 卷：345，1982；Flora of China, Vol. 7: 106，2008；中国生物物种名录，第一卷（总中）：921，2018.

（1）a. 锈叶新木姜子（原变种）Neolitsea cambodiana var. cambodiana

中国植物志，第 31 卷：345，1982；Flora of China, Vol. 7: 109，2008；中国生物物种名录，第一卷（总中）. 921，2018.

形态特征：常绿小乔木，高 8~12m。小枝轮生或近轮生，幼枝被锈色绒毛。顶芽鳞片外面被锈色短柔毛。叶 3~5 枚聚生枝顶或近轮生；叶椭圆状披针形或倒卵状椭圆形，长 10~17cm，宽 3.5~6cm，先端近尾状渐尖，基部楔形；幼叶两面密被锈色绒毛，老叶叶面仅基部中脉具短毛；叶背被明显柔毛，苍白色；叶脉为羽状脉，侧脉 5~6 对，弯曲上升；叶柄长 1~1.5cm，密被锈色绒毛。伞形花序簇生叶腋或枝侧，无总梗或近无总梗；雄花的花被外面和边缘密被锈色长柔毛，内面基部有长柔毛；雄蕊 6 枚，花丝基部具柔毛，第三轮花丝基部具较小的腺体；雌蕊无毛，花柱细长；子房无毛或具稀疏柔毛，花柱有柔毛，柱头 2 裂。核果球形，果托盘状，边缘常残留有花被片；果梗长约 0.7cm，具柔毛。花期 10~12 月，果成熟期翌年 7~8 月。

分布：江西分布于信丰县（金盆山）、寻乌县（菖蒲乡）等山区，生于阔叶疏林内或路边，海拔 200~850m。福建、湖南、广东、广西等地区也有分布。

用途和繁殖方法：植被恢复。播种繁殖。

锈叶新木姜子

a.幼枝和叶柄密被锈色绒毛，叶背被明显柔毛；叶先端近尾状渐尖；b.叶 3~5 枚聚生枝顶或近轮生；叶椭圆状披针形或倒卵状椭圆形。

（1）b. 香港新木姜子 Neolitsea cambodiana var. glabra C. K. Allen

中国植物志，第 31 卷：346，1982；Flora of China，Vol. 7: 109，2008；中国生物物种名录，第一卷（总中）：921，2018.

形态特征：常绿乔木。幼枝、叶柄具明显的棕褐色紧贴伏毛。叶集生于枝顶；叶较大，长椭圆状披针形，先端渐尖或突尖，基部楔形；叶脉为羽状脉；叶长 8~14cm，宽 3.5~5cm，两面无毛，叶背具白粉。伞形花序簇生叶腋或枝侧，无总梗。核果球形，果梗有柔毛。花期 10~12 月，果成熟期为翌年 7~8 月。

分布：江西分布于寻乌县（森林公园），生于山坡下部的天然阔叶林内、路边，海拔 350~500m。福建、广东、广西等地区也有分布。

用途和繁殖方法：园林绿化。播种繁殖。

香港新木姜子

a. 叶集生于枝顶；b. 常绿乔木；c. 叶脉为羽状脉；幼枝、叶柄具明显的棕褐色紧贴伏毛；d. 叶背具白粉，无毛。

（2）簇叶新木姜子 Neolitsea confertifolia（Hemsley）Merrill

中国植物志，第31卷：347，1982；Flora of China，Vol. 7: 110，2008；中国生物物种名录，第一卷（总中）：921，2018.

形态特征：常绿乔木。枝、叶柄、叶两面均无毛；叶簇生枝顶，叶脉为羽状脉，叶长5~10cm，宽2~3.2cm；叶背粉白色，叶柄长0.2~0.5cm。伞形花序簇生叶腋或节间，近无总梗。核果卵形，成熟时蓝黑色。花期4~5月，果期9~10月。

分布：江西分布于芦溪县（武功山坪垅至羊狮幕路上），生于阔叶林的路边，海拔1100m。广东、广西、四川、贵州、陕西、河南、湖北、湖南等地区也有分布。

用途和繁殖方法：园林绿化。播种繁殖。

簇叶新木姜子

a. 叶簇生枝顶；b. 枝、叶柄和叶背无毛，具白粉；c. 叶为羽状脉，中脉在叶面凸起，叶面具光泽，无毛。

（3）大叶新木姜子 Neolitsea levinei Merrill

中国植物志，第31卷：359，1982；Flora of China，Vol. 7: 112，2008；中国生物物种名录，第一卷（总中）：922，2018.

形态特征：常绿乔木，枝、叶柄、叶背均被密毛，且不脱落，幼枝密被黄褐色柔毛。顶芽大，鳞片外面被锈色短柔毛。叶轮生，长圆状倒披针形或椭圆形，叶长16~31cm，宽5~9cm，先端短尖，基部楔形、钝；叶革质，正面具光泽，无毛；叶背苍白色，幼叶叶背密被黄褐色长柔毛（老叶的毛渐脱落为稀疏短毛），离基三出脉，侧脉3~4对，中脉、侧脉在两面均凸起，横脉明显；叶柄长1.5~2cm，密被褐色柔毛。伞形花序数个生于枝侧，具总梗；总梗长约0.2cm；花梗长约0.4cm，密被褐色柔毛；花被片4枚，外面具稀疏柔毛，内面无毛；花两性；雄蕊6枚，排列成3轮，第三轮花丝基部的腺体椭圆形，具柄；雌蕊的子房无毛，花柱短，具柔毛。核果椭圆状，长1.4~2cm，直径1~1.5cm，成熟时黑色；果梗长0.7~1cm，被柔毛。花期3~4月，果成熟期8~10月。

分布：分布于江西各地山区，生于阔叶林中、林缘，海拔300~1000m。广东、广西、湖南、湖北、福建、四川、贵州、云南等地区也有分布。

用途和繁殖方法：园林观赏，用材，药用（根皮）。播种繁殖。

大叶新木姜子

a. 叶近轮生于枝顶；b-1. 核果椭圆状，具短总梗，果梗被疏毛；b. 叶背苍白色，被疏短毛；枝被褐色密毛；c. 常绿乔木，新发幼叶具灰白色毛；d. 叶轮生，离基三出脉。

（4）新木姜子 Neolitsea aurata (Hayata) Koidzumi

中国植物志，第 31 卷：349，1982；Flora of China，Vol. 7: 110，2008；中国生物物种名录，第一卷（总中）：921，2018.

（4）a. 新木姜子（原变种）Neolitsea aurata var. aurata

中国植物志，第 31 卷：349，1982；Flora of China，Vol. 7: 111，2008；中国生物物种名录，第一卷（总中）：921，2018.

形态特征：常绿乔木，枝、叶柄、叶背均被毛，且不脱落；幼枝被锈色短柔毛。顶芽鳞片外面被丝状短柔毛。叶互生，聚生于枝顶或近轮生于枝上；叶片椭圆状披针形或长圆状倒卵形，长 8~14cm，宽 2.5~4cm，先端渐尖，基部楔形；叶背密被金黄色（或灰白色、黄褐色）平伏绢毛；离基三出脉，侧脉 3~4 对，中脉与侧脉在叶两面微凸起，横脉两面不明显；叶柄长 0.8~1.2cm，被锈色短柔毛；伞形花序 3~5 个簇生于枝顶或节间；总梗短（长约 0.1cm），花梗长约 0.2cm，具锈色柔毛；花被片 4 枚，外面中肋有锈色柔毛，内面无毛；雄蕊 6 枚，排列成 3 轮，花丝基部有柔毛，第三轮花丝基部腺体有柄。核果椭圆形，长约 0.8cm，直径 0.4cm；果托顶部浅盘状；果梗长 0.7cm，具稀疏柔毛。花期 2~3 月，果成熟期 9~10 月。

分布：江西分布于寻乌县、安远县、龙南县（九连山）、遂川县、石城县（七岭）、井冈山、芦溪县（武功山）、三清山、铅山县（武夷山）等各地山区，生于阔叶林中、林缘，海拔 400~1100m。台湾、福建、江苏、湖南、湖北、广东、广西、四川、贵州、云南等地区也有分布。

用途和繁殖方法：园林观赏，药用（根皮），植被恢复。播种繁殖。

新木姜子

a. 叶聚生于枝顶，幼枝被锈色短柔毛，离基三出脉；b. 叶背密被灰白色平伏绢毛；c~d. 为另一株，其中 c. 示幼枝、叶柄均被锈色短柔毛；d. 叶背密被金黄色平伏绢毛。

（4）b. 浙江新木姜子 Neolitsea aurata var. **chekiangensis**（Nakai）Yen C. Yang et P. H. Huang

中国植物志，第31卷：352，1982；Flora of China，Vol. 7: 111，2008；中国生物物种名录，第一卷（总中）：921，2018.

形态特征： 常绿小乔木，幼枝、叶柄具不明显稀疏短毛（残毛）。叶互生，聚生于枝顶或近轮生于枝上；叶椭圆状披针形，叶较窄，长6~10cm，宽仅1~2.5cm；先端尾状渐尖，基部楔形；叶背毛脱落近无毛（仅放大镜下可见疏毛），具白粉；离基三出脉，侧脉3~4对，中脉与侧脉在叶两面微凸起；叶柄长0.8~1.2cm，具不明显稀疏短毛（或残毛）。伞形花序簇生于枝顶或节间；总梗短（长约0.2cm），花梗长约0.3cm；花被片4枚，外面中肋有锈色柔毛，内面无毛；雄蕊6枚，排列成3轮，花丝基部有柔毛，第三轮花丝基部腺体有柄。核果椭圆形，长约0.8cm；果托顶部浅盘状；果梗长0.7cm，具稀疏柔毛。花期2~3月，果成熟期9~10月。

分布： 江西分布于井冈山、芦溪县（武功山）等江西各地山区，生于阔叶疏林中、路边，海拔500~1000m。浙江、安徽、江苏、福建等地区也有分布。

用途和繁殖方法： 植被恢复，香料（皮）。播种繁殖。

浙江新木姜子

a.叶聚生于枝顶，叶较窄，先端尾状渐尖，离基三出脉；b.叶柄具不明显稀疏短毛（或残毛），叶背毛脱落近无毛（仅放大镜下可见疏毛），具白粉；c~d.为另一株，其中c.示叶柄具不明显稀疏短毛；d.叶背近无毛，具白粉。

（4）c. 粉叶新木姜子 Neolitsea aurata var. glauca Yen C. Yang

中国植物志，第31卷：350，1982；Flora of China，Vol. 7：111，2008；中国生物物种名录，第一卷（总中）：921，2018.

形态特征：常绿小乔木，幼枝、叶柄具不明显稀疏短毛（残毛）。叶互生，聚生于枝顶或近轮生于枝上；叶片多为长圆状倒卵形，幼叶叶背具较密的紧贴绢状毛，老叶的叶背毛脱落近无毛（仅放大镜下可见疏毛），具白粉；长8~12cm，宽仅2.5~3.5cm；先端渐尖，基部楔形；离基三出脉，侧脉3~4对，中脉与侧脉在叶两面微凸起；叶柄长1~1.2cm，具不明显稀疏短毛（或残毛）。伞形花序簇生于枝顶或节间；总梗短（长约0.2cm），花梗长约0.3cm；花被片4枚，外面中肋有锈色柔毛，内面无毛；雄蕊6枚，排列成3轮，花丝基部有柔毛，第三轮花丝基部腺体有柄。核果椭圆形，长约0.8cm；果托顶部浅盘状；果梗长0.7cm，具稀疏柔毛。花期2~3月，果成熟期9~10月。

分布：江西分布于寻乌县（项山、基隆山）、上犹县（光姑山），海拔500~1000m。四川、云南、西藏、湖南、湖北、贵州等地区也有分布。

用途和繁殖方法：用材，香料（皮）。播种繁殖。

粉叶新木姜子

a. 叶片多为长圆状倒卵形，幼枝、叶柄具不明显稀疏短毛，离基三出脉；b. 常绿乔木；c. 老叶的叶背毛脱落近无毛（仅放大镜下可见疏毛），具白粉。

（4）d. 浙闽新木姜子 Neolitsea aurata var. **undulatula** Yen C. Yang et P. H. Huang

中国植物志，第 31 卷：352，1982；Flora of China，Vol. 7: 111，2008；中国生物物种名录，第一卷（总中）：921，2018.

形态特征： 常绿小乔木，幼枝无毛或具稀疏残毛。叶互生，聚生于枝顶或近轮生于枝上；叶为卵状椭圆形，边缘波状不平坦并具稍透明的淡黄色边；幼叶叶背具较密的紧贴绢状毛，老叶的叶背毛脱落近无毛（但放大镜下可见疏毛），具白粉。叶长 8~12cm，宽 2.5~3.5cm；先端渐尖，基部阔楔形；离基三出脉，侧脉 3~4 对，中脉与侧脉在叶两面微凸起；叶柄长约 1cm，具不明显的残毛。伞形花序簇生于枝顶或节间；总梗短（长约 0.2cm），花梗长约 0.3cm；花被片 4 枚，外面中肋有锈色柔毛，内面无毛；雄蕊 6 枚，排列成 3 轮，花丝基部有柔毛，第三轮花丝基部腺体有柄。核果近椭圆状，长约 0.8cm；果托顶部浅盘状；果梗长 0.7cm，具稀疏柔毛。花期 2~3 月，果成熟期 9~10 月。

分布： 江西分布于信丰县（金盆山）、寻乌县（项山）、石城县等山区，生于阔叶林内、路边，海拔 300~800m。浙江、福建等地区也有分布。

用途和繁殖方法： 用材，园林绿化。播种繁殖。

浙闽新木姜子

a. 叶聚生于枝顶或近轮生于枝上，叶边缘波状不平坦并具稍透明的淡黄色边；b. 叶为卵状椭圆形，具白粉；核果近椭圆状；c. 叶背的毛脱落近无毛，但放大镜下可见疏毛。

（4）e. 云和新木姜子 Neolitsea aurata var. paraciculata（Nakai）Yen C. Yang et P. H. Huang

中国植物志，第 31 卷：352，1982；Flora of China，Vol. 7: 111，2008；中国生物物种名录，第一卷（总中）：921，2018.

形态特征：常绿乔木，枝、叶柄、叶均无毛（幼叶具毛）。叶互生，叶聚生枝顶呈轮生状；叶片椭圆状披针形或长圆状倒卵形，长 8~12cm，宽 2.5 4cm，先端渐尖，基部楔形；叶片通常较窄，叶两面无毛；叶背具白粉；离基三出脉，侧脉 3~4 对，中脉与侧脉在叶两面微凸起，横脉两面不明显，在成熟叶的基部除三出脉以外无侧脉；叶柄长

云和新木姜子

a. 叶聚生枝顶呈轮生状；叶片椭圆状披针形或长圆状倒卵形，先端渐尖；b. 核果近球形；c. 叶背具白粉，无毛；离基三出脉；d~e. 为第二株，其叶略窄，枝、叶、叶柄均无毛，叶背具白粉。

0.8~1.2cm。伞形花序 3~5 个簇生于枝顶或节间；总梗短（长约 0.1cm），花梗长约 0.2cm，无毛。花被片 4 枚。雄蕊 6 枚，排列成 3 轮。核果近球形。花期 2~3 月，果成熟期 9~10 月。

分布： 江西分布于信丰县（金盆山）、寻乌县（项山）、井冈山等山区，生于阔叶林内、路边，海拔 300~850m。浙江、湖南、广东（乳源）、广西等地区也有分布。

用途和繁殖方法： 用材，园林绿化。播种繁殖。

云和新木姜子（续）

e. 叶背具白粉；f~g. 为第三株，其叶略窄，枝、叶柄、叶背均无毛，具白粉。

（5）美丽新木姜子 Neolitsea pulchella（Meisner）Merrill

中国植物志，第 31 卷：361，1982；Flora of China，Vol. 7: 113，2008；中国生物物种名录，第一卷（总中）：922，2018.

形态特征：常绿小乔木，幼枝具稀疏褐毛，老枝近于无毛。顶芽鳞片外面密生褐色短柔毛。叶互生或聚生于枝端呈轮生状，长圆状椭圆形，长 4~6cm，宽 2.5~3.5cm，先端尾状渐尖，基部楔形或狭尖；叶面具光泽，叶背粉绿色，老叶无毛（幼叶具柔毛）；离基二山脉（老叶的基部除三出脉以外无侧脉），侧脉 2~3 对，除最下一对离基三出脉外，其余侧脉自中脉中上部发出，中脉在两面均凸起；叶柄腹面稍平且具浅沟，叶柄长 0.8~1cm，近无毛（幼时被柔毛）。伞形花序腋生或簇生，无总花梗（或具极短总花梗）；花梗被柔毛；花被片 4 枚，外面中肋具柔毛，内面基部具柔毛；雄蕊 6 枚，花丝中下部具柔毛，第三轮花丝基部具腺体。果球形，直径约 0.6cm；果托浅盘状，顶端略增粗。花期 10~11 月，果成熟期 8~9 月。

分布：江西分布于寻乌县（基隆山）、信丰县（金盆山）等山区，生于阔叶林内或路边，海拔 350~800m。广东、广西、福建等地区也有分布。

用途和繁殖方法：园林绿化。播种繁殖。

美丽新木姜子

a.叶长圆状椭圆形，先端尾状渐尖，基部楔形或狭尖；b.叶背粉绿色，近无毛；c.叶柄腹面稍平且具浅沟，近无毛。

（6）显脉新木姜子 Neolitsea phanerophlebia Merrill

中国植物志，第 31 卷：360，1982；Flora of China，Vol. 7: 113，2008；中国生物物种名录，第一卷（总中）：922，2018.

形态特征：常绿小乔木，幼叶、幼枝、叶柄均被明显的毛，但叶背的毛脱落为稀疏可见的平伏毛。顶芽鳞片外面密被锈色短柔毛。叶互生于枝上（枝顶呈聚生状）；叶长圆状椭圆形或卵状披针形，长 6~13cm，宽 3.5~5cm，先端渐尖，基部楔形、钝；叶正面凹凸不平，且中脉具短微毛；叶背的毛脱落为稀疏可见的平伏毛；离基三出脉，侧脉 3~4 对，中脉、侧脉在两面均凸起、明显，除最下一对三出脉外，其余侧脉出自叶片中部或中部以下；叶柄长 1~2cm，具明显的短柔毛。伞形花序生于叶腋或生于叶痕的腋内；花被片 4 枚，外面及边缘有柔毛，内面仅基部有毛；雄蕊 4~6 枚，花丝基部有柔毛，第三轮花丝基部具球形腺体。核果近椭圆形（有些微近球形），直径 0.5~1cm，无毛，成熟时紫黑色；无总梗或具极短的总梗（0.2cm 以下）；果梗长 0.7cm，具稀疏短毛。花期 10~11 月，果成熟期 7~8 月。

分布：江西分布于崇义县（齐云山）、上犹（光姑山）、遂川县（南风面）、芦溪县（武功山）等山区，生于山坡下部阔叶疏林内、路边，海拔 300~900m。广东、广西、

显脉新木姜子

a. 叶正面凹凸不平，离基三出脉；b. 叶背的毛脱落为稀疏可见的平伏毛，幼枝、叶柄均被明显的毛；c. 核果近椭圆形（有些果为近球形），无总梗或具极短的总梗，果梗具稀疏短毛。

湖南等地区也有分布。

　　用途和繁殖方法：药用（皮），香料（皮）。播种繁殖。

显脉新木姜子（续）

　　d. 叶面中脉、侧脉在两面均凸起、明显，且中脉具短微毛；除最下一对三出脉外，其余侧脉出自叶片中部或中部以下；e~h. 为另一株，其中 e. 示花丝基部具球形腺体，花被片 4 枚；f~g. 叶散生（互生）于枝上，枝顶呈聚生状；h. 幼叶明显具毛。

（7）南亚新木姜子 Neolitsea zeylanica（Merrill）Nees et T. Nees

中国植物志，第31卷：363，1982；Flora of China，Vol. 7: 114, 2008；中国生物物种名录，第一卷（总中）：923, 2018.

形态特征：常绿小乔木，幼枝具不均匀的短毛，叶柄具明显的密短毛，但叶背的毛脱落为近无毛（放大镜下可见稀疏微毛），老枝无毛。叶互生或聚生于枝顶，卵状长圆形或长圆形，长7~11cm，宽2.5~4cm，先端狭渐尖，基部楔形（略下延），叶背粉绿色，近无毛；离基三出脉，侧脉3~4对，除最下一对三出脉外，其余侧脉出自叶片中部或中部以上，中脉、侧脉在叶两面均凸起；叶柄长1~1.5cm，一年生枝的叶柄具明显的黄褐色密短毛。伞形花序生于叶腋；花被片4枚，外面中下部被黄色丝状柔毛；雄蕊6枚，花丝有长柔毛，第三轮花丝的基部具圆形小腺体；雌蕊花柱有长柔毛。核果近椭圆形或近球形，直径0.7cm，果托较小；近无总果梗，果梗长0.5~0.9cm。花期10~11月，果成熟期10~12月。

分布：江西分布于定南县（云台山）、龙南县（九连山）等山区，生于阔叶疏林内或路边、灌丛中，海拔400~900m。广西、广东、湖南等地区也有分布。

用途和繁殖方法：药用。播种繁殖。

南亚新木姜子

a.叶互生或聚生于枝顶；b.叶背粉绿色，近无毛，幼枝具不均匀的短毛，叶片基部略下延；c.离基三出脉，除最下一对三出脉外，其余侧脉出自叶片中部或中部以上；d.核果近椭圆形或近球形，近无总果梗。

（8）湘桂新木姜子 Neolitsea hsiangkweiensis Yen C. Yang et P. H. Huang

Flora of China，Vol. 7: 113，2008；中国生物物种名录，第一卷（总中）：922，2018.

形态特征：常绿乔木，幼枝和幼枝上的叶柄具灰黑色（或锈褐色）短毛。叶聚生于枝顶呈假轮生状；叶柄长约0.5cm，近无毛（但仍见残毛）。叶卵状披针形或椭圆形，长8~11cm，宽2.5~4cm，幼叶的叶背密被锈褐色短毛；老叶的叶背具稀疏平伏毛（或近无毛）；离基三出脉，侧脉3~6对，最下部的一对三出脉从距离叶片基部约1cm处发出，其它侧脉从中部或中部以上发出；叶基部阔楔形，先端短渐尖；叶面中脉凸起，具微毛。花被片4枚，雄蕊6枚，花丝无毛，第三轮花丝基部具腺体。核果，果梗长约0.5cm。花期5月，果成熟期10~11月。

分布：江西分布于寻乌县（项山）等山区，生于山顶或山坡上部、石灰岩地，海拔800~1100m。广西、湖南等地区也有分布。

用途和繁殖方法：石灰岩地区、石质山等植被恢复。播种繁殖。

湘桂新木姜子

a. 幼枝和幼枝上的叶柄具灰黑色短毛，叶面中脉凸起，具微毛；b. 叶聚生于枝顶呈假轮生状，叶卵状披针形或椭圆形；c. 离基三出脉，叶背的毛脱落变为近无毛；d. 幼枝和幼枝上的叶柄具灰黑色（或锈褐色）短毛。

（9）短梗新木姜子 Neolitsea brevipes H. W. Li

中国植物志，第31卷：362，1982；Flora of China，Vol. 7: 114，2008；中国生物物种名录，第一卷（总中）：921，2018.

形态特征：常绿小乔木或灌木，小枝纤细，幼枝具不明显稀疏短毛（或残毛）。顶芽鳞片外面密被黄褐色短柔毛。叶互生或3~5枚聚生枝顶；叶薄革质，椭圆状披针形（稀倒卵状椭圆形），长6~11cm，宽2~4cm，先端尾状渐尖，基部楔形，边缘常呈波状；叶面除中脉略被微柔毛外其余无毛；叶背粉绿色，幼叶叶背密被灰黄色柔毛，老叶的叶背毛脱落近无毛（仅放大镜下可见疏毛）；离基三出脉，侧脉3~4对，中脉在叶面微凸起；叶柄长0.5~0.8cm。伞形花序单生或数个簇生，无总梗；花梗密被灰黄色短柔毛；花被片4枚，外面中肋有短柔毛；雄花的雄蕊6枚，无毛，第三轮花丝基部腺体圆状心形且具短柄；雌蕊的子房无毛。核果球形，直径约0.6cm，果托扁平碟状，果梗细短、近无毛。花期12月，果成熟期翌年9~11月。

分布：江西分布于信丰县（金盆山）、寻乌县（项山）、遂川县、井冈山等山区，生于阔叶疏林内、路边或灌丛中，海拔500~1000m。云南、广西、广东、福建、湖南等地区也有分布。

用途和繁殖方法：植被恢复，香料（皮）。播种繁殖。

短梗新木姜子

a. 叶3~5枚聚生枝顶，薄革质，离基三出脉，小枝纤细；b. 叶椭圆状披针形；c. 幼枝和叶柄具不明显稀疏短毛（或残毛），叶背粉绿色，近无毛。

（10）新宁新木姜子 Neolitsea shingningensis Yen C. Yang et P. H. Huang

中国植物志，第 31 卷：374，1982；Flora of China，Vol. 7: 117，2008；中国生物物种名录，第一卷（总中）：922，2018.

形态特征：常绿灌木，幼叶无毛，枝、叶柄、叶背均无毛。顶芽鳞片外被丝状短柔毛。叶聚生枝顶呈轮生状；叶卵状披针形，长 5~9cm，宽 2~3.5cm，先端尾状渐尖，基部宽楔形；叶两面均无毛，离基三出脉，侧脉 2~3 对，老叶的基部除二出脉以外，还有一对很纤弱的侧脉，沿距叶缘 1mm 处弧曲上升至中部，而且在叶片两面均明显；叶柄长约 1cm，无毛。伞形花序簇生枝侧；总花梗长 0.1cm，花梗有长柔毛；花被片 4 枚，外面中肋有柔毛，内面无毛；雄蕊 6 枚，花丝基部有柔毛，第三轮花丝基部具圆形腺体（无柄）；雌蕊无毛。核果椭圆形，直径 0.5~0.7cm；果梗长 0.7cm，先端稍增粗。花期 3~4 月，果成熟期 9~10 月。

分布：江西分布于寻乌县（基隆山）、安远县（三百山）、龙南县（九连山）、崇义县（聂都）等山区，生于阔叶疏林内、路边，海拔 700~1000m。湖南、广东、广西等地区也有分布。

用途和繁殖方法：园林观赏。播种繁殖。

新宁新木姜子

a. 叶聚生枝顶呈轮生状，离基三出脉；b. 枝、叶柄、叶背均无毛；c. 核果椭圆形，果梗先端稍增粗；d. 枝叶全貌。

（11）鸭公树 Neolitsea chui Merrill

中国植物志，第 31 卷：371，1982；Flora of China，Vol. 7: 116，2008；中国生物物种名录，第一卷（总中）：921，2018.

形态特征：常绿乔木，除花序外，枝、叶、芽植物体各部无毛，幼叶无毛。叶集生于枝顶和散生于枝上，叶片椭圆形至卵状椭圆形，长 12~16cm，宽 3~9cm；先端渐尖，基部楔形，叶背粉绿；离基三出脉，侧脉 3~5 对，横脉明显；叶柄长 2~4cm。核果近椭圆形，直径约 0.8cm。花期 9~10 月，果成熟期 12 月。

分布：江西分布于寻乌县、定南县、安远县、大余县、崇义县、上犹县、井冈山、芦溪县（武功山）、三清山等各地山区，生于阔叶疏林内、路边，海拔 300~1000m。广东、广西、湖南、福建、贵州、云南等地区也有分布。

用途和繁殖方法：公园绿化，行道树。播种繁殖。

鸭公树

a. 叶集生于枝顶和散生于枝上，离基三出脉；b. 叶背粉绿、无毛，横脉明显；c. 核果近椭圆形，枝、叶柄、果梗等均无毛。

鸭公树（续）

　　d~g. 为另一株，其中 d. 和 e. 示叶稍窄；f. 幼果近椭圆形；g. 叶背粉绿色，无毛；h. 为第三株，示叶稍大，叶片椭圆形至卵状椭圆形。

（12）广西新木姜子 Neolitsea kwangsiensis H. Liu

中国植物志，第31卷：370，1982；Flora of China，Vol. 7: 116，2008；中国生物物种名录，第一卷（总中）：922，2018.

形态特征：常绿小乔木，幼叶、枝、叶柄和叶两面均无毛。顶芽鳞片外面近无毛。叶互生，聚生枝顶和散生于枝上，叶片卵状长圆形（最宽处位于叶片中部以下），长13~20cm，宽6~13cm；先端渐尖，基部阔楔形；叶背粉绿色，两面均无毛；离基三出脉，靠叶缘一侧有约10条小支脉，小支脉先端拱形联结，中脉和侧脉在叶两面明显凸起，横脉较明显；叶柄长1.2~2.5cm，无毛。伞形花簇生于叶腋或枝侧；花序梗长0.4~0.7cm；花梗短，被柔毛；花被片4枚，两面有短柔毛；雄蕊6枚，无毛，第三轮花丝基部具盾状腺体；雌蕊无毛，柱2裂。核果球形，直径约1.5cm；果梗较短（1cm以下）。花期12月，果成熟期为翌年8月。

分布：江西分布于遂川县（南风面）、井冈山、崇义县（齐云山）、上犹县（营盘山）等山区，生于阔叶林中、路边，海拔400~900m。广东、广西、湖南、福建等地区也有分布。

用途和繁殖方法：园林绿化。播种繁殖。

广西新木姜子

a. 幼叶无毛，叶片卵状长圆形，离基三出脉，靠叶缘一侧有约10条小支脉，小支脉先端拱形联结；b~e. 为另一株，其中b. 示叶互生，聚生枝顶和散生于枝上；c. 叶背粉绿色，无毛，横脉较明显。

广西新木姜子（续）

d.叶稍大，叶柄较长；e.核果球形，果梗较短。

2.10.2 黄肉楠属 Actinodaphne Nees

形态特征：常绿乔木或灌木。叶于枝顶及枝上，呈轮生或假轮生状（密集的互生状），叶脉为羽状脉（稀三出脉）。花单性，雌雄异株，伞形花序单生或簇生，或由伞形花序组成圆锥状或总状；花序基部的苞片覆瓦状排列，早落。花被筒很短；花被片6 枚，排成 2 轮，每轮 3 枚，大小近相等，稀宿存。雄花：能育雄蕊通常 9 枚，排成3 轮，每轮 3 枚，花药 4 室，均内向瓣裂，第一、二轮花丝无腺体，第三轮花丝基部具 2 枚腺体；退化雌蕊细小或无。雌花：退化雄蕊常为 9 枚，排成 3 轮，每轮 3 枚，棍棒状；第一、二轮花丝无腺体，第三轮花丝基部具 2 枚腺体；子房上位，柱头盾状。核果生于杯状或盘状果托内。

分布与种数：主要分布于亚洲热带、亚热带地区，全球约 100 种。中国约 17 种。江西 2 种 1 变种。

分种检索表

1. 叶背被明显的密毛；叶为羽状脉。
  2. 侧脉多而密，25 对以上；叶片较窄，宽 2~3cm，长 10~20cm；核果倒卵形………
  ………………………………………**柳叶黄肉楠 Actinodaphne lecomtei**
  2. 侧脉较少，15 对以下；花序或果序伞形；幼枝、叶背及花均被锈色绒毛；叶片
    倒卵形（间或为椭圆形），叶较宽（5~12cm）；核果近球形………………………
    ………………………………………………………**毛黄肉楠 A. pilosa**
1. 叶背无毛，被白粉；叶倒卵状椭圆形；离基三出脉和羽状脉的叶片并存；中脉在叶面
  凸起……………………………………**光叶黄肉楠 A. pilosa** var. **glabra**

（1）柳叶黄肉楠 Actinodaphne lecomtei C. K. Allen

中国植物志，第31卷：253，1982；Flora of China，Vol. 7: 163，2008；中国生物物种名录，第一卷（总中）：908，2018.

形态特征：常绿小乔木，小枝黄褐色；幼枝被灰褐色短柔毛，老时渐变无毛；顶芽圆锥形，鳞片外面密被灰褐色短柔毛，边缘有锈色睫毛。叶于枝顶及枝上呈轮生或假轮生状（密集的互生状），倒椭圆状披针形或椭圆状披针形；叶片较窄，长10~20cm，宽2~3cm；先端狭渐尖，基部楔形；叶正面无毛（或中脉有微柔毛）；叶

柳叶黄肉楠

a. 幼枝被灰褐色短柔毛，老时渐变无毛；叶于枝顶及枝上呈轮生或假轮生状（密集的互生状）；b. 叶背被明显的粗毛，侧脉明显，叶柄较短（长0.7~2cm），具紧贴的平伏短毛；c. 常绿小乔木，小枝黄褐色；d. 倒椭圆状披针形或椭圆状披针形，羽状脉，中脉于叶面微凸起。

背被明显的粗毛或短毛；羽状脉，中脉于叶面微凸起，于叶背明显凸起，侧脉明显；叶柄长0.7~2cm，具紧贴的平伏短毛（老叶近无毛）。花序伞形，一般2~5个伞形花序簇生于叶腋或枝侧，无总梗；花序基部的苞片外侧被黄色丝状毛，内面无毛；花梗与花被筒密被黄褐色长柔毛；花被片6枚，雄花：能育雄蕊9枚，花丝无毛，第三轮花丝基部具盾状腺体；雌花：子房圆球形，无毛。核果倒卵形，长约1cm，无毛；果托杯状，深约0.3cm；果梗被柔毛，长0.8cm，先端略增粗。花期8~9月，果成熟期10~11月。

分布：江西分布于信丰县（金盆山）等山区，生于山坡阔叶林内或路边，海拔300~800m。四川、贵州、广东等地区也有分布。

用途和繁殖方法：用材，植被恢复，芳香原料。播种繁殖。

柳叶黄肉楠（续）

e~f. 为另一株，其中 e. 示幼枝被灰褐色短柔毛，叶于枝顶及枝上呈轮生或假轮生状；f. 叶背被明显的短毛，侧脉明显。

（2）毛黄肉楠 Actinodaphne pilosa（Loureiro）Merrill

中国植物志，第31卷：256，1982；Flora of China，Vol. 7: 165，2008；中国生物物种名录，第一卷（总中）：908，2018.

（2）a. 毛黄肉楠（原变种）Actinodaphne pilosa var. pilosa

形态特征： 常绿小乔木，幼枝、叶背及花序均被锈色绒毛，老枝近无毛。顶芽较大，鳞片外面密被锈色绒毛。叶于枝顶及枝上呈轮生或假轮生状（密集的互生状）；叶片倒卵形（间或为椭圆形），叶较宽（5~12cm），长 12~24cm，先端短渐尖，基部楔形；革质，幼时两面及边缘均密生锈色绒毛，老叶正面光亮、无毛，背面具锈色绒毛；羽状脉，中脉在叶正面微凸起；侧脉较少，5~7 对，先端略弧曲；叶柄长 1.5~3cm，具锈色绒毛。花序（或果序）伞形；花序腋生或枝侧生；雄花序总梗较长，长达 7cm，雌花序总梗稍短，均密被锈色绒毛；花序基部的苞片早落；每一伞形花序总梗长 1~2cm，具锈色绒毛；花梗长约 0.5cm，具锈色绒毛；花被片 6 枚；雄花的能育雄蕊 9 枚，花丝具长柔毛，第三轮花丝基部两侧具无柄的腺体；雌花的子房被长柔毛，花柱柱头 2 浅裂。核果球形（基部具齿状花被片），直径 0.6cm，生于近于扁平

毛黄肉楠

a. 老叶正面光亮、无毛，叶片倒卵形，中脉在叶正面微凸起；b. 老叶背面具锈色绒毛，羽状脉；c. 幼枝、叶背及花序均被锈色绒毛，果序伞形，腋生或枝侧生。

的盘状果托上；果梗长 0.4cm，被柔毛。花期 8~12 月，果成熟期翌年 2~3 月。

分布： 江西分布于寻乌县（项山）、会昌县（清溪）、龙南县（九连山）、崇义县（齐云山）、井冈山等山区，生于山坡疏林内、路边，海拔 150~600m。福建、广东、广西、湖南等地区也有分布。

用途和繁殖方法： 用材，园林绿化，香料。播种繁殖。

毛黄肉楠（续）

d~h. 为另一株，其中 d. 示幼枝、幼叶均被锈色绒毛；e. 常绿小乔木；f~g. 叶稍窄，叶片倒卵形或椭圆形；h. 核果球形，基部具齿状花被片。

（2）b. 光叶黄肉楠 Actinodaphne pilosa var. glabra R. L. Liu （新变种）

Varietas nova，fig. 10.20，in hoc pagina.

Varietatis ob indumentum folium dorsum et nervaturum affinis A. *pilosa*（Loureiro）
Merrill var. *pilosa*，sed foliis glabris，triplinervis et pinninervis，costanis glabris differ（fig.
10.20）.

Type: CHINA，Jiangxi Province，Xun Wu(Liu Che)，in montis clivorum silvis，
elevation 150~600 m, 19 Jul. 2016，R.L. Liu L-032（holotype: L-032, GNNU）.

形态特征：常绿灌木，高 2~5m。幼枝被紧贴的锈色绒毛，老枝近无毛。叶于枝顶及枝上呈轮生或假轮生状（密集的互生状）；叶片倒卵形，长 12~24cm，叶宽 5~12cm，先端短渐尖，基部楔形；叶革质，老叶正面光亮、无毛，叶背无毛且具白粉而呈粉绿色；离基三出脉和羽状脉并存，但多为离基三出脉，中脉在叶正面微凸起；侧脉较少，4~6 对；叶柄长 1.5~3cm，具紧贴的锈色绒毛。核果球形（基部具齿状花被片），直径 0.6cm，生于近于扁平的盘状果托上；果梗长 0.5cm，被柔毛。花期 8~12 月，果成熟期翌年 2~3 月。

分布：江西分布于寻乌县（留车镇）等山区，生于山坡森林内，海拔 150~600m。

用途和繁殖方法：园林绿化。播种繁殖。

光叶黄肉楠

a. 叶于枝顶或枝上呈轮生或假轮生状（密集的互生），幼枝被紧贴的锈色绒毛；b. 叶背无毛且具白粉而呈粉绿色；叶柄具紧贴的锈色绒毛。

光叶黄肉楠（续）

c.叶革质，老叶正面光亮、无毛，离基三出脉和羽状脉并存；d.羽状脉，最下部的一对侧脉长度在叶片长度的一半以下，叶面中脉无毛；e.离基三出脉，即最下部的一对侧脉长度超过了叶片长度的一半以上。

2.10.3 木姜子属 Litsea Lamarck

形态特征： 落叶或常绿，乔木或灌木。叶互生（对生或轮生），羽状脉。花单性，雌雄异株；伞形花序，或为伞形花序状的聚伞花序，或为圆锥花序，单生或簇生于叶腋；花序基部的苞片4~6枚，交互对生，开花时尚宿存，较迟脱落。花3基数；花被裂片6枚（稀缺花被或8枚花被），排列成2轮，每轮3枚，早落。雄花：能育雄蕊9枚或12枚，每轮3枚，外围2轮通常无腺体，第三轮（和最内一轮，如果存在）雄蕊的花丝两侧具腺体；花药4室，向内瓣裂。雌花：退化雄蕊与雄花中的雄蕊数目相同；子房上位，花柱显著。核果生于稍增大的浅盘状或深杯状的果托上（即花被筒）；如果花被筒在果时不增大，则无盘状或杯状果托。

分布与种数： 主要分布于亚洲热带和亚热带地区，一些种类分布于澳大利亚以及北美洲亚热带至南美洲地区，全球约200种。中国约74种。江西15种4变种。

分种检索表

1. 落叶或常绿灌木。
  2. 一年生枝无毛，叶无毛。
   3. 叶明显互生。
     4. 叶柄较短0.6~1.2cm，灰绿色；叶椭圆状披针形，宽仅1.6~3cm；侧脉较多……
     ……………………………………………………**山鸡椒 Litsea cubeba**
     4. 叶柄较长1.2~2cm，略带红色；叶宽3~5.5cm，伞形果序具明显总梗，侧脉稀疏……………………………………………………**木姜子 L. pungens**
   3. 叶对生或近对生，叶革质、具光泽；枝无毛……………………………………
     ……………………………………………………**黄椿木姜子 L. variabilis**
  2. 一年生枝明显被毛，叶背被密柔毛或疏毛。
     5. 一年生枝和叶背具明显的密柔毛，叶面网脉清晰……………………………
     ……………………………………………………**毛叶木姜子 L. mollis**
     5. 一年生枝具棱，明显被短柔毛；叶背仅被疏毛，叶面较平坦且网脉不清晰……
     ……………………………………………………**清香木姜子 L. euosma**
1. 常绿乔木。
     6. 叶较短10cm以下；花序总梗长0.5cm以下或无总梗。
       7. 叶柄长1cm以下。
         8. 叶先端圆钝或短尖，叶柄具短毛……………………………………………
         ……………………………………**豺皮樟 L. rotundifolia var. oblongifolia**
         8. 叶先端短渐尖，叶柄无。
           9. 幼枝灰绿色，叶面中脉平或微下陷………………………………………
           ……………………………………………………**湖南木姜子 L. hunanensis**
           9. 幼枝红褐色，叶面中脉凸起…………………**红皮木姜子 L. pedunculata**

7.叶柄长 1cm 以上，叶先端短渐尖；花序具短梗，花具梗；花被片深裂、整齐。

    10.仅叶柄具短毛，叶背粉绿色无毛，叶柄长 1~1.5cm······················**豹皮樟 L. coreana** var. **sinensis**

    10.叶柄、叶背均被毛，叶柄长 1~2.2cm·····················**毛豹皮樟 L. coreana** var. **lanuginosa**

6.叶较长 10cm 以上，花序总梗长 0.5cm 以上（总梗明显）。

    11.叶先端圆钝，顶芽被绒毛···········**潺槁木姜子 L. glutinosa**
    11.叶先端渐尖。

      12.一年生枝、幼叶叶背或老叶叶背均无毛。

        13.叶较大，长 8~22cm，宽 2~4cm。

          14.花序梗、花梗均无毛，花序梗长 0.5~0.7cm·········**大果木姜子 L. lancilimba**

          14.花序梗、花梗均被柔毛，花序梗长约 0.2cm·········**桂北木姜子 L. subcoriacea**

        13.叶长 15cm 以下，幼枝淡红褐色·····················**栓皮木姜子 L. suberosa**

      12.一年生枝、幼叶或老叶背面均被毛，或枝和叶背近无毛（只具不明显的微毛）。

        15.一年生枝红褐色、无毛，叶背粉白色、近无毛（或具不明显的微毛）·················**华南木姜子 L. greenmaniana**

        15.一年生枝、幼叶叶背被毛，老叶背面仍被毛。

          16.一年生枝、叶柄、嫩叶和老叶的叶背均密被柔毛·················**尖脉木姜子 L. acutivena**

          16.一年生枝被紧贴的伏毛，老叶背面脱落近无毛（或仅具稀疏短毛）

            17.老叶背面仅具稀疏短毛。

              18.叶较宽（3cm 以上），叶背侧脉和横脉清晰；叶柄具毛·················**黄丹木姜子 L. elongata**

              18.叶片较小，长 5~12cm，宽 2~3.5cm；总花梗（果梗）较长（0.6~1cm）·····**石木姜子 L. elongata** var. **faberi**

            17.叶较窄（3cm 以下），老叶背脱落近无毛，叶柄无毛·················**竹叶木姜子 L. pseudoelongata**

（1）山鸡椒 Litsea cubeba（Loureiro）Persoon

中国植物志，第31卷：271，1982；Flora of China，Vol. 7: 122, 2008；中国生物物种名录，第一卷（总中）：915，2018.

（1）a. 山鸡椒（原变种）Litsea cubeba var. cubeba

中国植物志，第31卷：271，1982；Flora of China，Vol. 7: 122, 2008；中国生物物种名录，第一卷（总中）：915，2018.

形态特征：落叶灌木，小枝绿色、无毛。顶芽外面具柔毛。叶互生，披针形或长圆状椭圆形，长 4~11cm，宽 1.6~3cm，先端渐尖，基部楔形；叶纸质，两面均无毛，叶背粉绿色；羽状脉，侧脉较多（6~10 对），中脉在叶两面均凸起；叶柄长 0.6~1.2cm，无毛。伞形花序单生或簇生，总梗长 0.6~1cm；花序基部的苞片边缘有睫毛；花先叶开放，花被片 6 枚；雄花的能育雄蕊 9 枚，花丝中下部有毛，第三轮花丝基部具腺体；雌花的子房卵形，花柱短。核果近球形，直径约 0.5cm，无毛，成熟时黑色；果梗长 0.4cm。花期 2~3 月，果成熟期 7~8 月。

分布：分布于江西各地，生于丘陵荒山、低山疏林、山顶和灌丛中，海拔 350~1100m。广东、广西、福建、台湾、浙江、江苏、安徽、湖南、湖北、贵州、四川、云南、西藏等地区也有分布。

用途和繁殖方法：药用，精油，工业原料，植被恢复。播种、萌蘗繁殖。

山鸡椒

a. 叶长圆状椭圆形，羽状脉；b. 花先叶开放，花被片6枚；花药4室，向内瓣裂；c. 叶两面均无毛，叶背粉绿色，核果近球形，伞形具总梗；d. 枝叶无毛。

（2）**木姜子** Litsea pungens Hemsley

中国植物志，第 31 卷：282，1982；Flora of China，Vol. 7: 125，2008；中国生物物种名录，第一卷（总中）：917，2018.

形态特征：落叶灌木。幼叶背面具绢状柔毛；幼枝黄绿色，老枝黑褐色且无毛。顶芽鳞片无毛。叶互生，常聚生于枝顶，宽椭圆状披针形或倒卵状披针形，长 5~15cm，宽 3~5.5cm，先端短尖，基部楔形，羽状脉，侧脉 5~7 对；侧脉稀疏；叶背无毛、粉白色；叶脉较稀疏；叶柄长 1.2~2cm，无毛，带红色。伞形花序腋生；总花梗长 0.8cm，无毛；花先叶开放；花梗长 0.6cm，被丝状柔毛；花被片 6 枚，外面有稀疏柔毛；能育雄蕊 9 枚，花丝仅基部有柔毛。伞形果序具明显总梗，核果近椭圆形，成熟时蓝黑色；果梗长 1~2.5cm。花期 3~5 月，果成熟期 7~9 月。

分布：江西分布于三清山、景德镇市（瑶里），生于山坡上部或中部疏林内、路边，海拔 600~900m。湖北、湖南、广东、广西、四川、贵州、云南、西藏、甘肃、陕西、河南、山西、浙江等地区也有分布。

用途和繁殖方法：药用，精油，化妆品原料之一，工业原料。播种繁殖。

木姜子

a.叶互生，常聚生于枝顶，椭圆状披针形或倒卵状披针形；b.叶背无毛、粉白色，羽状脉；c.核果近椭圆形，成熟时蓝黑色。

（3）黄椿木姜子 Litsea variabilis Hemsley

中国植物志，第 31 卷：290，1982；Flora of China，Vol. 7: 127，2008；中国生物物种名录，第一卷（总中）：917，2018.

（3）a. 黄椿木姜子（原变种）Litsea variabilis var. variabilis

中国植物志，第 31 卷：290，1982；Flora of China，Vol. 7: 127，2008；中国生物物种名录，第一卷（总中）：918，2018.

形态特征：常绿灌木，枝近无毛。顶芽外面被灰色贴伏短柔毛。叶对生或近对生（也兼有互生），叶形变化较大，通常为椭圆形或倒卵状椭圆形，长 6~11cm（偶尔达 14cm），宽 3~4.5cm，先端渐尖或钝尖，基部楔形或宽楔形；叶革质、具光泽、无毛；羽状脉，侧脉 5~6 对，纤细，在叶面平坦，在叶背凸起；中脉在叶面稍下陷，叶背网脉较清晰；叶柄长 0.8~1cm，褐色，近基部膨大，近无毛。伞形花序集生于叶腋；具较短的总梗（被短毛），花梗极短；花被片 6 枚，匙形，外面中肋具柔毛；能育雄蕊 9 枚，花丝被疏毛，腺体很小。核果近球形，直径 0.8cm，成熟时为黑色；果梗极短。花期 5~11 月，果成熟期 9 至翌年 5 月。

分布：江西分布于寻乌县（项山、三标乡）等山区，生于沟谷、山坡下部的阔叶疏林边缘或路边，海拔 300~900m。福建、广东、广西等地区也有分布。

用途和繁殖方法：园林观赏。播种繁殖。

黄椿木姜子

a. 常绿灌木，枝近无毛；叶对生或近对生（也兼有互生）；中脉在叶面稍下陷；叶革质、具光泽，无毛；b. 叶柄褐色，近基部膨大；叶背近无毛，叶背网脉较清晰。

（4）毛叶木姜子 Litsea mollis Hemsley

中国植物志，第31卷：282，1982；Flora of China，Vol. 7: 125，2008；中国生物物种名录，第一卷（总中）：916，2018.

形态特征： 落叶灌木，幼枝和叶背具明显的柔毛，顶芽鳞片外面具短毛。小枝灰褐色，被柔毛。叶互生或聚生枝顶，椭圆状披针形，长4~12cm，宽3~5cm，先端短尖，基部楔形，叶面网脉清晰；叶背苍白色，被密柔毛；羽状脉，侧脉6~9对；叶柄长1~1.5cm，具柔毛。伞形花序腋生，常簇生于短枝上，短枝长0.2cm；花序梗长0.6cm，具短柔毛，花先叶开放；花被片6枚；能育雄蕊9枚，花丝具柔毛，第三轮花丝基部的腺体盾状心形。核果近球形，直径约0.5cm，成熟时蓝黑色；果梗长0.6cm，具稀疏短毛。花期3~4月，果成熟期9~10月。

分布： 江西分布于宜丰县（官山）等山区，生于路边，海拔350~900m。广东、广西、湖南、湖北、四川、贵州、云南、西藏等地区也有分布。

用途和繁殖方法： 植被恢复，药用，精油。播种繁殖。

毛叶木姜子

a. 叶互生或聚生枝顶，椭圆状披针形；b. 核果近球形，成熟时蓝黑色；小枝灰褐色，被柔毛；果梗具稀疏短毛；c. 叶背苍白色，密被柔毛；叶柄具柔毛；d. 叶面网脉清晰。

毛叶木姜子（续）

　　e~g. 为另一株，其中 e. 示叶椭圆状披针形，叶面网脉清晰；f. 叶背苍白色，被密柔毛；g. 叶面网脉清晰。

（5）清香木姜子 Litsea euosma W. W. Smith

中国植物志，第 31 卷：279，1982. Litsea mollis Hemsley，Flora of China，Vol. 7: 125，2008.

形态特征：落叶小乔木或灌木。幼枝具棱；一年生枝明显被短柔毛，顶芽被短柔毛。叶纸质，互生，卵状椭圆形或长圆形，长 6.5~14cm，宽 3~4.5cm，先端渐尖，基部楔形（或略圆钝）；叶面深无毛，叶背粉绿色，被疏柔毛（沿中脉稍密）；叶面较平坦、网脉不清晰；羽状脉，中脉在叶面平，背面凸起，侧脉 6~10 对；叶柄长 1.5cm，初具短柔毛（后渐脱落变无毛）。伞形花序腋生，簇生于短枝上，短枝长仅 0.2cm；花先叶开放或与叶同时开放；花被片 6 枚，能育雄蕊 9 枚；花丝具柔毛，第三轮花丝基部具盾状心形腺体。核果球形，直径 0.7cm，顶端具小尖头，成熟时黑色；果梗长 0.4cm，先端不增粗，具稀疏短柔毛。花期 2~3 月，果成熟期 9 月。

分布：江西分布于寻乌县（基隆山）、崇义县（齐云山）等山区，生于阔叶林中，海拔 300~800m。广东、广西、湖南、四川、贵州、云南、西藏等地区也有分布。

用途和繁殖方法：植被恢复，精油（果、皮）。播种繁殖、萌蘖繁殖。

清香木姜子

a. 幼枝具棱，叶面网脉不清晰，一年生枝、芽具短柔毛；b. 叶卵状椭圆形或长圆形；c. 叶背粉绿色，被短柔毛。

（6）**圆叶豹皮樟** Litsea rotundifolia Hemsley

中国植物志，第 31 卷：292，1982；Flora of China，Vol. 7: 128，2008；中国生物物种名录，第一卷（总中）：917，2018.

（6）a.**圆叶豹皮樟（原变种）** Litsea rotundifolia var. rotundifolia

中国植物志，第 31 卷：292，1982；Flora of China，Vol. 7: 128，2008；中国生物物种名录，第一卷（总中）：917，2018.

江西无分布；分布于广东、广西等地区。

（6）b.**豹皮樟** Litsea rotundifolia var. oblongifolia（Nees）C. K. Allen

中国植物志，第 31 卷：292，1982；Flora of China，Vol. 7: 129，2008；中国生物物种名录，第一卷（总中）：917，2018.

形态特征：常绿小乔木，树皮常具褐色斑块。幼枝被毛，老枝近无毛。顶芽外面被短柔毛。叶互生，倒卵形或椭圆状卵形，叶较短，10cm 以下（长 3~6cm，宽 2~4cm），叶先端圆钝或短尖，基部楔形，叶面无毛；叶背粉绿色，无毛或被疏毛，羽状脉，侧脉 3~4 对，中脉在叶面下陷。叶柄具短毛（后逐渐变无毛），长 0.5~0.8cm。花序总梗长 0.5cm 以下或无总梗；伞形花序总梗长 0.5cm 以下或无总梗；花无梗；

豹皮樟

a. 叶互生，倒卵形或椭圆状卵形，叶先端圆钝或短尖，基部楔形；b. 幼枝被毛，老枝近无毛；伞形花序无总梗，花无梗，花被筒杯状，被柔毛。

花被筒杯状，被柔毛；花被片 6 枚，大小不相等。能育雄蕊 9 枚，花丝具稀疏柔毛，花丝基部的腺体较小；子房无毛。核果近球形，直径约 0.6cm，伞形果序无总梗；果无梗；果成熟时蓝黑色。花期 8~9 月，果成熟期 9~11 月。

分布：江西分布于寻乌县（长宁乡高石嘴电站）等山区，生于灌丛中、疏林内，海拔 100~600m。广东、广西、湖南、福建、台湾、浙江等地区也有分布。

用途和繁殖方法：药用（叶、果），植被恢复。播种繁殖。

豺皮樟（续）

c.叶柄具短毛（后逐渐变无毛），叶柄较短；叶背粉绿色、无毛，羽状脉，侧脉 3~4 对；d.叶倒卵形，中脉在叶面下陷；e.幼枝被毛；叶背粉绿色、被疏毛，核果近球形；伞形果序无总梗；核果无梗。

（7）湖南木姜子 Litsea hunanensis Yen C. Yang et P. H. Huang

中国植物志，第31卷：312，1982；Flora of China，Vol. 7: 134，2008；中国生物物种名录，第一卷（总中）：916，2018.

形态特征：常绿小乔木，树皮灰绿色或暗灰色。枝无毛，顶芽外面被丝状绢毛。叶互生，集于枝顶，披针状长圆形或倒披针形，长6~9cm，宽2.5~3.5cm，先端短渐尖，基部楔形；叶两面均无毛；叶面绿色，叶背粉绿色，网脉较明显；羽状脉，侧脉6~9对、纤细，中脉在叶面平或微下陷；叶柄长0.5~1cm，无毛。核果，果序伞形，生于枝顶叶腋；总果梗极短或近无总梗；核果基部具宿存的苞片，苞片外面具短柔毛；果椭圆形，长约1.1cm，直径0.7cm；果托盘状，盘深约0.2cm，边缘全缘或分裂；果梗长约0.2cm，具短毛。花期未见，果期4~5月。

分布：江西分布于崇义县（齐云山垄背）等山区，生于阔叶林中、疏林内，海拔220~700m，湖南（南部）也有分布。

用途和繁殖方法：药用。播种繁殖。

湖南木姜子

　a.叶集于枝顶，披针状长圆形或倒披针形；b.叶背粉绿色，网脉较明显，无毛；c.树皮灰褐色；d.侧脉纤细，中脉在叶面平或微下陷。

（8）红皮木姜子 Litsea pedunculata（Diels）Yen C.Yang et P. H. Huang

中国植物志，第 31 卷：310，1982；Flora of China，Vol. 7: 134，2008；中国生物物种名录，第一卷（总中）：917，2018.

（8）a. 红皮木姜子（原变种）Litsea pedunculata var. pedunculata

中国植物志，第 31 卷：310，1982；Flora of China，Vol. 7· 134，2008；中国生物物种名录，第一卷（总中）：917，2018.

形态特征：常绿小乔木，树皮红褐色，内皮紫红色。幼枝红褐色，无毛或被短毛；老枝无毛。顶芽外面被短毛。叶常集生于枝上部；单叶互生，椭圆状披针形，长 3.5~7cm，宽 2~3cm，先端短尖或渐尖，基部楔形、钝（叶片不下延）；叶革质，叶背粉绿色、无毛（幼叶背面常被短毛）；羽状脉，侧脉 8~12 对，直伸但先端弧曲并于近叶缘消失；中脉于叶面平或微凸起，叶背侧脉明显；叶柄长 0.5~1cm，无毛（幼时具短毛）。伞形花序（或果序）单生叶腋，花序（果序）总梗长 0.5cm，近无毛或幼时被短毛；雄花的每一个雄花序有花 3~5 朵，花梗短；花被片 6 枚，能育雄蕊 9 枚；花丝具短柔毛。核果近椭圆形，长 0.7cm，直径 0.4cm，先端具尖头；果托盘状；果梗长约 0.3cm。花期 5 月，果成熟期 7~8 月。

分布：江西分布于井冈山（江西坳）、芦溪县（武功山）等山区，生于疏林中或灌丛中，海拔 900~1800m。湖北、四川、湖南、广西、贵州、云南等地区也有分布。

用途和繁殖方法：用材，园林观赏。播种繁殖。

红皮木姜子

a.幼枝红褐色，被短毛；叶背粉绿色；幼叶的背面和叶柄常被短毛；b.树皮红褐色；c.叶先端渐尖或短尖；d.叶背粉绿色，无毛；e.常绿小乔木。

（9）朝鲜木姜子 Litsea coreana H. Léveillé

中国植物志，第 31 卷：293，1982；Flora of China，Vol. 7: 129，2008；中国生物物种名录，第一卷（总中）：915，2018.

（9）a. 朝鲜木姜子（原变种）Litsea coreana var. coreana

中国植物志，第 31 卷：293，1982；Flora of China，Vol. 7: 129，2008；中国生物物种名录，第一卷（总中）：915，2018.

江西无分布；分布于中国台湾。日本、朝鲜也有分布。

（9）b. 豹皮樟 Litsea coreana var. sinensis（C. K. Allen）Yen C. Yang et P. H. Huang

中国植物志，第 31 卷：294，1982；Flora of China，Vol. 7: 129，2008；中国生物物种名录，第一卷（总中）：915，2018.

形态特征：常绿乔木，树皮呈小鳞片状剥落，脱落后呈鹿皮状斑块。幼枝红褐色，无毛，老枝黑褐色，无毛。顶芽无毛。叶互生，椭圆状披针形或倒卵状披针形，长 5~9cm，宽 3~4cm；叶先端短渐尖，基部楔形；叶革质，叶面幼时基部沿中脉有柔毛；叶背粉绿色，无毛；羽状脉，侧脉 6~9 对；中脉在两面凸起，网脉不明显；叶柄较长（1~1.5cm），具短毛。伞形花序腋生，花序具短梗（总梗）；花具梗（果梗）；花被片 6 枚，外面被柔毛；雄蕊 9 枚，花丝具柔毛，花丝基部的腺体箭形、具柄；雌花的子房近球形，花柱具稀疏柔毛，柱头 2 裂。核果近椭圆形（成熟后为近球形），直径 0.8cm；果序具极短的总梗；果托明显，具宿存的花被裂片 6 枚；具果梗（长约 0.5cm），被短毛。花期 8~9 月，果成熟期为翌年 5~6 月。

分布：江西分布于寻乌县、龙南县、崇义县、遂川县、石城县、井冈山、芦溪县（武功山）、三清山等各地山区，生于阔叶林中，海拔 500~1000m。浙江、江苏、安徽、河南、湖北、福建等地区也有分布。

用途和繁殖方法：用材，药用（皮），园林绿化。播种繁殖。

豹皮樟

　　a. 树皮呈小鳞片状剥落，脱落后呈鹿皮状斑块；b. 核果近椭圆形（成熟后为近球形），果托明显，具果梗（长约 0.5cm），被短毛；果序（花序）具极短的总梗；c. 叶背粉绿色、无毛；d. 叶互生，椭圆状披针形；老枝黑褐色，无毛；e. 叶背粉绿色、无毛；叶柄较长，具短毛；幼枝红褐色，无毛；c. 和 f. 为另一株，其中 f. 示椭圆状披针形。

（9）c. 毛豹皮樟 Litsea coreana var. **lanuginosa**（Migo）Yen C. Yang et P. H. Huang

中国植物志，第31卷：296，1982；Flora of China，Vol. 7: 130，2008；中国生物物种名录，第一卷（总中）：915，2018.

形态特征：常绿乔木，树皮片状剥落呈不规则白色斑块。其余特征与豹皮樟 Litsea coreana var. sinensis 相似，主要区别是，本变种一年生枝密被灰色长柔毛，嫩叶两面均被柔毛（叶背尤密），叶背粉白色；老叶的叶背面仍具稀疏柔毛，叶面中脉具短毛；叶柄长1~2.2cm，具长柔毛。

分布：江西分布于各地山区，生于阔叶林中、林缘，海拔300~1000m。浙江、安徽、河南、江苏、福建、湖南、湖北、四川、广东、广西、贵州、云南等地区也有分布。

用途和繁殖方法：用材，园林绿化。播种繁殖。

毛豹皮樟

a. 叶椭圆状披针形或倒卵状披针形，叶面中脉具短毛；b. 树皮呈小鳞片状剥落，脱落后呈鹿皮状斑块；c. 一年生枝密被灰色长柔毛，叶背、叶柄被长柔毛，叶背粉白色。

（10）潺槁木姜子 Litsea glutinosa（Loureiro）C. B. Robinson

中国植物志，第 31 卷：285，1982；Flora of China，Vol. 7: 126，2008；中国生物物种名录，第一卷（总中）：916，2018.

（10）a. 潺槁木姜子（原变种）Litsea glutinosa var. glutinosa

中国植物志，第 31 卷：285，1982；Flora of China，Vol. 7: 126，2008；中国生物物种名录，第一卷（总中）：916，2018.

形态特征： 常绿乔木，一年生枝具绒毛，顶芽外面被绒毛。叶互生倒卵状长圆形或椭圆状披针形，长 7~12cm，宽 4~6cm，先端圆钝或短尖，基部楔形、钝；叶革质，幼叶两面均有毛；老叶正面仅中脉略被毛，叶背具灰黄色绒毛或近无毛；羽状脉，侧脉 8~12 对，直展，中脉在叶面微突；叶柄长 1~2.6cm，具绒毛。伞形花序生于小枝上部叶腋，短枝长 2~4cm；花序具总梗（长 1~1.5cm），花序被绒毛；花序基部的苞片 4 枚；花梗也被绒毛；花被不完全或缺；能育雄蕊约 15 枚；花丝被柔毛，花丝的腺体具长柄；雌花的子房无毛，花柱粗大，柱头漏斗形。核果球形，直径约 0.7cm；果梗长 0.6cm。花期 5~6 月，果成熟期 9~10 月。

分布： 江西分布于寻乌县（清溪乡）等山区，生于阔叶林中、路边，海拔 300~800m。广东、广西、福建、湖南、云南等地区也有分布。

用途和繁殖方法： 用材，园林绿化，药用（根皮）。播种繁殖。

潺槁木姜子

a. 顶芽外面被绒毛，叶先端圆钝或短尖，基部楔形、钝，一年生枝具绒毛；b. 常绿乔木；c. 叶柄具绒毛，叶背具灰黄色绒毛。

（11）**大果木姜子** Litsea lancilimba Merrill

中国植物志，第 31 卷：313，1982；Flora of China，Vol. 7: 135，2008；中国生物物种名录，第一卷（总中）：916，2018.

形态特征：常绿乔木，高可达 20m。二年生枝灰褐色；一年生枝绿色，具棱，无毛。叶互生，椭圆状披针形或卵状披针形，长 12~22cm，宽 3~4cm，先端渐尖，基部楔形；叶革质，正面具光泽，叶背粉绿、无毛；羽状脉，侧脉 12~14 对，中脉在叶面平坦或微凸起；侧脉和中脉在叶背凸起；叶柄长 1.6~3.5cm，无毛。伞形花序腋生（稀单生或 2~4 个簇生）；花序梗长 0.5~0.7cm，无毛；花梗长 0.3~0.4cm，无毛；花被裂片 6 枚，外面中肋具疏毛；能育雄蕊 9 枚，花丝具柔毛，第三轮基部的腺体具柄。核果长圆形，长 1.5~2.5cm，直径 1~1.4cm；果托盘状，边缘常有不规则的浅裂或不裂；果梗长 0.5~0.8cm。花期 6 月，果成熟期 11~12 月。

分布：江西分布于信丰区（油山槽里），生于山谷林内、路边，海拔 200~800m。广东、广西、福建、云南等地区也有分布。

用途和繁殖方法：用材，园林绿化。播种繁殖。

大果木姜子

a. 叶互生，椭圆状披针形，先端渐尖，叶面具光泽；b. 叶背无毛；c. 乔木树干；d. 一年生枝具棱，无毛；叶柄、叶两面均无毛；花序梗较长。

（12）桂北木姜子 *Litsea subcoriacea* Yen C. Yang et P. H. Huang

中国植物志，第31卷：315，1982；Flora of China，Vol. 7: 135，2008；中国生物物种名录，第一卷（总中）：917，2018.

形态特征： 常绿乔木，小枝红褐色或灰褐色，无毛，有时具棱。顶芽外面被丝状毛。叶互生，椭圆状披针形，长6~20cm，宽2~3.5cm，先端渐尖或微镰刀状，基部楔形；叶面具光泽，无毛；叶背无毛（幼时沿脉具疏毛）；羽状脉，侧脉9~13对，先端靠叶缘处弯曲，于叶背凸起而明显（网脉明显）；中脉于叶面平坦或稍凹陷，背面凸起；叶柄长1.2~3cm，近无毛。伞形花序多个聚生于长0.2cm的无毛短枝上，生于小枝先端的叶腋；花序梗短（长约0.2cm)，具短柔毛；花序苞片4枚，外面具柔毛；花梗具柔毛；花被裂片6枚，无毛；雄蕊9枚，花丝基部具柔毛，腺体细小；无退化雌蕊；子房的花柱外露，无毛。果椭圆形，长约1.5cm，直径0.8cm；果托杯状，深约0.4cm；果梗长0.4~0.6cm，具柔毛。花期8~9月，果成熟期翌年1~2月。

分布： 江西分布于广丰区（铜钹山）、三清山等山区，生于阔叶林中，海拔400~800m。广西北部、贵州、湖南、广东、福建等地区也有分布。

用途和繁殖方法： 用材。播种繁殖。

桂北木姜子

a.叶互生，椭圆状披针形，先端渐尖，小枝灰褐色，无毛；b.叶背无毛，网脉明显；c.为另一株，小枝红褐色，无毛，叶互生，椭圆状披针形。

（13）栓皮木姜子 Litsea suberosa Yen C. Yang et P. H. Huang

中国植物志，第31卷：313，1982；Flora of China，Vol. 7: 135，2008；中国生物物种名录，第一卷（总中）：917，2018.

形态特征： 常绿小乔木，一年生枝淡红褐色，无毛，老枝具薄的木栓质皮层，皮孔显著。幼叶叶背或老叶叶背均无毛。叶互生，狭长椭圆形或倒披针形，长7~15cm，宽3~5cm，先端渐或短尖，基部楔形；叶革质，正面无毛；叶背无毛（稀具稀疏微毛）；羽状脉，侧脉9~12对；中脉叶面平或微陷；叶柄长0.5~1.5cm，无毛，基部略膨大。伞形花序腋生，无总梗或具极短的总梗；花梗长0.2cm；花被片6枚；能育雄蕊9枚；花丝具长柔毛，花丝基部具腺体。核果椭圆形，长1~1.2cm；果托杯状，果梗长0.4cm。花期7~9月，果成熟期10~11月。

分布： 江西分布于寻乌县（中和乡岭阳村）、崇义县（垄背）等山区，海拔300~800m。广东、湖南、湖北、四川等地区也有分布。

用途和繁殖方法： 用材，香精。播种繁殖。

栓皮木姜子

a~b. 一年生枝淡红褐色，无毛；叶革质、互生，狭长椭圆形或倒披针形；c. 叶背无毛（稀具稀疏微毛），羽状脉；d. 叶柄无毛，基部略膨大。

（14）**华南木姜子** Litsea greenmaniana C. K. Allen

中国植物志，第 31 卷：316，1982；Flora of China，Vol. 7: 136，2008；中国生物物种名录，第一卷（总中）：916，2018.

形态特征：常绿小乔木，一年生枝红褐色，被短毛，后脱落变无毛。顶芽外面被丝状短柔毛。叶互生，椭圆状披针形或倒卵状披针形，长 6~13cm，宽 3~4cm，先端渐尖或镰刀状渐尖，基部楔形；叶薄革质，叶面具光泽，叶背粉绿色，叶两面均无毛；羽状脉，侧脉 6~10 对，在叶面不明显；中脉在叶面平或稍下陷；叶柄长 0.7~1.3cm，近无毛。伞形花序生于叶腋或短枝上，花序具明显总梗（长约 0.4cm），被稀疏短柔毛；花梗短，花被片 6 枚；能育雄蕊 9 枚，花丝具长柔毛；花丝的腺体心形、无柄；雌蕊的柱头 2 裂，无毛。核果椭圆形，长约 1.3cm，直径约 0.8cm；果托杯状，深裂约 0.2cm；果梗长 0.3cm。花期 7~8 月，果成熟期 12 月至翌年 3 月。

分布：江西分布于信丰县（金盆山）、寻乌县、龙南县（九连山）等山区，生于山坡阔叶林中，海拔 200~800m。广东、广西、湖南、福建等地区也有分布。

用途和繁殖方法：植被恢复。播种繁殖。

华南木姜子

a. 叶椭圆状披针形或倒卵状披针形，先端渐尖或镰刀状渐尖，基部楔形；b. 一年生枝红褐色，无毛；叶面具光泽，中脉在叶面平；叶柄近无毛；伞形花序生于叶腋；花序具明显总梗；c. 叶背粉绿色，无毛，羽状脉；d~f. 为另一株，其中 d. 示核果椭圆形，果托杯状，深裂约 0.2cm；e. 树干褐红色；f. 一年生枝红褐色，被短毛，后脱落变无毛。

（15）尖脉木姜子 Litsea acutivena Hayata

中国植物志，第 31 卷：328，1982；Flora of China，Vol. 7: 140，2008；中国生物物种名录，第一卷（总中）：914，2018.

形态特征：常绿乔木，一年生枝、幼叶叶背或老叶背面均被密柔毛，老枝近无毛。顶芽外面被锈色柔毛。叶互生或聚生枝顶，倒卵状披针形或长圆状披针形，长 6~11cm，宽 3~4cm，先端短渐尖，基部楔形；叶革质，叶面沿中脉被毛，其余无毛，叶背具黄褐色短柔毛，沿叶脉毛较密；羽状脉，侧脉 7~10 对，中脉在叶面平，叶背横脉明显凸起；叶柄长 0.6~1.2cm，密被褐色柔毛（或老时毛脱落变为近无毛）。伞形花序生于当年生枝上端，簇生；总梗长约 0.3cm，被柔毛；花梗密被柔毛；花被片 6 枚，边缘具毛；能育雄蕊 9 枚，花丝有毛，花丝的腺体盾形；雌花的子房近无毛，花柱柱头 2 裂。核果椭圆形，长 1.2~2cm，直径 1~1.2cm，成熟时黑色；果托杯状，深 0.3cm，果梗长约 1cm。花期 7~8 月，果成熟期 12 月至翌年 2 月。

分布：江西分布于寻乌县（留车镇乱罗嶂）、德兴市（怀玉山）等山区，生于阔叶林中，海拔 200~600m。台湾、福建、广东、广西等地区也有分布。

用途和繁殖方法：园林绿化，用材。播种繁殖。

尖脉木姜子

a. 叶倒卵状披针形；b. 叶面沿中脉被毛，中脉在叶面平，伞形花序生于当年生枝上端，簇生；c. 一年生枝、顶芽、叶背面均被密柔毛；d. 花药 4 室，花被边缘具毛。

（16）黄丹木姜子 Litsea elongata（Nees）J. D. Hooker

中国植物志，第 31 卷：329，1982；Flora of China，Vol. 7: 140，2008；中国生物物种名录，第一卷（总中）：915，2018.

（16）a. 黄丹木姜子（原变种）Litsea elongata var. elongata

中国植物志，第 31 卷：329，1982；Flora of China，Vol. 7: 140，2008；中国生物物种名录，第一卷（总中）：915，2018.

形态特征：常绿乔木，枝圆柱形，灰褐色，被紧贴的黄褐色伏毛。顶芽外面被短柔毛。叶互生，长圆状披针形或倒卵状披针形，叶较宽，长 7~22cm，宽 3~6cm，先端渐尖，基部楔形、圆钝（叶片基部不下延）；叶革质；叶背被褐黄色短柔毛，侧脉和横脉清晰，网脉不达叶边缘消失；羽状脉，侧脉 8~20 对，中脉在叶正面微凸起或平；叶柄长 1~2.5cm，密被褐色绒毛。伞形花序单生（稀簇生）；总梗较短（长 0.5cm），密被褐色绒毛；花梗被柔毛；花被片 6 枚；能育雄蕊 9~12 枚，花丝具长柔毛和无柄的腺体；雌花的子房无毛。核果长圆形，长 1~1.3cm，直径 0.8cm，成熟时黑紫色；果托杯状，深约 0.2cm；果梗长 0.3cm。花期 5~11 月，果成熟期翌年 2~6 月。

分布：江西分布于各地山区，生于阔叶林中、路边、溪谷，海拔 300~1100m。广东、广西、湖南、湖北、四川、贵州、云南、西藏、安徽、浙江、江苏、福建等地区也有分布。

用途和繁殖方法：用材，园林绿化。播种繁殖。

黄丹木姜子

a. 枝被紧贴的黄褐色伏毛，顶芽外面密被短柔毛；b. 叶背被褐黄色短柔毛，横脉清晰，网脉不达叶边缘消失。

黄丹木姜子（续）

　　c~f. 为第二株，c. 示叶长圆状披针形；d. 叶基部楔形、钝；e. 叶背被褐黄色短柔毛，侧脉和横脉清晰，网脉不达叶边缘消失；f. 叶柄、一年生枝密被褐黄色绒毛。

黄丹木姜子（续）

g~j. 为第三株，其中 g. 示叶较宽（长圆状披针形）；h. 叶先端渐尖；i. 枝圆柱形，被黄褐色伏毛；伞形花序总梗较短；j. 叶背被短柔毛，侧脉和横脉清晰。

（16）b. 石木姜子 Litsea elongata var. faberi（Hemsley）Yen C. Yang et P. H. Huang

中国植物志，第 31 卷：331，1982；Flora of China，Vol. 7: 140，2008；中国生物物种名录，第一卷（总中）：915，2018.

形态特征：常绿乔木，枝圆柱形，灰褐色，被紧贴的黄褐色伏毛；顶芽外面被短柔毛。其它特征与原变种 Litsea elongata（Nees）J. D. Hooker var. elongata 相似，但本变种的叶片较小，长 5~12cm，宽 2~3.5cm；总花梗（果梗）较长（0.6~1cm）。

分布：江西分布于三清山等各地山区，生于阔叶林中、路边、溪谷，海拔 300~1100m。四川、贵州、云南、湖南、浙江、福建、广东等地区也有分布。

用途和繁殖方法：用材，精油（叶、果）。播种繁殖。

石木姜子

a. 叶片较小；b. 中脉在叶面平或微凸起；c. 核果长圆形，总果梗较长，被短毛；d. 叶背被褐黄色短柔毛，侧脉和横脉清晰，网脉不达叶边缘消失。

（17）竹叶木姜子 Litsea pseudoelongata H. Liu

中国植物志，第31卷：322，1982；Flora of China，Vol. 7: 137，2008；中国生物物种名录，第一卷（总中）：917，2018.

形态特征：常绿乔木，树皮褐色。幼枝灰褐色，被灰色柔毛。顶芽被短柔毛。叶互生，条形，叶片较窄，长7~12cm，宽1~2.5cm，先端短渐尖，基部急尖略下延；叶面略具光泽，叶背面粉绿色（有时锈黄色），叶背幼时具柔毛，老叶被紧贴的稀疏平伏短毛（或近无毛）；羽状脉，侧脉15~20对，在叶面不明显，但于叶背略突起而明显；中脉在叶面平或微下陷，背面凸起；叶柄长0.5~1cm，无毛。伞形花簇生于枝上部的叶腋短枝上，短枝长0.5~1cm，花梗短，被柔毛；花被片6枚（稀4或8枚）；能育雄蕊9枚，花丝短，具柔毛；花丝具椭圆形的无柄腺体。核果长卵形，长约1cm，先端尖；果托浅杯状，边缘具圆齿，外面被短柔毛；果梗长约0.2cm，具灰色柔毛。花期5~6月，果成熟期10~12月。

分布：江西分布于信丰县（金盆山）、寻乌县（项山）、崇义县（聂都）、井冈山等山区，生于疏林内、路边，海拔300~900m。广东、广西、湖南、福建等地区也有分布。

用途和繁殖方法：用材，园林绿化。播种繁殖。

竹叶木姜子

a.叶条形，叶片较窄；b.常绿乔木，树皮褐色；c.叶柄长无毛；老叶叶背被紧贴的稀疏平伏短毛（或近无毛）；羽状脉，于叶背略凸起而明显。

2.10.4 山胡椒属 Lindera Thunberg

形态特征： 常绿或落叶，乔木或灌木。叶互生于枝条上，不集生枝顶；羽状脉、三出脉或离基三出脉。花单性，雌雄异株；伞形花序单生于叶腋或簇生在腋生的短枝上；花序具总花梗或无总梗；花序基部的总苞片4枚，交互对生。花被片6枚（稀7~9枚），通常脱落；雄花能育雄蕊9枚（稀12枚），一般排列成3轮；花药2室；全部内向，第三轮的花丝基部着生具柄的2枚腺体。雌花子房球形或椭圆形，具退化雄蕊9枚（稀12~15枚），退化雄蕊常为条形。果序伞形，总梗短或无总梗而呈簇生状；花药2室；核果圆形或椭圆形，幼果绿色，熟时红色或紫黑色，内有1颗种子；花被管稍膨大形成果托于果实基部（或膨大成杯状包被果实基部以上至中部）。

分布与种数： 主要分布于亚洲和北美洲的温带至热带地区，约100种。中国38种。江西15种3变种。

分种检索表

1. 羽状脉。
 2. 落叶乔木或灌木。
  3. 花序、果序总梗长0.3cm以下或总梗不明显。
   4. 叶在秋冬枯黄后不脱落；叶较宽，长4~9cm，宽3~6cm·····················
··**山胡椒 Lindera glauca**
   4. 小枝淡绿色，叶较窄（宽1.5~3cm）·················**狭叶山胡椒 L. angustifolia**
  3. 花序、果序具明显总果梗，长0.3cm以上，叶为倒卵形或宽卵圆形。
   5. 枝灰褐色、粗糙、具皮孔，无"之"字形曲折；叶倒卵形，叶较窄，宽2~4cm。
    6. 叶基部楔形且明显狭窄。
     7. 叶基部不下延，叶柄和叶背被短毛；果梗、幼枝具毛·················
··**江浙山胡椒 L. chienii**
     7. 叶基部下延，叶柄和叶背无毛；果梗、幼枝无毛·················
··**红果山胡椒 L. erythrocarpa**
    6. 叶基部楔形、钝（基部不下延），长5~13cm，宽2~4.5cm，网脉两面明显，叶背中脉和侧脉被短毛·········**网叶山胡椒 L. metcalfiana var. dictyophylla**
   5. 枝黄绿色，"之"字形曲折，枝、叶、芽无毛·················**山檔 L. reflexa**
   5a. 枝具微毛，叶背、叶柄、芽具不脱落的柔毛·····························
··**陷脉山檔 L. reflexa var. impressivena**
 2. 常绿乔木或灌木。

8. 常绿乔木；枝无毛；叶聚生枝顶，较长（10~20cm），常无毛；果托
浅杯状包裹果基部···**黑壳楠 L. megaphylla**

8. 枝、叶均被毛，叶长 12cm 以下。

 9. 幼枝、幼叶被毛，后脱落为近无毛；叶较小，长仅 3~8cm，宽
2~3.5cm；老叶叶面中脉近无毛·····················**香叶树 L. communis**

 9. 枝、叶背密被锈褐色绒毛而不脱落，叶较大，叶长 6~12cm，宽
3~6cm；老叶叶面中脉仍具密短毛·············**绒毛山胡椒 L. nacusua**

1. 三出脉。

 10. 落叶灌木。

  11. 花序、果序明显具总梗；基出三出脉，或基出三出脉与离基
三出脉并存。

   12. 叶全缘或 3 裂，叶背无毛，基出三出脉·······················
···**三桠乌药 L. obtusiloba**

   12. 叶先端不裂，叶背无毛或被疏微毛，基出三出脉或与离
基三出脉并存·························**绿叶甘橿 L. neesiasna**

  11. 花序、果序无总梗或具 3mm 以下总梗；离基三出脉·············
···**红脉钓樟 L. rubronervia**

 10. 常绿乔木或灌木。

   13. 枝、叶均无毛，叶长 12cm 以上·····························
···**龙胜钓樟 L. lungshengensis**

   13. 枝、叶稍被毛，或成熟后枝、叶上的毛脱落变无毛，
叶长 12cm 以下。

    14. 叶宽卵圆形，叶背、枝被密柔毛·························
···**乌药 L. aggregata**

    14. 枝、叶上的毛脱落变无毛，但老叶背面仍具稀疏
残毛。

    15. 老叶叶背残毛明显，果较大、无毛（初具微毛）···
···**三股筋香 L. thomsonii**

    15. 老叶叶背残毛不明显或无残毛，果较小、无毛。

     16. 叶三出脉最下一对侧脉靠叶缘上伸，于中部
近与叶缘重合·············**香叶子 L. fragrans**

     16. 叶三出脉的最下一对侧脉离叶缘 0.3cm 以上
········**香粉叶 L. pulcherrima var. attenuata**

（1）山胡椒 Lindera glauca（Siebold et Zuccarini）Blume

中国植物志，第 31 卷：393，1982；Flora of China，Vol. 7: 146，2008；中国生物物种名录，第一卷（总中）：913，2018.

形态特征：落叶灌木，一年生枝被毛，芽初被毛（后脱落变无毛）。叶互生，宽椭圆形或倒卵形，长 4~9cm，宽 3~6cm；叶背被柔毛，羽状脉，侧脉 4~6 对；叶在秋冬枯黄后不脱落，直至新叶发出。伞形花序（或果序）着生于幼枝基部、无叶的老枝上，或生于短枝顶端；花序、果序总梗长 0.3cm 以下或总梗不明显；雄花花被片黄色，雄蕊 9 枚，近等长，花丝无毛，第三轮花丝基部具 2 枚腺体；花梗长约 1.2cm，密被白色柔毛；雌花花被片黄色；花梗长 0.3~0.6cm；核果球形，果梗长 1~1.5cm。花期 3~4 月，果成熟期 7~8 月。

分布：江西各地山区均有分布，生长于灌丛、路边、疏林下，海拔 300~1000m。山东、河南、陕西、甘肃、山西、江苏、安徽、浙江、福建、台湾、广东、广西、湖北、湖南、四川等地区也有分布。

用途和繁殖方法：用材，园林观赏，药用。播种繁殖。

山胡椒

a. 叶宽椭圆形或倒卵形；b. 叶宽椭圆状矩形；c. 叶背被柔毛；d. 核果球形，一年生枝被毛，果序着生于幼枝基部或无叶的老枝上，花序、果序总梗长 0.3cm 以下或总梗不明显。

（2）狭叶山胡椒 Lindera angustifolia W. C. Cheng

中国植物志，第31卷：395，1982；Flora of China，Vol. 7: 147，2008；中国生物物种名录，第一卷（总中）：913，2018.

形态特征：落叶灌木，老枝灰白色、无毛，幼枝淡绿色、具毛。叶在秋冬枯黄后不脱落，狭椭圆状披针形，长6~14cm，宽1.5~3cm，先端渐尖，基部楔形；叶面绿色无毛，叶背粉白色，无毛或具稀疏的残毛；羽状脉，侧脉8~10对。伞形花序（或果序）着生于幼枝基部、无叶的老枝上，或生于短枝顶端；花序、果序总梗长0.3cm以下或总梗不明显。雄花的花被片6枚，能育雄蕊9枚；雌花的花梗长0.3~0.6cm；花被片6枚；子房无毛。核果球形，成熟时紫黑色，果梗长0.5~1.5cm，被微柔毛或无毛。花期3~4月，果成熟期9~10月。

分布：江西分布于横峰县（龟峰景区）、井冈山（茨坪村）、贵溪市（龙虎山）等地区，生于灌丛中、荒山、路边、疏林下，海拔150~600m。山东、浙江、福建、安徽、江苏、河南、陕西、湖北、广东、广西等地区也有分布。

用途和繁殖方法：植被恢复，水土流失治理，精油。播种繁殖。

狭叶山胡椒

a. 老枝灰白色，无毛；b. 叶狭椭圆状披针形；c. 幼枝淡绿色、具毛，叶背粉白色，被稀疏残毛（中脉的毛明显）；d. 果序着生于幼枝基部、无叶的老枝上，或生于短枝顶端；总梗不明显；核果球形。

（3）江浙山胡椒 Lindera chienii W. C. Cheng

中国植物志，第 31 卷：387，1982；Flora of China，Vol. 7: 145，2008；中国生物物种名录，第一卷（总中）：913，2018.

形态特征：落叶灌木，幼枝具毛，老枝具残毛。叶聚生于枝上部；叶互生，叶倒椭圆形，叶基部楔形、不下延；叶长 5~9cm，宽 2~4cm，先端短渐尖；叶背初被短毛，后逐渐脱落为近无毛；羽状脉，侧脉 5~7 对；叶柄长 0.2~1cm，被柔毛。伞形花序着生于芽的两侧，总花序梗长 0.7cm，具微柔毛；花梗长 0.3cm；雄花花被片外面被柔毛，内面无毛；第三轮花丝基部着生 2 个具长柄的漏斗状腺体；雌花花被片外面被柔毛，内面无毛；子房无毛，花柱无毛。核果近圆球形，直径 1cm，成熟时红色；果梗长 0.6~1.2cm，总果梗长 0.8cm，均被短柔毛。花期 3~4 月，果成熟期 9~10 月。

分布：江西分布于芦溪县（武功山）、安福县（羊狮幕）、修水县（幕阜山），生于疏林路边，海拔 650~1000m。湖南、江苏、浙江、安徽、河南等地区也有分布。

用途和繁殖方法：精油，药用。播种繁殖。

江浙山胡椒

a. 叶倒椭圆形；a-1. 花生于芽两侧；b. 叶聚生于枝上部；c. 叶基部不下延；d. 叶背初被短毛，后逐渐脱落为近无毛；e. 核果近圆球形；果梗和总果梗均被短柔毛。

（4）红果山胡椒 Lindera erythrocarpa Makino　红果钓樟

中国植物志，第 31 卷：388，1982；Flora of China，Vol. 7: 146，2008；中国生物物种名录，第一卷（总中）：913，2018.

形态特征：落叶灌木，枝灰白或灰黄色，具皮孔。叶互生，叶为倒卵形或倒披针形，先端渐尖，基部狭楔形并沿叶柄下延；叶长 6~12cm，宽 2.5~4cm；叶背粉白色，幼时被毛，后脱落变无毛，网脉不明显；羽状脉，侧脉 4~5 对；叶柄长 0.5~1cm，无毛。伞形花序、果序着生于腋芽两侧或短枝顶端，总梗长约 0.5cm；雄花花被片 6 枚，雄蕊 9 枚，第三轮花丝的近基部着生 2 个具短柄的腺体，退化雄蕊成"凸"字形；花梗被疏柔毛，长约 0.3cm；雌花花被片 6 枚；退化雄蕊 9 枚，条形；子房狭椭圆形，花柱粗。核果球形，直径 0.8cm，熟时红色；果梗长 1.5~1.8cm，果托上部不形成浅杯状（仅向先端渐增粗）。花期 4 月，果成熟期 9~10 月。

分布：江西各地山区均有分布，生于溪边、路边、疏林内，海拔 200~1200m。陕西、河南、山东、江苏、安徽、浙江、湖北、湖南、福建、台湾、广东、广西、四川等地区也有分布。

用途和繁殖方法：园林观赏，植被恢复，药用。播种繁殖。

红果山胡椒

a. 叶倒披针形，基部狭楔形并沿叶柄下延；b. 幼叶叶背被毛；c. 老叶叶背后脱落变无毛。

红果山胡椒（续）

d~h.为另一株，其中 d. 示叶倒披针形；e. 植株生境；f. 叶基部狭楔形并沿叶柄下延；g. 果序生于短枝顶端；h. 果序生于腋芽两侧。

（5）滇粤山胡椒 Lindera metcalfiana C. K. Allen

中国植物志，第31卷：401，1982；Flora of China, Vol. 7: 149，2008；中国生物物种名录，第一卷（总中）：914，2018.

（5）a.滇粤山胡椒（原变种）Lindera metcalfiana var. metcalfiana

中国植物志，第31卷：401，1982；Flora of China, Vol. 7: 149，2008；中国生物物种名录，第一卷（总中）：914，2018.

江西无分布；分布于云南、广西、广东、福建等地区。

（5）b.网叶山胡椒 Lindera metcalfiana var. dictyophylla（C. K. Allen）H. P. Tsui

中国植物志，第31卷：401，1982；Flora of China, Vol. 7: 149，2008；中国生物物种名录，第一卷（总中）：914，2018.

形态特征：落叶灌木，枝灰褐色，无毛（或幼枝具微毛）。叶互生，宽椭圆形或倒椭圆形，长5~13cm，宽2~4.5cm，先端渐尖；叶基部楔形、钝（不下延）；叶背灰绿色，中脉和侧脉被短毛（后渐脱落至近无毛）；羽状脉，网脉两面明显，侧脉

网叶山胡椒

a.叶宽椭圆形，叶面网脉明显；b.叶背灰绿色，网脉明显；c.叶中脉和侧脉被短毛；d~e.为第二株，d.示叶互生，倒椭圆形，网脉明显；叶基部楔形、钝（不下延）。

6~10 对；叶柄长 0.8cm，被柔毛。雄花为伞形花序，生于叶腋的短枝上，总梗纤细，长 1~1.6cm；花被片 6 枚，具腺点；能育雄蕊 9 枚，第三轮花丝近基部具肾形腺体；雌花伞形花序总梗长 0.6cm，花梗长 0.2cm；花被片 6 枚；子房无毛。核果球形，直径 0.6cm，成熟时紫黑色；果梗长约 0.6cm，粗壮，被微柔毛。花期 3~5 月，果成熟期 6~10 月。

分布：江西分布于芦溪县（武功山）、三清山等山区，生于疏林中、路边，海拔 700~1000m。云南、广西、福建等地区也有分布。

用途和繁殖方法：植被恢复，精油。播种繁殖。

网叶山胡椒（续）

e. 叶背中脉和侧脉被短毛；f~g. 为第三株，f. 示叶倒椭圆形，叶基部楔形、钝（不下延）；g. 叶背中脉和侧脉被短毛；网脉明显。

（6）山橿 Lindera reflexa Hemsley

中国植物志，第 31 卷：390，1982；Flora of China，Vol. 7: 146，2008；中国生物物种名录，第一卷（总中）：914，2018.

（6）a. 山橿（原变种）Lindera reflexa var. **reflexa**

浙江植物志（新编），第二卷：245，2021.

形态特征：落叶灌木，一年生枝黄绿色、光滑，"之"字形曲折，无皮孔。叶互生，卵状宽圆形、倒卵状椭圆形，长 7~12cm，宽 4~8cm，先端渐尖，基部宽楔形（有时微心形）；叶纸质，叶背粉绿色，初被短毛，后脱落变为近无毛；羽状脉，侧脉 6~8 对；叶柄长 0.6~2cm，幼时被柔毛，后脱落变为无毛。伞形花序着生于芽的两侧，具总梗（长 0.3cm）；花序、果序具明显总果梗，总花梗初具微柔毛（后脱落为无毛）；雄花花被片 6 枚，花丝无毛，第三轮花丝的基部着生 2 枚腺体；雌花的花被片 6 枚，子房椭圆形。核果球形，直径约 0.7cm，熟时红色；果梗和总果梗初具微毛，后脱落为无毛，长约 1.5cm。花期 4 月，果成熟期 8 月。

分布：江西各地山区均有分布，生于路边、林缘或灌丛中，海拔 200~1200m。河南、江苏、安徽、浙江、湖南、湖北、贵州、云南、广西、广东、福建等地区也有分布。

用途和繁殖方法：植被恢复，药用（根），园林观赏，精油。播种、埋根繁殖。

山橿

a. 叶卵状宽圆形；b. 伞形花序（或果序）着生于芽的两侧。

山橿（续）

c. 叶背粉绿色，初被短毛，后脱落为无毛；d. 为第二株，示叶倒卵状椭圆形，一年生枝黄绿色、光滑，"之"字形曲折；e~f. 为第三株，示叶狭椭圆形，叶背近无毛。

（6）b. **陷脉山橿** Lindera reflexa var. **impressivena** G.Y. Li et J.F. Wang

浙江植物志（新编），第二卷：245，2021.

本变种与原变种山橿 Lindera reflexa var. reflerxa 的主要区别：本变种叶背、叶柄、芽均被密柔毛且不脱落。

分布：江西庐山有分布，生于路边、松林下、灌丛中，海拔 900~1400m。

用途和繁殖方法：药用，提炼精油。播种繁殖。

陷脉山橿

a. 一年生枝具微毛；b. 果梗、叶柄被毛；c. 叶背被密柔毛且不脱落；d. 芽被密柔毛。

（7）黑壳楠 Lindera megaphylla Hemsley 毛黑壳楠

中国植物志，第 31 卷：384，1982；Flora of China，Vol. 7: 144，2008；中国生物物种名录，第一卷（总中）: 913，2018. *Lindera megaphylla* Hemsl. f. *touyunesis*（Lévl.）Rehd.，中国植物志，第 31 卷：384，1982.

形态特征：常绿乔木，枝紫黑色，无毛。顶芽大，芽鳞外面被微柔毛。叶聚生枝顶，互生，倒椭圆状至倒披针形，长 10~20cm，先端渐尖，基部楔形；叶背粉绿色，无毛（或叶背被微毛）；羽状脉，侧脉 15~21 对；叶柄长 1.5~3cm，无毛或被微毛。伞形花序（或果序）具总梗；雄花序总梗长 1~1.5cm，雌花序总梗长 0.6cm，均密被柔毛；雄花花梗长 0.6cm，被柔毛；花被片 6 枚，花丝被疏柔毛，第三轮花丝的基部具腺体；雌花的花梗长 0.3cm，密被柔毛；花被片 6 枚，线状匙形；子房无毛。核果柱状椭圆形，长约 1.8cm，直径 1.3cm，成熟时紫黑色，无毛；宿存果托浅杯状包裹果基部；果梗长 1.5cm，具皮孔。花期 2~4 月，果成熟期 9~12 月。

分布：江西分布于寻乌县（项山）、信丰县（金盆山）、崇义县（齐云山）、遂川县、井冈山、三清山等各地山区，生于阔叶林中、路边，海拔 300~1000m。陕西、甘肃、四川、云南、贵州、湖北、湖南、安徽、福建、广东、广西等地区也有分布。

用途和繁殖方法：园林绿化，用材，药用。播种繁殖。

黑壳楠

　　a.叶聚生枝顶，倒椭圆状倒披针形；b.叶背粉绿色，无毛，叶柄无毛；c.核果柱状椭圆形；宿存果托浅杯状包果基部；d.常绿乔木；e.示叶倒椭圆状至倒披针形；e~g.为另一株（原"毛黑壳楠"）；f.叶背粉绿色，被微毛，叶柄被微毛；g.顶芽大，芽鳞外面被微柔毛，花序具总梗。

（8）香叶树 Lindera communis Hemsley

中国植物志，第 31 卷：408，1982；Flora of China，Vol. 7: 151，2008；中国生物物种名录，第一卷（总中）：913，2018.

形态特征： 常绿乔木，幼枝、幼叶被毛，后脱落为近无毛。叶互生，卵状披针形或卵状椭圆形，长 3~8cm，宽 2~3.5cm，先端渐尖或短尖，基部宽楔形或阔圆形；叶背苍绿色，初被柔毛，后渐脱落为无毛；羽状脉，侧脉 5~7 对；中脉在叶面平；叶柄长 0.5~0.8cm，近无毛。伞形花序（果序）生于叶腋，总梗极短，雄花花被片 6 枚，雄蕊 9 枚，花丝略被微柔毛或无毛，第三轮花丝基部具 2 枚腺体；雌花花被片 6 枚；子房无毛。核果近球形，无毛，成熟时红色；果梗长 0.4~0.7cm，被微柔毛或无毛。花期 3~4 月，果成熟期 9~10 月。

分布： 分布于江西各地，散生于村旁或生于山区阔叶林内、路边，海拔 100~900m。陕西、甘肃、湖南、湖北、浙江、福建、台湾、广东、广西、云南、贵州、四川等地区也有分布。

用途和繁殖方法： 用材，园林绿化，精油。播种繁殖。

香叶树

a. 叶互生，卵状披针形，先端渐尖，基部宽楔形；b. 叶卵状椭圆形，先端短尖，基部阔圆形；c. 叶背苍绿色，无毛；d. 幼枝、幼叶被毛，后脱落为近无毛，果梗被微柔毛。

（9）绒毛山胡椒 Lindera nacusua（D. Don）Merrill

中国植物志，第31卷：406，1982；Flora of China，Vol. 7: 150，2008；中国生物物种名录，第一卷（总中）：914，2018.

形态特征：常绿灌木，枝灰褐色，枝、叶背密被锈褐色绒毛且不脱落。顶芽密被柔毛。叶长 6~12cm，宽 3~6cm；老叶叶面中脉仍具密短毛，叶背密被长柔毛；叶先端短渐尖，基部楔形；羽状脉，侧脉 6~8 对，中脉在叶面微凸；叶柄长 0.5~0.7cm，具柔毛。伞形花序（或果序）生于叶腋，具长 0.3cm 的总梗和宿存总苞片；雄花花

绒毛山胡椒

a. 枝、叶背密被锈褐色绒毛且不脱落；b. 叶背密被长柔毛；c. 枝、老叶叶面中脉仍具密短毛，中脉在叶面微凸。

被片 6 枚，雄蕊 9 枚，花丝无毛，第三轮花丝的近中部具 2 枚腺体；雌花花被片 6 枚，子房无毛。核果近球形，成熟时红色；果梗长 0.5~0.7cm，向上渐增粗，被柔毛。花期 5~6 月，果成熟期 7~10 月。

分布： 江西分布于寻乌县（项山）、信丰县（金盆山）等山区，生于阔叶林缘、路边、灌丛中，海拔 300~850m。广东、广西、福建、四川、云南、西藏等地区也有分布。

用途和繁殖方法： 园林绿化，植被恢复，精油。播种繁殖。

绒毛山胡椒（续）

d~e. 为第二株，其中 d. 示枝、叶背均密被锈褐色绒毛且不脱落；e. 叶背密被锈褐色绒毛；f~g. 为第三株，f. 示叶背密被锈褐色绒毛；g. 枝、叶柄均被短柔毛。

（10）三桠乌药 Lindera obtusiloba Blume

中国植物志，第 31 卷：413，1982；Flora of China，Vol. 7: 153，2008；中国生物物种名录，第一卷（总中）：914，2018.

（10）a. 三桠乌药（原变种）Lindera obtusiloba var. obtusiloba

中国植物志，第 31 卷：413，1982；Flora of China，Vol. 7: 153，2008；中国生物物种名录，第一卷（总中）：914，2018.

形态特征：落叶灌木，当年枝平滑、无毛，芽无毛。叶互生，卵状圆形，长5.5~10cm，宽 4~10cm，先端急尖，全缘或 3 裂，基部近圆形或微心形（稀宽楔形）；叶背粉绿色（稀带红色），无毛（稀被短毛）；基出三出脉（稀五出脉），叶背网脉明显；叶柄长 1.5~2.8cm，被黄白色柔毛。伞形花序、果序明显具总梗，在叶腋生混合芽；雄花花被片 6 枚，淡黄色，外被长柔毛，内面无毛；能育雄蕊 9 枚，花丝无毛，第三轮花丝的基部具 2 枚腺体；雌花花被片 6 枚，花被片被毛；子房椭圆形，无毛。核果近椭圆形，长 0.8cm，直径 0.5cm，成熟时红色（后变紫黑色）。花期 3~4 月，果成熟期 8~9 月。

分布：江西分布于崇义县（齐云山）、上犹县（五指峰）、遂川县（南风面）、井冈山、芦溪县（武功山）、三清山等山区，生于山顶灌丛中、疏林内，海拔1000~1900m。辽宁、山东、安徽、江苏、河南、陕西、甘肃、浙江、福建、湖南、湖北、四川、西藏等地区也有分布。

用途和繁殖方法：园林观赏，精油，用材。播种繁殖。

三桠乌药

a. 叶全缘或 3 裂；
b. 叶背粉绿色、无毛、基出三出脉；c. 单性花，雌雄同株，花被片被毛；d. 伞形花序、果序明显具总梗。

（11）绿叶甘檀 Lindera neesiana（Wallich ex Nees）Kurz

中国植物志，第31卷：412，1982；Flora of China，Vol. 7: 152，2008；中国生物物种名录，第一卷（总中）：914，2018.

形态特征：落叶灌木，幼枝淡黄绿色，干后棕褐色，光滑无毛。叶互生，叶形变化较大，一般为卵形或宽卵形，长5~14cm，宽3~8cm，先端渐尖，基部宽楔形，基出三出脉与离基三出脉并存于一株树上；叶先端不裂，叶背粉白色、近无毛或被疏微毛，叶柄长1~1.2cm，无毛。花序、果序明显具总梗，总梗长0.4cm，基部具4枚总苞片；雄花花被片淡绿色，无毛；花丝无毛，第三轮花丝基部具2枚腺体；雌花花被片淡黄色，无毛；子房无毛。核果近球形，直径0.8cm；果梗长0.7cm，无毛。花期4月，果成熟期9月。

分布：江西分布于遂川县（南风面）、崇义县（齐云山）、靖安县（九岭山）、武宁县（九宫山）、庐山等山区，生于路边、疏林内、灌丛中，海拔600~1300m。河南、陕西、安徽、浙江、湖北、湖南、贵州、四川、云南、西藏等地区也有分布。

用途和繁殖方法：植被恢复，精油。播种繁殖。

绿叶甘橿

a. 叶宽卵形，基出三出脉，总果梗较短；b. 核果近球形，叶背粉白色，近无毛；c~f. 为第二株，其中 c. 示叶卵形，基出三出脉；d. 基出三出脉与离基三出脉并存。e. 叶背粉白色，无毛；幼枝淡黄绿色，光滑无毛；f. 基出三出脉与离基三出脉并存；g. 为第三株，示基出三出脉与离基三出脉并存。

（12）红脉钓樟 Lindera rubronervia Gamble

中国植物志，第 31 卷：411，1982；Flora of China，Vol. 7: 151，2008；中国生物物种名录，第一卷（总中）：914，2018.

形态特征： 落叶灌木，幼枝灰褐色，平滑，芽无毛。叶互生，卵状披针形或狭卵形，长 6~9cm，宽 3~4cm，先端渐尖，基部楔形；叶面深绿色，沿中脉被稀疏短毛或无毛；叶背粉绿色，被短毛或无毛，离基三出脉，侧脉 3~4 对，中脉和叶柄秋后变为红色；叶柄长 0.5~1cm，被短柔毛。伞形花序（果序）腋生，无总梗或具 3mm 以下总梗；花序（果序）生于芽的两侧。雄花花被筒被柔毛，花被片 6 枚，内面被白色柔毛；能育雄蕊 9 枚，花丝无毛，第三轮花丝具 2 枚腺体；雌花花被筒密被白柔毛，花被片 6 枚，内面被白色柔毛，子房无毛；花梗长 0.3cm，具毛。核果近球形，直径 1cm；果梗长 1~1.5cm，熟后弯曲。花期 3~4 月，果成熟期 8~9 月。

分布： 江西分布于庐山、武宁县（九宫山）等山区，生于疏林中、山谷路边，海拔 600~1200m。河南、安徽、江苏、浙江等地区也有分布。

用途和繁殖方法： 园林观赏，植被恢复，精油。播种繁殖。

红脉钓樟

a. 叶脉为离基三出脉；b. 果序具 3mm 以下总梗；c. 离基三出脉，侧脉 3~4 对，叶背粉绿色，无毛；d. 叶中脉和叶柄秋后变为红色；d-1. 花生于芽的两侧。

（13）龙胜钓樟 Lindera lungshengensis S. K. Lee ex Yen C. Yang

中国植物志，第 31 卷：423，1982；Flora of China，Vol. 7: 155，2008；中国生物物种名录，第一卷（总中）：913，2018.

形态特征：常绿灌木或小乔木，枝淡黄绿色，无毛。芽被疏微毛。叶卵状长圆形，长 12~20cm，宽 4~6cm，先端长尾尖，基部宽楔形；叶革质，具光泽，叶背粉白色，无毛或初被微毛；基出三出脉，侧脉直达叶尖端，叶边缘稍下卷；叶背侧脉和横脉较清晰；叶柄长 1.5cm，无毛。伞形花序（果序）生于叶腋短枝上。雄花的雄蕊近等长，花丝被柔毛，第三轮花丝基部具 2 枚无柄的腺体；雌花的花柱被疏柔毛。核果的幼果被毛，成熟核果椭圆形，长约 1.1cm，直径 0.7cm，先端平，具细尖，成熟时蓝黑色；果梗长 1.5cm。花期 2~3 月，果成熟期 9 月。

分布：江西分布于寻乌县（乱罗嶂）、信丰县（金盆山）等山区，生于阔叶林下，海拔 500~1000m。广西（龙胜、临桂）、广东、湖南、福建等地区也有分布，生于海拔 1000~1660m 的山谷密林或灌丛荫处。

用途和繁殖方法：药用。播种繁殖。

龙胜钓樟

a. 叶革质，具光泽；b. 枝淡黄绿色，无毛，叶背粉白色，无毛，基出三出脉，侧脉直达叶尖端；c~d. 为另一株，其中 c. 示基出三出脉；d. 叶背粉白色，无毛，基出三出脉，侧脉直达叶尖端。

（14）乌药 Lindera aggregata（Sims）Kostermans

中国植物志，第 31 卷：434，1982；Flora of China，Vol. 7: 158，2008；中国生物物种名录，第一卷（总中）：913，2018.

（14）a. 乌药（原变种）Lindera aggregata var. aggregata

中国植物志，第 31 卷：434，1982；Flora of China，Vol. 7: 158，2008；中国生物物种名录，第一卷（总中）：913，2018.

形态特征：常绿灌木，根具纺锤状膨胀。一年生枝密被柔毛，老枝黑褐色，具短毛。叶互生，叶宽卵圆形或长卵圆形，长 3~6cm，宽 2~4cm，先端长渐尖或尾尖，基部圆形；叶面具光泽，叶背粉白色，密被柔毛（后渐脱落，但仍具残黑褐色毛）；基出三出脉，中脉及第一对侧脉于叶面平或微凹；叶柄长 0.5~1cm，被柔毛（后渐脱落）。伞形花序（果序）腋生，无总梗，生于约 0.1cm 的短枝上。雄花花被 6 枚，被白色柔毛，内面无毛；花梗长约 0.4cm，被柔毛；花丝被疏柔毛，第三轮花丝的基部有具柄腺体；雌花的子房被褐色短柔毛。核果近球形，长 0.6~1cm，直径 0.5cm。花期 3~4 月，果成熟期 5~11 月。

分布：江西分布于各地山区，生于荒山、灌丛、林缘、路边，海拔 1000m 以下。浙江、福建、安徽、湖南、广东、广西、台湾等地区也有分布。

用途和繁殖方法：植被恢复，园林绿化，药用（根、皮）。播种繁殖。

乌药

　　a. 叶长卵圆形，先端尾尖，老枝黑褐色，具短毛；b. 老叶仍具残黑褐色毛；c. 果序腋生，无总梗，一年生枝密被柔毛，幼叶和老叶背面均密被柔毛；d. 叶宽卵圆形。

（15）三股筋香 Lindera thomsonii C. K. Allen

中国植物志，第 31 卷：430，1982；Flora of China，Vol. 7: 156，2008；中国生物物种名录，第一卷（总中）：914，2018.

（15）a. 三股筋香（原变种）Lindera thomsonii var. thomsonii

中国植物志，第 31 卷：430，1982；Flora of China，Vol. 7: 157，2008；中国生物物种名录，第一卷（总中）：914，2018.

形态特征：常绿灌木或小乔木，枝条圆柱形。幼枝密被绢毛（后脱落为无毛），幼叶两面被毛，顶芽密被微柔毛。叶互生，卵状披针形，长 7~11cm，宽 3~4cm，先端尾尖（尾长达 3cm），基部楔形宽圆钝，叶背粉白色，幼时两面密被柔毛，老叶背面残毛明显（或有时脱落为无毛）；基出三出脉或离基三出脉，第一对侧脉斜伸至叶中部以上，中脉于叶面凸起；叶柄长 0.7~1.5cm。伞形花序（果序）腋生，具短总梗（长 0.3cm 以下）。雄花的花丝被疏柔毛，第三轮花丝近基部具 2 个短柄腺体；雌花序腋生，总梗长 0.2cm；子房椭圆形，被微柔毛。果序总梗极短（0.3cm 以下），核果椭圆形，果较大、无毛（初具微毛），果长 1~1.4cm，直径 0.7~1cm，成熟时由红色变黑色；果梗长 1~1.5cm，被微柔毛。花期 2~3 月，果成熟期 6~9 月。

三股筋香

a. 幼叶两面被毛，基出三出脉；b. 老叶背面残毛明显；果序总梗极短，核果椭圆形，果梗被微柔毛，伞形花序（果序）腋生。

分布：江西分布于寻乌县（项山）、石城县、龙南县、崇义县、井冈山、芦溪县（武功山）、三清山等山区，生于疏林中、路边、灌丛中，海拔 500~1100m。云南、广西、广东、贵州、湖南、福建等地区也有分布。

用途和繁殖方法：植被恢复，药用，精油。播种繁殖。

三股筋香（续）

c~f. 为另一株，其中 c. 示基出三出脉；d. 中脉于叶面凸起；e. 幼枝密被绢毛（后脱落为无毛），老叶背面残毛明显（有时脱落为无毛）；f. 核果椭圆形。

（16）香叶子 Lindera fragrans Oliver

中国植物志，第31卷：425，1982；Flora of China，Vol. 7: 155，2008；中国生物物种名录，第一卷（总中）：913，2018.

形态特征：常绿灌木或小乔木，树皮黄褐色，纵裂并具皮孔。幼枝淡绿色，纤细，光滑无毛（稀被短柔毛）。叶互生；长卵状披针形或狭长卵形，先端渐尖，基部楔形；叶面绿色、无毛；叶背粉白色、无毛（稀被微毛）；基出三出脉，最下一对侧脉靠叶缘上伸，于中部近与叶缘重合（有时几与叶缘并行而近似羽状脉）；叶柄长0.5~0.8cm，无毛。伞形花序（果序）腋生。雄花花被片6枚，外面密被短柔毛；雄蕊9枚，花丝无毛，第三轮花丝的基部具2枚无柄的腺体。核果长卵状，较小、无毛，长1cm，直径0.7cm，成熟时紫黑色，果梗长0.5~0.7cm，被疏短毛，果托膨大。

分布：江西分布于修水县（幕阜山）、武宁县（九宫山）等山区，生于山谷阔叶林中、路边，海拔500~1000m。陕西、湖北、湖南、四川、贵州、广西等地区也有分布。

用途和繁殖方法：园林观赏。播种繁殖。

香叶子

a.叶基出三出脉，最下一对侧脉靠叶缘上伸，于中部近与叶缘重合（有时几与叶缘并行而近似羽状脉）；幼枝淡绿色，纤细，光滑无毛；b.叶互生；长卵状披针形或狭长卵形，先端渐尖；c.叶基出三出脉，叶背粉白色，无毛（稀被微毛）。

（17）西藏钓樟 Lindera pulcherrima（Nees）J. D. Hooker

中国植物志，第 31 卷：427，1982；Flora of China，Vol. 7: 156，2008；中国生物物种名录，第一卷（总中）：914，2018.

（17）a. 西藏钓樟（原变种）Lindera pulcherrima var. pulcherrima

中国植物志，第 31 卷：427，1982；Flora of China，Vol. 7: 156，2008；中国生物物种名录，第一卷（总中）：914，2018.

江西无分布；分布于西藏、云南等地区。

（17）b. 香粉叶 Lindera pulcherrima var. attenuata C. K. Allen

中国植物志，第 31 卷：427，1982；Flora of China，Vol. 7: 156，2008；中国生物物种名录，第一卷（总中）：914，2018.

形态特征： 常绿灌木或小乔木，幼枝黄绿色、平滑，初被柔毛而后脱落为无毛；芽大（长约 0.7cm），密被紧贴的柔毛。叶互生，长卵状披针形，长 8~13cm，宽 2.5~4cm，先端具长尾尖（尾长 2~3cm），基部宽楔形；幼叶两面被白色疏柔毛；老叶两面无毛或近无毛；叶背粉白色，网脉细网状；基出三出脉，最下一对侧脉离叶缘 0.3cm 以上，中脉在叶面略凸起；叶柄长 0.8~1.2cm，被微毛。伞形花序（果序）无总梗（稀具极短总梗），生于叶腋长 0.2cm 的短枝顶端（短枝或发育成正常枝）。雄花花梗被微毛，花被片 6 枚，能育雄蕊 9 枚，花丝被柔毛，第三轮花丝中部具 2 枚腺体；雌花的子房无毛。核果椭圆形，幼果被稀疏短毛，近成熟的核果无毛，长 0.8cm，直径 0.6cm。果成熟期 6~8 月。

分布： 江西分布于各地山区，生于灌丛中、路边、山坡上部疏林中，海拔 300~1200m。广东、广西、湖南、湖北、云南、贵州、四川、浙江、福建等地区也有分布。

用途和繁殖方法： 精油，药用。播种繁殖。

香粉叶

a. 叶互生，长卵状披针形；b. 叶背粉白色，无毛或近无毛；幼枝黄绿色、平滑，初被柔毛而后脱落为无毛；叶先端具长尾尖；c. 基出三出脉，最下一对侧脉离叶缘 0.3cm 以上。

2.10.5 檫木属 Sassafras J. Presl

形态特征： 落叶乔木。顶生鳞芽较大，密被绢毛。叶互生，聚集于枝顶，羽状脉或离基三出脉，全缘或 2~3 浅裂。花雌雄异株，单性花（或两性花但功能上为单性，稀杂性花）。总状花序（假伞形花序）顶生，下垂，具花序总梗，花序基部具迟落互生的总苞片；苞片线形至丝状。花被黄色，花被筒短，花被裂片 6 枚，排成二轮。雄花的能育雄蕊 9 枚，生于花被筒喉部，呈三轮排列，花丝被柔毛，长于花药，扁平，第一和第二轮花丝无腺体，第三轮花丝基部有一对具短柄的腺体；花药先端钝或微凹，全部为 4 室，上下 2 室相叠排列；或第一轮花药 2 或 3 室，第二和三轮花药全部为 2 室。雌花的退化雄蕊 6 枚，排成二轮；或为 12 枚，排成四轮；子房无梗，着生于短花被筒中，花柱纤细，柱头盘状增大。果序总状；核果，成熟时深蓝色，基部具浅杯状的果托；果梗伸长，上端渐增粗，无毛。种子先端有尖头，胚近球形，直立。

分布与种数： 间断分布于中国和北美洲各国，全球 3 种。中国 2 种。江西 1 种。

（1）檫木 Sassafras tzumu（Hemsley）Hemsley

中国植物志，第 31 卷：238，1982；Flora of China, Vol. 7: 160，2008；中国生物物种名录，第一卷（总中）：924，2018.

形态特征： 落叶乔木，树皮呈不规则纵裂；顶芽大（长达 1.3cm），被绢毛；幼枝和嫩叶叶柄淡红色。枝多少具棱，无毛。叶互生，聚集于枝顶，宽卵状椭圆形或倒卵形，长 9~18cm，宽 6~10cm，先端渐尖，基部楔形，全缘或 2~3 浅裂；叶两面无毛（稀沿侧脉和中脉疏被短毛）；离基三出脉，最下一对侧脉对生，中脉、侧脉于叶两面明显；叶柄长 2~7cm，幼叶时淡红色，腹平背凸，无毛；叶背粉绿色、无毛。花序顶生，先叶开放；花序长 4~5cm，总梗较长（2.5cm 以上）；花梗长 1cm 以下，花序轴与花梗均密被柔毛。雌雄异株；单性花；雄花的花被筒极短，花被片 6 枚，外面疏被柔毛，内面近于无毛；能育雄蕊 9 枚，排列为三轮；花丝扁平，被柔毛，第一和二轮花丝无腺体，第三轮雄蕊花丝近基部具 2 枚腺体；花药 4 室，上、下排列。雌花的退化雄蕊 12 枚，排列成四轮；子房无毛。核果近球形，成熟时蓝黑色，生于浅杯状的果托上，果梗长 1.5~2cm，上端渐增粗，无毛。花期 3~4 月，果成熟期 5~9 月。

分布： 江西分布于各地山区，生于路边、疏林内，海拔 1000m 以下。浙江、江苏、安徽、福建、广东、广西、湖南、湖北、四川、贵州、云南等地区也有分布。

用途和繁殖方法： 用材，园林彩叶树种，药用。播种繁殖。

檫木

a. 叶互生，聚集于枝顶，全缘或2~3浅裂，叶面无毛；b. 落叶乔木；c. 幼叶背粉绿色、无毛，离基三出脉；d. 幼枝和嫩叶叶柄淡红色。

2.10.6 樟属 Cinnamomum Schaeffer

形态特征：常绿乔木或灌木；鳞芽或裸芽，鳞芽的鳞片覆瓦状排列。叶先端不开裂、全缘；叶互生、近对生或对生，离基三出脉、基出三出脉或羽状脉。花两性，形成腋生、近顶生或顶生的圆锥花序（由 1 至多花的聚伞花序所组成），花序总梗较长（2.5cm 以上）。花被筒短，杯状或钟状，花被片 6 枚，近等大，花后脱落（稀宿存）。能育雄蕊 9 枚，排列成三轮，第一和二轮花丝无腺体，第三轮花丝近基部具一对腺体，花药 4 室，第一和第二轮花丝的花药药室内向，第三轮花药药室外向；退化雄蕊 3 枚，位于最内轮，心形。花柱与子房等长。花被筒形成的果托膨大，浅包裹果基部；成熟时果序下垂；核果果托杯状、钟状或圆锥状，口部截平或边缘波状，或有不规则小齿（有时由花被片基部形成 6 枚裂片）。

分布与种数：分布于亚洲的热带、亚热带地区，以及澳大利亚和太平洋岛屿，全球约 250 种。中国 49 种。江西 18 种，其中引种栽培 3 种。

分种检索表

1.叶完全互生；三出脉或羽状脉，或羽状脉与三出脉并存。
  2.叶常绿，离基三出脉·······················樟 Cinnamomum camphora
  2.叶常绿，羽状脉，或羽状脉与三出脉并存。
    3.叶两面无毛，枝无毛。
     4.叶均为羽状脉。
      5.叶边缘波状不平坦，叶干后绿黄色··············沉水樟 C. micranthum
      5.叶边缘平坦，干后褐色·····················黄樟 C. parthenoxylon
     4.叶为羽状脉与三出脉并存。
      6.两对以上侧脉脉腋具泡状凸起；果托顶端无盘状扩展，果托具纵槽······
                         坚叶樟 C. chartophyllum
      6.仅离基三出脉脉腋具泡状凸起；果托顶端扩展为盘状，果托无纵槽······
                        油樟 C. longepaniculatum
    3.幼叶背面具明显的柔毛，老叶背面的毛逐渐脱落为近无毛（仍见稀疏残毛）。
      7.圆锥花序被较密的毛；一年生枝、老叶背面、果序密被绢毛··········
              ·········银木 C. septentrionale（江西无分布）
      7.圆锥花序（果序）无毛；一年生枝、老叶背面被微柔毛··········
                      ·········猴樟 C. bodinieri
1.叶对生或近对生，三出脉。
      8.一年生枝、老叶两面均无毛。
       9.叶较大，长 10~18cm；有时嫩枝具微毛··········川桂 C. wilsonii
       9.叶较小，长 12cm 以下。

10. 花序短、小，近伞形独生于叶腋或顶生，仅具 1~5 花。

    11. 花序无毛，花被外面无毛…………**野黄桂 C. jensenianum**

    11. 花序被毛，花被两面被毛…………**少花桂 C. pauciflorum**

10. 花序较大，近总状或圆锥状，花序分枝，每个分枝末端具 3~5 花。

    12. 花序被毛；果托具短毛，顶端不具规则齿裂…………

    …………**浙江樟 C. chekiangense**

    12. 花序比叶短，无毛；果托无毛，顶端具整齐 6 齿裂…………

    …………**阴 香 C. burmanni**

8. 一年生枝、老叶两面均被明显的柔毛或微毛。

  13. 一年生枝、老叶背面仅具微毛。

    14. 一年生枝灰褐色，老枝暗褐色。

      15. 叶面中脉平或微凹，叶柄粗短（长 0.8cm 以下），
老叶逐渐变无毛，叶先端急尖…………
…………**粗脉桂 C. validinerve**

      15. 叶面中脉微凸，叶柄长 0.8~1.2cm，叶先端尾
状渐尖…………**辣汁树 C. tsangii**

    14. 一年生枝淡绿色，叶卵形（长 8cm 以下），成熟
果直径达 1.4cm…………**卵叶桂 C. rigidissimum**

  13. 一年生枝、老叶背面均被明显的柔毛。

    16. 叶较大（长 11~20cm）。

      17. 枝叶通常被稍展开的细毛；叶先端全为
渐尖；叶常下垂…………
…………**华南桂 C. austrosinense**

      17. 枝叶通常被紧贴的短毛；大多数叶先端
圆钝…………**肉桂 C. cassia**

    16. 叶长 12cm 以下，叶展开。

      18. 枝、叶背被平伏毛，叶背的毛渐脱落
为疏毛；叶先端尾尖…………
…………**香桂 C. subavenium**

      18. 枝、叶背被展开的毛，有时毛渐脱落
变稀疏；芽长尖…………
…………**毛桂 C. appelianum**

（1）樟 Cinnamomum camphora（Linnaeus）J. Presl　香樟

中国植物志，第 31 卷：182，1982；Flora of China，Vol. 7: 175，2008；中国生物物种名录，第一卷（总中）：910，2018.

形态特征：常绿大乔木，芽鳞外面被毛，枝无毛。叶互生，卵状椭圆形，长 6~12cm，宽 3~5cm，先端急尖，基部宽楔形，边缘全缘，两面无毛；叶背粉绿色；离基三出脉，侧脉 1~5 对，基生侧脉间叶缘　侧具支脉，侧脉或支脉脉腋具泡状凸起；叶柄长 2~3cm，无毛。圆锥花序腋生，长 5~7cm，具总梗（长 2~4.5cm），花序轴均无毛或被微柔毛；花梗长 0.2cm，无毛；花两性，花被外面无毛或被微毛，内面密被短毛；能育雄蕊 9 枚，花丝被短毛；子房无毛。核果球形直径 0.7cm，成熟时紫黑色；果托长 0.5cm，顶端平。花期 4~5 月，果成熟期 8~11 月。

分布：分布于江西各地，生于山谷、溪畔、村旁、路边，海拔 600m 以下。湖北、河南、湖南、浙江、福建、四川、云南、广东、广西、台湾等地区也有分布。

用途和繁殖方法：用材，药用，园林绿化。播种繁殖。

樟

a. 圆锥花序腋生，具总梗；b. 离基三出脉，最下一对侧脉脉腋具泡状凸起；叶柄无毛；c. 核果球形，成熟时紫黑色，果托顶端平；d. 叶背粉绿色，无毛；e. 芽鳞外面被毛；幼时花序轴被柔毛；f. 常绿大乔木。

（2）沉水樟 Cinnamomum micranthum（Hayata）Hayata

中国植物志，第 31 卷：180，1982；Flora of China，Vol. 7: 174，2008；中国生物物种名录，第一卷（总中）：911，2018.

形态特征：常绿大乔木，树皮纵裂；顶芽较大，被短柔毛；枝无毛，幼枝平扁状，无毛。叶互生，长椭圆形或卵状椭圆形，长 8~10cm，宽 4~5cm，先端短渐尖，基部宽楔形，两侧常不对称。大多数的叶边缘波状不平坦，叶干后绿黄色，叶两面无毛；羽状脉，侧脉 4~6 对，弧曲上升，在未达叶缘之内结网；叶柄长 2~3cm，无毛。圆锥花序顶生或腋生，长 3~5cm，近无毛或基部略被微毛；花序自基部分枝，分枝长 2cm，末端为聚伞花序；花梗长 0.2cm；花白色或紫红色；花被外面无毛，内面密被柔毛，花被片 6 枚，先端钝。能育雄蕊 9 枚，花丝基部被柔毛，第一、二轮雄蕊花丝无腺体，花药 4 室；第三轮花丝近基部具一对腺体，花药 4 室；子房无毛。核果椭圆形，长 1.5~2.2cm，直径 1.5~2cm，具斑点，无毛；果托壶形，长 0.9cm，顶端宽达 1cm，边缘全缘或具波齿。花期 7~8 月，果成熟期 9~10 月。

分布：江西分布于安远县（仰天湖）、崇义县（聂都）、遂川县、井冈山（罗浮茅坪）、芦溪县（宣风镇风形里）等山区，生于沟谷阔叶林中、溪旁、路边，海拔 300~800m。广西、广东、湖南、福建、台湾等地区也有分布。

用途和繁殖方法：用材，药用，精油，园林绿化。播种、扦插繁殖。

沉水樟

a. 大多数的叶边缘波状不平坦；b. 叶背无毛；c. 树皮纵裂；d. 羽状脉，侧脉在未达叶缘之内结网，叶边缘波状不平坦；e. 顶芽较大、被短柔毛。

沉水樟（续）

f. 核果椭圆形，具斑点，无毛，果托壶形；g~j. 为另一株，其中 g. 示常绿乔木；h. 叶边缘波状不平坦；i. 顶芽较大、被短柔毛；j. 叶边缘波状不平坦，羽状脉。

（3）黄樟 Cinnamomum parthenoxylon（Jack）Meisner

Flora of China，Vol. 7: 175，2008；中国生物物种名录，第一卷（总中）：911，2018. *Cinnamomum porrectum*（Roxb.）Kosterm.，中国植物志，第 31 卷：186，1982.

形态特征： 常绿乔木，枝无毛；一年生枝具棱，无毛；芽被绢状毛。叶边缘平坦，干后褐色，常集生于枝上部；叶互生，宽椭圆状卵形或卵状披针形，长 6~12cm，宽 3~6cm，先端急尖或短渐尖，基部楔形或阔楔形，两面无毛，叶背粉绿色；羽状脉，侧脉 4~5 对，侧脉脉腋具泡状凸起；叶柄长 1.5~3cm，无毛；圆锥花序生于枝条上部，腋生或近顶生，长 4.5~8cm，总梗长 3~5.5cm，花序轴及花梗无毛；花梗长 0.4cm；花被外面无毛，内面被短柔毛，花被筒倒锥形，长 0.1cm，花被片 6 枚，先端钝形；能育雄蕊 9 枚，花丝被短柔毛，第三轮花丝近基部具一对腺体；退化雄蕊 3 枚，位于最内轮，三角状心形；子房无毛，花柱弯曲。核果球形，直径 0.7cm，成熟时黑色；果托狭长倒锥形，长约 1cm，具纵长的条纹。花期 3~5 月，果成熟期 4~10 月。

分布： 江西分布于各地山区，生于阔叶林中、路边，海拔 200~1000m。广东、广西、福建、湖南、贵州、四川、云南等地区也有分布。

用途和繁殖方法： 用材，药用，园林绿化。播种繁殖。

黄樟

a.叶边缘平坦，常集生于枝上部，羽状脉；b.叶背粉绿色、无毛；c.常绿乔木；d.圆锥花序生于枝条上部，腋生或近顶生，无毛；d-1.花被片 6 枚，排列成 2 轮，花被片内面具短毛，外侧无毛；e.为另一株，示叶形是卵状披针形，先端短渐尖。

（4）坚叶樟 Cinnamomum chartophyllum H. W. Li

中国植物志，第 31 卷：189，1982；Flora of China，Vol. 7: 176，2008；中国生物物种名录，第一卷（总中）：910，2018.

形态特征：常绿乔木，顶芽无毛；枝绿色无毛，幼枝具棱，无毛。叶互生，叶宽卵圆形、卵状长圆形或卵状披针形，长 6~14cm，宽 3~7.5cm，先端钝尖或短渐尖，基部宽楔形，常两侧不对称，网面无七；叶为羽状脉与三出脉并存；中脉直至叶端，在叶面凸起，侧脉 5~6 对，在未达叶缘之内结网，两对以上侧脉脉腋具泡状凸起；叶背粉绿色，具腺窝；叶柄长 1~2cm，无毛。圆锥花序腋生，无毛，总梗长 2~4cm；花序长 4~6cm，具分枝，分枝末端为 3 花的聚伞花序；花淡黄色，花梗长 0.3cm，无毛；花被外面无毛，内面密被柔毛，花被片 6 枚，能育雄蕊 9 枚，花丝被柔毛；药室内向，与花丝几等长，第三轮花丝近基部具腺体；退化雄蕊 3 枚，位于最内轮，匙形，具柄；子房无毛。核果球形，直径约 0.8cm；果托具纵槽，顶端无盘状扩展。花期 6~8 月，果成熟期 8~10 月。

分布：江西主要栽培于萍乡市、宜春市等城市绿地。云南、四川、贵州、广西、湖南等地区有野生分布。

用途和繁殖方法：园林绿化，用材，药用。播种繁殖。

坚叶樟

a.叶为羽状脉与三出脉并存，中脉直至叶端，枝绿色无毛；两对以上侧脉脉腋具泡状凸起；b.叶背粉绿色，具腺窝，基部宽楔形，两侧不对称；c.果托具纵槽，顶端无盘状扩展；d.幼枝具棱，无毛，顶芽无毛；e.常绿乔木。

（5）油樟 Cinnamomum longepaniculatum（Gamble）N. Chao ex H. W. Li

中国植物志，第 31 卷：184，1982；Flora of China，Vol. 7: 175，2008；中国生物物种名录，第一卷（总中）：911，2018.

形态特征：常绿乔木，枝无毛，幼枝纤细，扁棱状，无毛。芽大，被微柔毛。叶互生，大小差异较大，卵形或椭圆状披针形，长 6~12cm，宽 3.5~6cm，先端尾状渐尖（常呈镰刀状），基部楔形至宽圆钝，两面无毛；叶为羽状脉与三出脉并存（即最下一对侧脉对生而呈离基三出脉状）；侧脉 4~5 对，中脉在叶正面微凸起，侧脉在未达叶缘内消失，仅离基三出脉脉腋具泡状凸起；叶柄长 2~3.5cm，无毛。圆锥花序腋生，纤细，长 9~20cm，具分枝，分枝长达 5cm，末端二歧状；花序轴无毛，总梗长 3~10cm；花淡黄色，花梗长 0.3cm，无毛。花被片 6 枚，先端锐尖，外面无毛，内面密被短毛，具腺点；能育雄蕊 9 枚，花丝被柔毛，第一和二轮花丝无腺体，花药 4 室，内向，第三轮花丝基部具腺体；退化雄蕊 3 枚，位于最内轮，被白柔毛；子房无毛。核果球形；果托无纵槽，顶端扩展为盘状。花期 5~6 月，果成熟期 7~9 月。

分布：江西栽培于高安县、宜丰县、丰城市等地的产业基地。四川、贵州、广东、湖南等地区有野生分布（下图拍摄于四川）。

用途和繁殖方法：园林绿化，用材，药用，香精。播种、扦插繁殖。

油樟

a. 羽状脉的叶（似三出脉的长度未超过叶长的一半）与离基三出脉的叶并存，叶先端尾状渐尖（常呈镰刀状）。

油樟（续）

b. 叶互生，大小差异较大；圆锥花序（果序）腋生，具分枝；c. 叶背粉绿色，无毛；d. 幼枝扁棱状，无毛；离基三出脉脉腋具泡状凸起；核果球形，果托无纵槽，顶端扩展为盘状；e. 常绿乔木。

（6）猴樟 Cinnamomum bodinieri H. Léveillé

中国植物志，第31卷：174，1982；Flora of China，Vol. 7: 172，2008；中国生物物种名录，第一卷（总中）：910，2018.

形态特征：常绿乔木，高约18m。枝无毛，嫩枝稍具棱。叶互生，椭圆状披针形，长 8~17cm，宽 3~4cm，先端短渐尖，基部锐宽楔形；羽状脉（基部一对未超过叶长一半）；叶背密被伏贴微柔毛，中脉在叶面平坦，侧脉4~6，最基部的一对近对生，其它为互生；叶柄长 2~3cm。圆锥花序无毛，在幼枝上腋生或侧生，有时基部具苞叶；花序长 8~15cm，二歧状分枝，具棱角；总花序梗圆柱形，长 4~6cm；花长约 0.3cm，花梗丝状，长 0.2~0.4cm，被绢状微毛；花被筒外面近无毛，花被裂片 6 枚，外面近无毛，内面被白色绢毛，反折；能育雄蕊 9 枚，第一和第二轮雄蕊长约 0.1cm，花药近圆形，花丝无腺体，第三轮雄蕊稍长，花丝近基部有一对腺体；退化雄蕊 3 枚，位于最内轮，近无柄；子房无毛，花柱柱头头状。核果球形，直径约 0.8cm，无毛；果托浅杯状。开花期 5~6 月，果成熟期 7~9 月。

分布：江西分布于安福县（彭坊）等地，生于山坡下部、山谷路边或村旁，海拔 300~800m。湖南、湖北、贵州、四川、云南等地区也有分布。

用途与繁殖：建筑或家具用材，提取精油（嫩枝和叶含芳香油）。播种、扦插繁殖。

猴樟

　　a. 树干通直；b. 羽状脉（基部一对未超过叶长一半）；中脉在叶面平坦；侧脉最基部的一对近对生；c.叶背密被伏贴微柔毛。

（7）川桂 Cinnamomum wilsonii Gamble

中国植物志，第31卷：213，1982；Flora of China，Vol. 7: 183，2008；中国生物物种名录，第一卷（总中）：912，2018.

形态特征：常绿乔木，一年生枝无毛（有时嫩枝具微毛）。叶对生、近对生（即似互生，但叶排列成二列；而互生是散生于枝上不排成二列状），卵状长圆形或长椭圆状，长10~18cm，宽3.5~6cm，先端渐尖，基部渐狭下延至叶柄或宽圆形而不下延；叶背粉绿色，嫩叶被微毛，后脱落变成无毛；老叶两面均无毛；基出三出脉或离基三出脉，中脉于叶面凸起，三出脉的一对侧脉外侧具3~10条支脉（有时不明显）；叶柄长1~1.5cm，腹面略具槽，无毛。圆锥花序腋生，长3~9cm，总梗长1.5~6cm，总梗与花序轴均无毛或疏被短毛；花梗丝状（长0.6~2cm），被微毛；花被内外两面均被微毛；花被片先端锐尖，能育雄蕊9枚；花丝被柔毛，药室4，内向，第三轮花丝中部具一对无柄的腺体；退化雄蕊3枚，位于最内轮；子房无毛。核果，果托顶端截平，边缘具极短裂片。花期4~5月，果成熟期7~8月。

分布：江西分布于寻乌县、信丰县（金盆山、油山）、遂川县（南风面）、芦溪县（武功山）等山区，生于阔叶林中、路边，海拔150~800m。陕西、四川、湖北、湖南、广西、广东等地区也有分布。

用途和繁殖方法：药用，精油，用材，园林绿化。播种繁殖。

川桂

a. 叶对生或近对生；基出三出脉或离基三出脉，中脉于叶面凸起；b. 叶背无毛，三出脉的一对侧脉外侧具支脉；c. 叶对生、近对生（叶排列成二列）；d. 有时嫩枝具微毛；e. 常绿乔木。

（8）野黄桂 Cinnamomum jensenianum Handel-Mazzetti

中国植物志，第 31 卷：194，1982；Flora of China，Vol. 7: 177，2008；中国生物物种名录，第一卷（总中）：911，2018.

形态特征： 常绿小乔木或灌木，枝条曲折，一年生枝具棱，无毛。芽纺锤形，长 0.6~0.8cm，先端锐尖，外面被极短的绢状毛。老叶两面均无毛，叶对生或近对生，卵状披针形或长圆状披针形，长 6~10cm，宽 2.5~4cm，先端尾状渐尖或短渐尖，基部宽楔形；叶背粉绿色，嫩叶背面被粉状微毛但老叶无毛；离基三出脉或基出三出脉，中脉于叶面微凸起。两性花；花序短、小，近伞形独生于叶腋或顶生，仅具 1~5 花；花序无毛，花被外面无毛；花序总梗长 1.5~2.5cm，近无毛。花黄色；花梗长 0.5~1cm；花被外面近无毛，内面被丝毛，花被筒长 0.2cm；花被片 6 枚，先端锐尖；能育雄蕊 9 枚，第一、二轮花丝基部被疏毛，无腺体；第三轮花丝被疏毛，近中部具一对盘状腺体；退化雄蕊 3 枚，位于最内轮；子房无毛；核果球形，长约 1cm，直径 0.6cm，先端具小突尖，无毛；果托倒卵形，具齿裂，齿的顶端截平。花期 4~6 月，果成熟期 7~8 月。

分布： 江西分布于寻乌县（项山）、信丰县（金盆山）、龙南县（九连山）等山区，生于山坡阔叶林中，海拔 350~900m。湖南、湖北、四川、广东、福建等地区也有分布。

用途和繁殖方法： 药用，提取精油。播种繁殖。

野黄桂

a. 枝条曲折，一年生枝具棱，无毛；叶为离基三出脉或基出三出脉；b. 一年生枝形态同 a；叶为离基三出脉；c~d. 为另一株，其中 c. 示离基三出脉或基出三出脉；d. 叶背粉绿色，无毛。

（9）少花桂 Cinnamomum pauciflorum Nees

中国植物志，第31卷：191，1982；Flora of China，Vol. 7: 177，2008；中国生物物种名录，第一卷（总中）：911，2018.

形态特征： 常绿小乔木，芽卵珠形，长仅0.2cm，外面被微毛。一年生枝略具棱，无毛（稀被微毛）。叶对生或近对生（排列成二列而与互生不同），卵圆状披针形，长5~10cm，宽3~5cm，先端短渐尖，基部宽楔形，边缘内卷；老叶两面均无毛；叶背粉绿色，无毛，或幼时被疏微毛，后渐脱落为无毛；离基三出脉，中脉于叶面微凸起，侧脉对生；叶柄长1~1.2cm，近无毛。两性花，花序短、小，近伞形独生于叶腋或顶生，仅具1~5花；花序被毛，花被两面被毛；圆锥花序生于叶腋或无叶枝段，长3~6cm，短于叶长，花序总梗长1.5~4cm；花序轴疏被微毛；花梗长0.7cm，被微毛；花被裂片6枚，先端锐尖，能育雄蕊9枚，花药4室；花丝被微毛，第一、二轮花丝无腺体，第三轮花丝上部具腺体；退化雄蕊3枚，位于最内轮；子房无毛。核果椭圆形，长1.1cm，具斑点，顶端钝，成熟时紫黑色；果托浅杯状，边缘具整齐的齿。花期3~8月，果成熟期9~10月。

分布： 江西分布于信丰县（金盆山）、芦溪县（武功山）、安福县（羊狮幕）等山区，生于阔叶疏林中、路边，海拔350~900m。湖南、湖北、四川、云南、贵州、广西、广东等地区也有分布。

用途和繁殖方法： 植被恢复，药用，食用（皮），精油。播种繁殖。

少花桂

a. 叶对生或近对生，圆锥花序生于叶腋或无叶枝段；b. 花序被毛，花被外面被毛；叶背粉绿色，无毛。

少花桂（续）

c. 核果椭圆形，具斑点，果托顶端边缘具整齐的齿；d~f. 为另一株，其中 d. 示离基三出脉，侧脉对生；e. 叶背粉绿色，无毛；f. 中脉于叶面微凸起。

（10）浙江樟 Cinnamomum chekiangense Nakai

浙江植物志，第 2 卷：351，1992.

形态特征：常绿乔木，嫩枝被微毛，后逐渐脱落变无毛。叶对生、近对生，在枝上排列成二列（互生则表现为散生于枝上）；叶椭圆状披针形或卵状披针形，长 6~12cm，宽 3~5cm，先端渐尖，两面无毛，离基三出脉。叶柄长 0.7~1.5cm，无毛。圆锥状聚伞花序生于 2 年生枝的叶腋或无叶枝段，花序长 5~9cm，总梗长 1~3cm，花梗长 0.5~1.5cm，花序被短毛（包括总梗和花梗）；花白色或淡黄白色，花被片 6 枚（稀 7~8 枚），排列成 2 轮，先端圆尖，两面被短毛。核果近椭圆形，长约 1.5cm，果托浅杯状或浅碗状，顶端边缘具不整齐齿裂（大小、形状差异较大），果托和果梗均被短毛。花期 4~5 月，果成熟期 10 月。本种与天竺桂 C. japonicum 的主要区别：天竺桂的花序、花被片无毛；果梗、果托无毛。

分布：江西分布于寻乌县（丹溪）、会昌县（清溪）、龙南县（九连山）、三清山、铅山县（武夷山）等山区，生于山坡阔叶疏林中、路边，海拔 800m 以下。江苏、河南、安徽、福建、湖北等地区也有分布。

用途和繁殖方法：园林绿化，药用，精油。播种繁殖。

浙江樟

a. 叶对生、近对生，排列成二列；b. 花序被短毛；b-1. 花被片 6 枚，排列成 2 轮，内面被短毛；b-2. 花被外面被短毛。

浙江樟（续）

　　c. 离基三出脉，叶背近无毛；d. 果序被短毛；d-1、d-2. 果托浅杯状，被短毛，顶端边缘具不整齐齿裂；e. 常绿乔木。

（11）阴香 Cinnamomum burmanni（Nees et T. Nees）Blume

中国植物志，第 31 卷：202，1982；Flora of China，Vol. 7: 180，2008.

形态特征： 常绿乔木，一年生枝、老叶两面均无毛。叶对生或近对生，长圆形至披针形，长 6~11cm，宽 2.5~5cm，先端短渐尖，基部宽楔形；叶背粉绿色，无毛；离基三出脉，中脉在叶面平；叶柄长 0.5~1.2cm，近无毛。圆锥花序腋生或近顶生，无毛，花序长 3~6cm（比叶短）；花淡绿色带白色，花梗长 0.5cm，被微柔毛；花被内外两面被微毛，先端锐尖；能育雄蕊 9，花丝及花药背面被微毛；第一、二轮花丝无腺体，花药 4 室、内向，第三轮花丝中部具腺体；退化雄蕊 3 枚，位于最内轮；子房球形，被微柔毛具棱。核果近椭圆形，果托顶端具整齐 6 齿裂，齿顶端截平；果序、果托、果梗均无毛。花期 8~9 月，果成熟期 11 月至翌年 3 月。

阴香

a. 叶对生或近对生，先端短渐尖；b. 叶背粉绿色，无毛，离基三出脉；c. 一年生枝无毛，中脉在叶面平；d. 核果近椭圆形，果托顶端具整齐 6 齿裂，齿顶端截平；果序、果托、果梗均无毛。

分布： 江西分布于寻乌县（龙庭、留车），龙南县（九连山）、全南县（桃江源），生于阔叶疏林中、路边，海拔 600m 以下。广东、广西、云南、湖南、福建等地区也有分布。

用途和繁殖方法： 用材，药用，食用，园林绿化。播种繁殖。

阴香（续）

e~h. 为另一株，其中 e. 示枝、叶背无毛，果托顶端具整齐 6 齿裂，齿顶端截平；果序、果托、果梗均无毛；f. 中脉在叶面平；g. 离基三出脉；h. 常绿乔木。

（12）**粗脉桂** Cinnamomum validinerve Hance

中国植物志，第 31 卷：198，1982；Flora of China，Vol. 7: 179，2008；中国生物物种名录，第一卷（总中）：912，2018.

形态特征：常绿灌木，高 3m 以下；顶芽被伏贴的短毛；一年生枝、老叶背面仅具紧贴的微毛，后脱落变无毛；一年生枝稍具棱，灰褐色，老枝暗褐色，无毛或顶端被极细的短毛。叶对生或近对生（排列成二列），椭圆状卵形，长 6~11cm，宽 3~4cm，先端急尖，基部楔形，硬革质；叶背粉白色，近无毛；离基三出脉，其侧脉对生，粗壮；中脉较粗，且在叶面微凹或平，横脉在叶面不明显；叶柄粗短（长 0.8cm 以下）。圆锥花序具稀疏的花，三歧状，花序与叶等长，分枝末端为聚伞花序（一般具 3 朵花）；花梗很短，被绢毛，花被裂片 6 枚，先端稍钝。花期 7 月，果成熟期 11 月至翌年 2 月。

分布：江西分布于信丰县（金盆山）、安远县（三百山）、遂川县（七岭）等山区，生于山坡疏林中、路边，海拔 800m 以下。广东、广西、湖南（莽山）也有分布。

用途和繁殖方法：植被恢复，药用。播种繁殖。

粗脉桂

a. 一年生枝具紧贴的微毛，后脱落变无毛，一年生枝稍具棱，灰褐色；叶离基三出脉，其侧脉对生，粗壮；叶柄粗短（长 0.8cm 以下）；
b. 顶芽被伏贴的短毛；叶对生或近对生（排列成二列），先端急尖。

（13）辣汁树 Cinnamomum tsangii Merrill

中国植物志，第 31 卷：220，1982；Flora of China，Vol. 7：184，2008；中国生物物种名录，第一卷（总中）：912，2018.

形态特征：常绿小乔木。一年生枝略具棱，具紧贴的微毛，以后毛逐渐脱落变无毛，因此老枝无毛，灰黑色。叶对生或近对生，卵状披针形，长 5~10cm，宽2~3.5cm，先端尾状渐尖，基部宽楔形，老叶背面仅具紧贴的微毛或无毛；离基三出脉，其侧脉对生，中脉在叶面微凸起，横脉在叶两面不明显；叶柄长 0.8~1.2cm，幼时被微毛，后变无毛。花序聚伞状，腋生，长约 3cm；花序稍被绢状微毛，具 3~5 花，具总梗；花淡黄绿色，花梗长 0.5cm，被短毛；花被片内外两面被短毛；花被片 6 枚；能育雄蕊 9 枚，花丝被柔毛，花药与花丝近相等长，第一、二轮花丝无腺体，花药药室内向；第三轮花丝基部具腺体，花药药室外向；退化雄蕊 3 枚，位于最内轮；子房长椭圆形，无毛。核果。花期 10 月，果成熟期翌年 3~4 月。

分布：江西分布于信丰县（金盆山）、龙南县（九连山）等山区，生于山坡阔叶疏林中、路边，海拔 200~700m。广东、湖南、福建等地区也有分布。

用途和繁殖方法：药用。播种繁殖。

辣汁树

a. 老枝无毛，灰黑色；叶对生或近对生；b. 老叶有时变为无毛；离基三出脉，其侧脉对生；c. 成长叶背面仅具紧贴的微毛；一年生枝和叶柄在幼嫩时具紧贴的微毛。

（14）卵叶桂 Cinnamomum rigidissimum Hung T. Chang

中国植物志，第 31 卷：198，1982；Flora of China，Vol. 7: 184，2008；中国生物物种名录，第一卷（总中）：912，2018.

形态特征：常绿乔木，芽长尖，老枝无毛；一年生枝淡绿色，略具棱，幼嫩时被灰黑色具紧贴的微毛。叶对生或近对生，卵形或卵状椭圆形，长 4~8cm，宽 3~5cm，先端急尖，基部宽楔形至近圆形；叶硬革质，两面无毛或成长叶背面具紧贴的微毛（后变无毛）；离基三出脉或基出三出脉，侧脉自叶基 0~0.7cm 处发出，弧曲；侧脉的叶缘一侧具不明显的支脉；叶柄扁平而宽，腹面略具沟，长 0.8~2cm，无毛。由近伞形花序再组成圆锥花序，生于当年生枝上部叶腋或顶生，长 3~6cm，具花 3~7 朵，花序总梗长 2~4cm，被稀疏贴伏的短毛。核果球形，长约 2cm，直径 1.4cm，淡黄褐色；果托浅杯状，高约 1cm，顶端截形，绿蓝色，下部为近柱状、长约 0.5cm 的果梗。花期 4~5 月，果成熟期 8 月。

分布：江西分布于寻乌县（乱罗嶂）、会昌县（清溪）、芦溪县（武功山红军小道）等山区，生于溪谷阔叶林中、路边，海拔 150~700m。广西、广东、福建、台湾等地区也有分布。

用途和繁殖方法：药用，精油，园林观赏。播种繁殖。

卵叶桂

a. 一年生枝幼嫩时被灰黑色具紧贴的微毛；叶对生或近对生，卵形或卵状椭圆形；由近伞形花序再组成圆锥花序，生于当年生枝上部叶腋或顶生；离基三出脉或基出三出脉；b. 叶背无毛；c. 花序幼嫩时具短毛，生于当年生枝上部叶腋或顶生；一年生枝淡绿色，略具棱，芽长尖。

（15）**华南桂 Cinnamomum austrosinense** Hung T. Chang

中国植物志，第 31 卷：226，1982；Flora of China，Vol. 7: 186, 2008；中国生物物种名录，第一卷（总中）：910，2018.

形态特征：常绿乔木，一年生枝略具棱，被明显的柔毛。顶芽小（长 0.3cm），被微毛。叶对生或近对生，叶较大，长 11~20cm，宽 3~5cm，常下垂；叶阔椭圆形，先端渐尖，基部宽楔形；嫩叶两面被灰白色稍展开的细毛；老叶正面无毛，叶背面被稍展开的细毛；三出脉或近离基三出脉，侧脉自叶基 0~0.5cm 处发出，侧脉的叶缘一侧具 8~10 条支脉；中脉在叶面凸起；叶柄长 1~1.5cm，被贴伏的短毛。圆锥花序生于当年生枝的叶腋，长 9~13cm，三次分枝，分枝最末端为具 3 花的聚伞花序，花序

华南桂

a. 叶较大，常下垂；叶阔椭圆形，先端渐尖；三出脉或近离基三出脉；b. 常绿乔木；c. 核果椭圆形，果托浅杯状，边缘具浅齿；果序、果梗、果托均被短毛；d. 老叶背面被明显的柔毛。

总梗长 6~7cm，花序密被贴伏的短毛；花淡黄绿色，花梗长 0.2cm，被微毛；花被内外两面被微毛；花被片 6 枚，排列为 2 轮，先端急尖；能育雄蕊 9 枚，花丝及花药背面被柔毛；第一、二轮花丝无腺体，花药室 4、内向，第三轮花丝中部具腺体，花药室 4、外向；子房无毛。核果椭圆形，长约 1cm，直径 0.9cm，果托浅杯状，边缘具浅齿，齿端截平；果序、果梗、果托均被短毛。花期 6~8 月，果成熟期 8~10 月。

分布：江西分布于寻乌县、会昌县、龙南县、上犹县、石城县、遂川县、井冈山、三清山等山区，生于阔叶林中，海拔 400~900m。广东、广西、福建、湖南、浙江等地区也有分布。

用途和繁殖方法：药用（皮、果），精油，园林绿化。播种繁殖。

华南桂（续）

e~h. 为另一株，其中 e. 示叶对生或近对生；f. 圆锥花序生于当年生枝的叶腋；g. 一年生枝略具棱，被明显的柔毛；h. 嫩叶叶面、幼枝、芽、叶柄均被贴伏的短毛，叶对生。

（16）肉桂 Cinnamomum cassia (Linnaeus) D. Don

中国植物志，第31卷：223，1982；Flora of China，Vol. 7: 186，2008；中国生物物种名录，第一卷（总中）：910，2018.

形态特征：常绿乔木，一年生枝被紧贴的灰短毛。叶革质，互生或近对生，长椭圆形，长7~16cm，宽3.5~5cm，大多数叶先端圆钝，少数先端长尖，基部楔形；叶面无毛，叶背淡绿色，被紧贴的稀疏短毛；离基三出脉，侧脉近对生，自叶基0.5~1cm处发出，稍弯向上伸展至近叶端；中脉于叶面平坦或微凹，支脉在叶缘之内近平行；叶柄粗壮，长1.2~2cm，腹面平坦或下部略具槽，被紧贴的短毛。圆锥花序腋生或近顶生，长8~16cm，常三级分枝，分枝末端为1~3花的聚伞花序，总梗长约为花序长的一半，各级序轴被紧贴的短毛；花白色，长约0.5cm；花梗长0.5cm，被短绒毛；花被内外两面均密被短毛；能育雄蕊9枚，花丝被柔毛，花药4室；第三轮雄蕊花丝上方1/3处有一对圆状肾形腺体；退化雄蕊3枚，位于最内轮，花丝被柔毛，先端箭头状正三角形；子房无毛，花柱柱头不明显。核果椭圆形，成熟时紫黑色，无毛；果托具紧贴短毛，顶端边缘截平或略齿裂。花期6~8月，果成熟期10~12月。

分布：江西会昌县有栽培。广东、广西、福建、台湾、云南等地区也有分布。

用途和繁殖：药用，食用香料（皮）。播种繁殖。

a.叶少数先端长尖，果成熟时紫黑色；b.叶背淡绿色，被紧贴的稀疏短毛；支脉在叶缘之内近平行；c.大多数叶先端钝；d.果托具紧贴短毛，顶端边缘截平或略齿裂。

肉桂

（17）香桂 Cinnamomum subavenium Miquel

中国植物志，第31卷：227，1982；Flora of China，Vol. 7: 186，2008；中国生物物种名录，第一卷（总中）：911，2018.

形态特征：常绿乔木，一年生枝被明显的柔毛，芽长尖、被毛。叶对生或近对生（排列成二列，而互生则散生于枝上），卵状椭圆形或卵状披针形，长5~12cm，宽3~5cm，先端尾尖或渐尖，基部宽楔形，嫩叶两面被毛，老叶背面密被平伏绢状短柔毛（有时毛为黄色），叶背的毛渐脱落变稀疏；基出三出脉或离基三出脉（侧脉自叶基0~0.4cm处发出），中脉在上面微凹，侧脉直贯叶端；叶柄长0.5~1.5cm，密被短柔毛。圆锥花序，花淡黄色，花被片6枚；花梗长仅0.3cm，密被短柔毛；花被内外两面密被短柔毛，能育雄蕊9枚，花丝及花药背面被柔毛；第一、二轮花丝无腺体，花药4室、内向，第三轮花丝近基部具腺体，花药4室、外向；退化雄蕊3枚，位于最内轮；子房球形，无毛。核果椭圆形，长0.7cm，熟时蓝黑色；果托杯状，顶端全缘。花期6~7月，果成熟期8~10月。

香桂

a.叶对生或近对生，基出三出脉；一年生枝被明显的柔毛；芽长尖、被毛；中脉在叶正面微凹，侧脉直贯叶端；b.一年生枝、叶柄和叶背被明显的柔毛。

　　分布： 江西分布于寻乌县、会昌县、信丰县、遂川县、井冈山、芦溪县（武功山）、石城县、二清山等各地山区，生于阔叶林中，海拔 400~1000m。云南、贵州、四川、湖北、广西、广东、安徽、浙江、湖南、福建、台湾等地区也有分布。

　　用途和繁殖方法： 药用，食用（皮），园林绿化。播种繁殖。

香桂（续）

　　c. 老叶背面密被平伏绢状短柔毛；基出三出脉；叶柄密被短柔毛；d. 为另一株，老叶的叶背、枝和叶柄均密被黄色平伏绢状短柔毛。

（18）毛桂 Cinnamomum appelianum Schewe

中国植物志，第 31 卷：222，1982；Flora of China，Vol. 7: 185，2008；中国生物物种名录，第一卷（总中）：910，2018.

形态特征： 常绿灌木或小乔木，分枝对生。一年生枝密被污灰色或污黄色毛，后逐渐脱落变无毛，因此老枝无毛。芽长尖，密被展开的污灰色或污黄色短毛。叶对生或近对生，椭圆状披针形或卵状披针形，长 5~12cm，宽 2.5~4cm，先端短渐尖，基部楔形，老叶叶面具光泽，叶背密被柔毛（后渐脱落变为疏毛）；基出三出脉（稀离基三出脉），侧脉自叶基 0~0.3cm 处发出，其叶缘一侧具少数支脉；叶柄粗壮，长 0.4~0.8cm，密被污灰色或污黄色柔毛。圆锥花序生于当年生枝的基部叶腋，短于叶长，花序长 4~7cm，花序密被展开的短柔毛；花白色，花梗长 0.3cm，密被柔毛；花被两面被黄褐色绢状微柔毛；花被片 6 枚，先端锐尖；能育雄蕊 9 枚，花丝被疏柔毛，第一、二轮花丝无腺体，花药 4 室、内向；第三轮花丝的花药 4 室、外向，花丝中部具一对腺体；退化雄蕊 3 枚，位于最内轮；子房球形、无毛。核果椭圆形，长 0.6cm；果托漏斗状，长 1cm，顶端具裂齿（裂齿尖或平截）。花期 4~6 月，果成熟期 6~8 月。

分布： 江西分布于上犹县（光姑山）、崇义县（齐云山）、遂川县（南风面）、井冈山等各地山区，生于山坡阔叶林中、路边，海拔 300~900m。湖南、福建、广东、广西、贵州、四川、云南等地区也有分布。

用途和繁殖方法： 药用，食用（皮），园林观赏。播种繁殖。

毛桂

a. 分枝对生，一年生枝密被污灰色毛，叶对生或近对生；b. 基出三出脉；c. 叶背密被柔毛；芽长尖，密被污灰色短毛；d. 果托顶端裂齿尖；e. 果托顶端裂齿平截。

2.10.7 楠属 Phoebe Nees

形态特征：常绿乔木或灌木。叶常聚生于枝上端；叶互生，羽状脉。花两性；聚伞状圆锥花序或近总状花序，生于当年生枝中、下部叶腋，稀顶生；花被裂片 6 枚，大小相等或外轮的花被片略小；花被片在花后逐渐变成革质或木质，直立；能育雄蕊 9 枚，排列成三轮；花药 4 室，第一、二轮花丝的花药内向，第三轮花丝的花药外向；花丝基部或基部上方有具柄腺体 2 枚；退化雄蕊三角形或箭形；子房卵状椭圆形（稀球形），花柱柱头钻形或头状。核果卵状椭圆形（稀球形），核果基部为宿存花被片所包；宿存花被片革质，紧贴核果基部（或宿存花被片稍展开，其先端外倾，但绝无反卷）；果梗无增粗或明显增粗。

分布与种数：分布于亚洲热带、亚热带地区，全球 100 余种。中国 35 种。江西 8 种，其中引种栽培 1 种。

分种检索表

1. 枝和叶背无毛；果序、果梗无毛。
  2. 花被外面及花序无毛；叶基部不下延。
    3. 花被片无缘毛，叶背淡绿色·······················光枝楠 Phoebe neuranthoides
    3. 花被片具缘毛，叶背粉白色···························湘楠 Ph. hunanensis
  2. 花被外面及花序密被短柔毛；叶基部渐狭、下延··············
    ···白楠 Ph. neurantha
1. 枝、叶、果序被毛；叶背侧脉、横脉凸起而明显。
    4. 枝、叶背、叶柄具浓密长柔毛···················紫楠 Ph. sheareri
    4. 枝无毛或具短毛（无长柔毛），叶背被短微毛（无浓密长毛）。
      5. 叶基部不下延。
        6. 叶较宽，3~6cm。
          7. 枝具明显短毛，叶宽倒卵形·················浙江楠 Ph. chekiangensis
          7. 枝无毛，叶长披针形或倒披针形·················闽楠 Ph. bournei
        6. 叶较窄，3.5cm 以下·················桂楠 Ph. kwangsiensis
      5. 叶基部下延，侧脉之间的距离差异较大而不整齐·············
    ···桢楠（楠木）Ph. zhennan

（1）光枝楠 Phoebe neuranthoides S. K. Lee et F. N. Wei

中国植物志，第 31 卷：102，1982；Flora of China，Vol. 7: 194，2008；中国生物物种名录，第一卷（总中）：924，2018.

形态特征： 常绿乔木，顶芽具平伏的微毛；小枝具棱，无毛。叶倒披针形或披针形，长 10~14cm，宽 2~3cm，先端渐尖，叶基部渐狭（不沿叶柄下延）；叶背无毛（或被平伏微毛），淡绿色；中脉在叶面平（或下部微凹），侧脉纤细而于叶面不明显，叶背明显，侧脉 10~13 对；叶柄长 1~1.7cm，无毛。花序生于新枝中部，近总状或上部分枝，长 6~10cm，总梗长 3~5cm，花序无毛；花梗长 0.8cm，无毛；花被片外面无毛，内面密被长柔毛，无缘毛；能育雄蕊的花药长方形，花丝与花药近等长，第一、二轮花丝近无毛；第三轮花丝具疏柔毛，其基部具腺体；子房无毛。果序、果梗无毛；核果卵状椭圆形，长约 1cm，直径 0.5cm，成熟时紫黑色；果梗长约 1cm，微增粗；果

光枝楠

a. 叶倒披针形；侧脉纤细；b. 小枝具棱，无毛；侧脉于叶背明显；果序、果梗无毛；核果卵状椭圆形；宿存的花被片无缘毛，革质，展开，无毛。

基部宿存的花被片无缘毛，革质，展开，无毛。花期 4~5 月，果成熟期 9~10 月。

分布：江西分布于井冈山、芦溪县（武功山）等山区，生于阔叶林中、路边，海拔 600~1000m。陕西、四川、湖北、贵州、湖南、广东等地区也有分布。

用途和繁殖方法：用材，园林绿化。播种繁殖。

光枝楠（续）

c~f. 为另一株，其中 c. 示叶倒披针形；d. 叶背淡绿色，无毛；e. 中脉在叶面平（或下部微凹）；叶基部不沿叶柄下延；f. 果序、果梗无毛；核果卵状椭圆形；宿存的花被片无缘毛，革质，展开，无毛；果成熟时紫黑色。

（2）湘楠 Phoebe hunanensis Handel-Mazzetti

中国植物志，第 31 卷：100，1982；Flora of China，Vol. 7: 194，2008；中国生物物种名录，第一卷（总中）：923，2018.

形态特征： 常绿小乔木（高 3~8m），枝具棱，无毛。叶倒阔披针形，长 9~18cm，宽 3~4.5cm，先端短渐尖，基部狭楔形（不下延）；老叶背面无毛或具紧贴的微毛，粉白色；幼叶背面密被伏贴的毛；叶面中脉粗壮、平或下部微凹；侧脉 6~14 对，横脉及小脉于叶背明显；叶柄长 0.7~1.5cm，无毛。花序生于当年生枝上部叶腋，长 8~14cm，近于总状或在上部分枝，无毛；花被片具缘毛，外面无毛，内面有毛；能育雄蕊各轮花丝无毛或仅基部具毛，第三轮花丝基部具腺体；子房无毛，柱头帽状或略扩大。果序、果梗无毛；核果卵状椭圆形，长 1~1.2cm，直径 0.7cm；果梗上端增粗；宿存花被片展开，具纵脉，边缘具缘毛。花期 5~6 月，果成熟期 8~9 月。

湘楠

a. 叶倒阔披针形，先端短渐尖；b. 常绿小乔木，叶背面粉白色；c. 花序生于当年生枝上部叶腋，近于总状；d. 核果卵状椭圆形，果梗上端增粗；宿存花被片展开；e. 叶基部狭楔形（不下延）。

分布： 江西分布于安远县（高云山）、靖安县（北港林场）、安福县（羊狮幕峡谷）、芦溪县（武功山）等山区，生于沟谷阔叶林中，海拔500~1000m。甘肃、陕西、江苏、湖北、湖南、贵州等地区也有分布。

用途和繁殖方法： 用材，药用，精油。播种繁殖。

湘楠（续）

f~i.为另一株，其中 f.示叶倒阔披针形，先端短渐尖；g.叶面中脉粗壮、平；h.叶背面粉白色，具紧贴的微毛；i.核果卵状椭圆形。

（3）白楠 Phoebe neurantha（Hemsley）Gamble

中国植物志，第 31 卷：117，1982；Flora of China，Vol. 7: 198，2008；中国生物物种名录，第一卷（总中）：924，2018.

形态特征：常绿乔木，嫩枝疏被短柔毛，后变无毛（老枝无毛）。叶狭披针形或倒披针形，长 8~16cm，宽 2~4cm，先端尾状渐尖，叶基部渐狭下延；嫩叶背面被短柔毛，老叶背面近无毛或仅见残留的短毛，叶背苍绿色，中脉于叶面平或下部微凹陷，侧脉 8~12 对，叶背横脉及小脉略明显；叶柄长 0.7~1.5cm，无毛或被稀疏短毛。圆锥花序长 4~10cm，生于一年生枝的近顶部，花被外面及花序密被短柔毛（果期近无毛或无毛）；花梗被毛，长 0.4cm；花被片两面被毛；各轮花丝被长柔毛，第三轮花丝基部具腺体，退化雄蕊被长柔毛；子房无毛。核果卵状椭圆形，长 1cm，直径 0.7cm；果梗上部略增粗；宿存花被片展开，具明显纵脉。花期 5 月，果成熟期 8~10 月。

分布：江西分布于武宁县（九宫山）、修水县（九岭山）等山区，生于阔叶林中、路边，海拔 600~1000m。湖北、湖南、广西、贵州、陕西、甘肃、四川、云南等地区也有分布。

用途和繁殖方法：用材，精油。播种繁殖。

白楠

a. 叶狭披针形或倒披针形；b. 叶基部渐狭下延；c. 核果卵状椭圆形，果梗略增粗；宿存花被片具明显纵脉；d. 叶背苍绿色，近无毛。

（4）紫楠 Phoebe sheareri（Hemsley）Gamble

中国植物志，第31卷：117，1982；Flora of China，Vol. 7: 199，2008；中国生物物种名录，第一卷（总中）：924，2018.

形态特征：常绿乔木，一年生枝、叶柄、花序、果序均密被柔毛。叶倒阔披针形，长 8~27cm，宽 3.5~8cm，先端尾状渐尖，基部渐狭，叶背密被长柔毛；叶面中脉和侧脉凹陷，侧脉 8~13 对，弧形弯曲，在边缘结网；叶柄长 1~2.5cm，密被柔毛。圆锥花序长 7~15cm，生于嫩枝叶腋，顶端具分枝；花被片近等大，两面被毛；能育雄蕊各轮花丝被毛；第三轮花丝具腺体；退化雄蕊花丝均被毛；子房无毛。果卵状椭圆形，成熟时紫黑色，长 1cm，直径 0.6cm，果梗上端略增粗，被毛；宿存花被片两面被毛，展开；种子单胚性，两侧对称。花期 4~5 月，果成熟期 9~10 月。

分布：江西分布于各地山区，生于路边、阔叶疏林内，海拔 400~1000m。安徽、江苏、福建、广东、湖南、浙江、湖北、广西、贵州等地区也有分布。

用途和繁殖方法：用材，园林绿化。

紫楠

a. 圆锥花序生于嫩枝叶腋；b. 叶基部渐狭，叶背密被长柔毛；c. 叶倒阔披针形；果卵状椭圆形，成熟时紫黑色；d. 一年生枝、叶柄、花序均密被柔毛；e~g. 为另一株，其中 e. 示叶倒狭披针形；f. 常绿乔木；g. 果序密被柔毛；果卵状椭圆形；宿存花被片两面被毛，展开（但绝非反折）。

（5）浙江楠 Phoebe chekiangensis P. T. Li

中国植物志，第 31 卷：112，1982；Flora of China，Vol. 7: 197，2008；中国生物物种名录，第一卷（总中）：923，2018.

形态特征：常绿乔木，一年生枝具棱，密被柔毛。叶宽倒卵形（稀披针形），长 7~17cm，宽 3~7cm，先端短渐尖，基部楔形、不下延；叶背面被柔毛，横脉、小脉较密且明显；侧脉 8~10 对；叶柄长 1~1.5cm，密被柔毛。圆锥花序长 5~10cm，密被柔毛；花梗长 0.3cm；花被片两面被毛，第一、二轮花丝疏被柔毛，第三轮花丝密被柔毛；退化雄蕊箭头形、被毛；子房无毛。果序被毛；核果卵状椭圆形，长 1.2~1.5cm，成熟时常被白粉；宿存花被片革质，紧贴核果基部，果梗及宿存花被外面均被毛。种

浙江楠

a. 叶宽倒卵形；b. 核果卵状椭圆形，宿存花被片紧贴核果基部；果梗及宿存花被外面均被毛；c. 一年生枝具棱，密被柔毛；d. 叶背面被柔毛；e. 叶形比较。

子多胚性。花期 4~5 月，果成熟期 9~10 月。

分布：江西分布于寻乌县（基隆嶂、项山）、安远县（三百山）、大余县（三江口）、崇义县（齐云山）、永丰县（中寨）、井冈山、芦溪县（武功山）等山区，生于阔叶林中、村旁，海拔 300~800m。浙江、福建、广东等地区也有分布。

用途和繁殖方法：用材，园林绿化。播种繁殖。

浙江楠（续）

f~j. 为另一株，其中 f. 示叶窄倒卵形；g. 一年生枝和叶柄密被柔毛；h. 常绿乔木；i. 花序及花被两面被柔毛；j. 植株形态。

（6）闽楠 Phoebe bournei（Hemsley）Yen C. Yang

中国植物志，第31卷：112，1982；Flora of China，Vol. 7: 198，2008；中国生物物种名录，第一卷（总中）：923，2018.

形态特征： 常绿大乔木，老的树皮灰白色；一年生枝无毛。叶长披针形或倒披针形，长7~13cm，宽3~4cm，先端渐尖，叶基部楔形、不下延；叶背灰白色、具短柔毛，有时叶缘具毛；中脉于叶面微凹陷或平，横脉及小脉明显、网结；侧脉10~14对；叶柄长0.5~1.2cm，无毛。花序（果序）生于新枝叶腋，花序被毛（果序无毛或仅微毛），长3~7cm，呈不开展的圆锥花序，最下部分枝长2~2.5cm；花被片两面被柔毛；第一、二轮花丝疏被柔毛；第三轮密被柔毛，基部具腺体；退化雄蕊三角形；子房与花柱无毛，柱头帽状。核果卵状椭圆形，长1.1~1.5cm，直径0.6cm；宿存花被片被毛且紧贴果基部。花期4月，果成熟期10~11月。

分布： 江西分布于寻乌县、会昌县、龙南县、大余县、崇义县、遂川县、石城县、井冈山、芦溪县、武宁县、景德镇市（瑶里）等各地山区，生于山坡下部阔叶林中、村旁，海拔150~800m。福建、浙江、湖南、广东、广西、湖北、贵州等地区也有分布。

用途和繁殖方法： 用材，园林绿化。播种繁殖。

闽楠

a.叶长披针形；中脉于叶面微凹陷或平；b.叶背具短柔毛，有时叶缘具毛，横脉及小脉明显。

闽楠（续）

c. 叶背灰白色；d. 果序生于新枝叶腋，核果成熟时紫黑色；e. 常绿大乔木；f~h. 为另一株，其中 f. 示核果卵状椭圆形，宿存花被片被毛且紧贴果基部；g. 叶倒披针形；h. 叶基部楔形、不下延；叶背具短柔毛。

（7）桂楠 Phoebe kwangsiensis H. Liu

中国植物志，第31卷：97，1982；Flora of China，Vol. 7: 198，2008；中国生物物种名录，第一卷（总中）：923，2018.

形态特征： 常绿乔木（高8~12m），一年生枝被短毛。叶狭倒披针形或椭圆状倒披针形，长9~19cm，宽2~3.5cm，先端渐尖，基部楔形，叶背被短毛；中脉于叶面平或微凹陷成沟状；侧脉10~13对，弧形伸展，网脉清晰；叶柄长0.6~1.5cm，被疏毛或近无毛。聚伞状圆锥花序纤细，长13~18cm，总梗长10~12cm，被疏柔毛，顶端具3~4次分枝，每个分枝的基部具宿存的叶状苞片；花长约0.3cm，花被片外面无毛或被细微柔毛，内面具长柔毛；第一、二轮花丝近无毛，第三轮花丝具毛且具腺体；子房卵形，花柱细长，柱头盘状；核果椭圆状。花期6月，果成熟期9~10月。

分布： 江西分布于寻乌县（基隆嶂）、永丰县（中寨）等山区，生于阔叶林中，海拔300~800m。广西、广东、贵州、湖南等地区也有分布。

用途和繁殖方法： 园林绿化，用材。播种繁殖。

桂楠

a. 叶狭倒披针形或椭圆状倒披针形，中脉于叶面平或微凹陷成沟状；b. 一年生枝被短毛；c. 叶背网脉清晰，被短毛。

（8）桢楠 Phoebe zhennan S. K. Lee et F. N. Wei　楠木

中国植物志，第31卷：113，1982；Flora of China，Vol. 7: 198，2008；中国生物物种名录，第一卷（总中）：924，2018.

形态特征：常绿大乔木，芽被贴伏短毛。一年生枝较细，稍具棱，被疏短毛。叶常集生于枝上部；叶倒披针形或长椭圆形，叶长 7~12cm，宽 2.5~4cm，先端渐尖，基部楔形、下延；叶面无毛，叶背密被短柔毛，中脉于叶面稍凹陷或平（下面明显凸起），侧脉每边 8~13 条，侧脉之间的距离差异较大而不整齐；叶柄细，长 1~2.2cm，被稀疏毛。聚伞状圆锥花序十分开展、被毛，长 7.5~12cm，每个伞形花序有花 3~6 朵；花被片近等大；第三轮花丝基部的腺体无柄；退化雄蕊三角形，具柄，被毛；子房无毛。核果椭圆形，长 1.1~1.4cm，直径 0.6cm；宿存花被两面被短毛，紧贴核果基部；果梗上部稍增粗。开花期 4~5 月，果成熟期 9~10 月。

分布：江西栽培于高安县、宜丰县、丰城市、井冈山市等各地的产业基地。湖北、湖南、贵州、四川等地区有野生分布，生于阔叶林中，海拔 400~1100m。

用途和繁殖方法：用材，园林绿化，精油。播种繁殖。

桢楠

a. 叶倒披针形或长椭圆形，叶常集生于枝上部；b~c. 叶倒披针形；中脉于叶面稍凹陷或平；d. 叶基部沿叶柄下延；叶背密被短柔毛；侧脉之间的距离差异较大而不整齐。

2.10.8 润楠属 Machilus Rumphius ex Nees

形态特征：常绿乔木或灌木。芽具覆瓦状排列的鳞片。叶互生、全缘，羽状脉。圆锥花序顶生、近顶生或生于幼枝下部，花序近无总梗或具长总梗；花两性，花被筒短；花被裂片6枚，排成2轮，花后不脱落（稀脱落）；能育雄蕊9枚，排成3轮，花药4室，外面2轮无腺体，花药内向；第三轮雄蕊具腺体，花药外向；第四轮为退化雄蕊，短小，具短柄，先端箭头形。果序总状或圆锥状，核果球形（稀近椭圆形），果基部具宿存反折的花被片而不包果实基部。

分布与种数：分布于亚洲热带、亚热带地区，全球约100种。中国82种。江西18种。

分种检索表

1. 老叶背面无毛。
  2. 叶宽3.5cm以下。
    3. 侧脉14对以下，叶基部不沿叶柄下延。
      4. 侧脉10对以下，叶先端钝尖⋯⋯⋯⋯⋯⋯⋯⋯**木姜润楠 Machilus litseifolia**
      4. 侧脉10~14对，叶先端渐尖或尾尖⋯⋯⋯⋯⋯⋯**狭叶润楠 M. rehderi**
    3. 侧脉14~20对，叶基部沿叶柄下延⋯⋯⋯**多脉润楠 M. multinervia（江西无分布）**
  2. 叶宽3.5~7cm。
    5. 叶较大，长10~24cm，宽4~7cm。
      6. 顶芽大（直径2cm以上），具微毛；叶柄粗壮⋯⋯⋯⋯⋯⋯⋯⋯⋯⋯⋯⋯⋯⋯⋯⋯⋯⋯⋯⋯⋯⋯⋯⋯⋯⋯⋯**薄叶润楠 M. leptophylla**
      6. 顶芽小（直径1cm以下），无毛；叶柄较细⋯⋯⋯⋯⋯⋯⋯⋯⋯⋯⋯⋯⋯⋯⋯⋯**宜昌润楠 M. ichangensis**
    5. 叶较小，长4~14cm（稀16cm），宽1~4cm。
      7. 花被片外面无毛。
        8. 叶基部楔形⋯⋯⋯⋯⋯⋯⋯⋯⋯⋯⋯⋯**红楠 M. thunbergii**
        8. 叶基部宽圆形，中脉较粗并于叶面微凹⋯⋯⋯⋯⋯⋯⋯⋯⋯⋯⋯⋯**凤凰润楠 M. pheonicis**
      7. 花被片外面被短毛或绢状毛。
        9. 叶柄短0.7cm以下；花序长5cm以下⋯⋯⋯⋯⋯⋯⋯⋯⋯⋯⋯⋯**短序润楠 M. breviflora**
        9. 叶柄长1~2cm，花序长5cm以上。
          10. 叶多数为椭圆状披针形（稀倒卵状椭圆形），同一枝上兼具20%~30%的小型叶⋯⋯⋯⋯⋯⋯**刨花润楠 M. pauhoi**

10. 叶多数为倒卵形，同一枝上叶片大小较一致。

    11. 叶长 2/3 处最宽，并于此开始收缩渐尖，叶基部不下延，侧脉较直……………………………………**浙江润楠 M. chekiangensis**

    11. 叶长 4/5 处开始收缩呈急尖，叶基部下延，侧脉弧弯上伸。

        12. 果较小，直径 1cm；二年生枝灰褐色……………………………………………………………**华润楠 M. chinensis**

        12. 果较大，直径 1.5cm 以上；侧脉疏离………………………………………………**龙眼润楠 M. oculodracontis**

1. 老叶背面被绒毛或短毛。

    13. 花被片外面被绒毛。

        14. 叶背密被黄褐色绒毛，果较小（直径 1.2cm 以下）。

          15. 顶生圆锥花序（果序）分枝…………………………………………………………**黄绒润楠 M. grijsii**

          15. 花序为数个单枝状密集于枝顶、不分枝，1 个单枝具 2 个果（伞形状）…………………………**绒毛润楠 M. velutina**

        14. 叶背被散开的短柔毛；果较大，直径 2~3cm………………………………………**纳槁润楠 M. nakao**

    13. 花被片外面被微毛。

        16. 叶宽 3.5cm 以上。

          17. 叶背被散开的灰褐短毛………………………………**芳槁润楠 M. suaveolens**

          17. 叶背被平伏的锈褐色毛………………………………**广东润楠 M. kwangtungensis**

        16. 叶宽 3.5cm 以下。

          18. 小枝无毛，叶背被绢状疏毛………………………………**柳叶润楠 M. salicina**

          18. 小枝和叶背被黄褐色短柔毛…………………………………**建润楠 M. oreophila**

（1）木姜润楠 Machilus litseifolia S. K. Lee

中国植物志，第 31 卷：23，1982；Flora of China，Vol. 7: 208，2008；中国生物物种名录，第一卷（总中）：919，2018.

形态特征：常绿乔木，枝无毛；顶芽近球形，近无毛。叶常集生于枝上部，倒披针形或椭圆状披针形，长 6.5~12cm，宽 2~3.5cm，先端钝，基部钝或两侧不对称；成长叶的叶背和叶面均无毛，叶背粉绿色；中脉于叶面平或微凹；侧脉 6~8 对、疏离，弧状上伸，近叶缘结网；叶基部不沿叶柄下延，叶柄长 1~1.5cm。聚伞状圆锥花序长 4.5~8cm，生于当年生枝的近基部或兼有近顶生，花序上端分枝；花序总梗长约为花序长的 2/3，花梗长 0.6cm；花被裂片先端圆钝，外面无毛，内面被短毛；花丝无毛；雌蕊无毛。果序无毛，核果近球形，直径 0.8cm；核果基部宿存的花被片下部变厚；果梗长 0.5cm。花期 3~5 月，果成熟期 6~7 月。

分布：江西分布于寻乌县（森林公园）、龙南县（九连山）、崇义县（诸广山）等地山区，生于阔叶林中，海拔 300~800m。广西、广东、浙江、福建、湖南等地区也有分布。

用途和繁殖方法：用材，园林绿化。播种繁殖。

木姜润楠

a. 叶常集生于枝上部，倒披针形或椭圆状披针形；b. 中脉于叶面平或微凹。

木姜润楠（续）

c. 叶背粉绿色、无毛；侧脉 6~8 对、疏离，弧状上伸；d~e. 为另一株，其中 d. 示聚伞状圆锥花序（果序）生于当年生枝基部，花序上端分枝；e. 果序无毛，核果近球形；f~g. 为第三株，其中 f. 示叶基部不沿叶柄下延；g. 叶背粉绿色、无毛。

（2）狭叶润楠 Machilus rehderi C. K. Allen

中国植物志，第 31 卷：23，1982；Flora of China，Vol. 7: 207，2008；中国生物物种名录，第一卷（总中）：920，2018.

形态特征：常绿小乔木，枝无毛。叶聚生于小枝上部，椭圆状披针形或倒披针形，长 7~14cm，宽 2~3cm，先端渐尖；叶两面无毛，具光泽；叶背淡绿色或粉白色，中脉于叶面平或微凹，侧脉 10~14 对，不明显，约成 45° 角分出；叶基部楔形，不沿叶柄下延；叶柄无毛，长 1~1.5cm。花序为圆锥或总状，长 10~11cm，无毛，生于新枝基部；花序总梗长 3~5cm；花梗长 0.7~1.2cm，无毛；花被片内外面均无毛，雄蕊花丝无毛，花药内向，第三轮花丝基部被长柔毛并具 2 枚腺体；退化雄蕊三角形；子房无毛，花柱较花丝短。核果球形，直径 0.7cm，无毛，果基部具反折的宿存花被片。花期 4 月，果成熟期 7 月。

分布：江西分布于信丰县（金盆山）、龙南县（九连山）、大余县（内良）等山区，生于山谷、山坡下部阔叶林中，海拔 300~850m。

用途和繁殖方法：用材。播种繁殖。

狭叶润楠

a. 常绿小乔木，叶聚生于小枝上部；b. 叶椭圆状披针形，侧脉不明显；叶基部楔形，不沿叶柄下延；c. 叶背淡绿色，无毛。

狭叶润楠（续）

　　d~f. 为另一株，其中 d. 示稍大的叶片，中脉于叶面平；e. 叶椭圆状披针形或倒披针形；f. 叶背粉白色，叶基部不下延。

（3）薄叶润楠 Machilus leptophylla Handel-Mazzetti

中国植物志，第31卷：44，1982；Flora of China, Vol. 7: 214, 2008；中国生物物种名录，第一卷（总中）：919，2018.

形态特征：常绿大乔木，枝粗壮，无毛；顶芽较大，直径2cm以上，具微毛；芽鳞有时带红色。叶互生，但在当年生枝上近轮生，倒卵状长圆形，长10~24cm，宽4~7cm，先端短渐尖，基部楔形；叶背无毛（嫩叶背面具微毛），粉白色或灰绿色；中脉粗壮，于叶面微凹或平；侧脉14~20对；叶柄粗、直，有时淡红色，长1~3cm，无毛。圆锥花序聚生于一年生枝的基部，长8~12cm；花通常3枚呈伞形状，花序总梗、分枝和花梗略具微毛；花白色，花梗丝状，长0.5cm；花被裂片具透明油腺，先端急尖，背面具毛，内面近无毛；能育雄蕊的花药室顶上具短尖；花丝近线状，基部具簇毛；第一、二轮雄蕊的花药上2室因隔膜不完整变成1室，单瓣裂，下2室较长，斜向；第三轮雄蕊的花药下2室较长，外向；上2室内向，腺体大，顶锐尖。核果球形，直径1cm；果梗长0.5~1cm；果基部宿存花被片反折。

分布：江西各地山区均有分布，生于沟谷、山坡下部阔叶林中，海拔150~900m。福建、浙江、江苏、湖南、湖北、广东、广西、贵州等地区也有分布。

用途和繁殖方法：用材，精油。播种繁殖。

薄叶润楠

a. 顶芽较大，芽鳞有时带红色；b. 叶背无毛；c. 核果球形；d~e. 为另一株，其中d. 示顶叶柄粗壮、直；e. 顶芽大，具微毛；中脉于叶面微凹。

（4）宜昌润楠 Machilus ichangensis Rehder et E. H. Wilson

中国植物志，第 31 卷：45，1982；Flora of China，Vol. 7: 215，2008；中国生物物种名录，第一卷（总中）：919，2018.

形态特征：常绿乔木，小枝纤细、无毛。顶芽小（直径 1cm 以下），无毛，芽淡绿色，混合芽。叶常集生于当年生枝上部，长圆状披针形或长圆状倒披针形，长 10~24cm，宽 4~6cm，先端渐尖，基部楔形；叶面无毛，叶背粉白色，无毛（稀具微毛）；中脉于叶面微凹，侧脉纤细，12~17 对；叶柄较细（有时微曲），长 0.8~2cm。圆锥花序生于当年生枝基部，长 5~9cm，具微毛或无毛，花序总梗纤细，长 2.2~5cm，约在中部分枝；花梗长 0.7cm，具小绢毛；花白色，花被裂片的外面和内面上端具绢毛，先端钝圆；雄蕊较花被稍短或近等长，花丝无毛；第三轮花丝具球形腺体；退化雄蕊三角形；子房无毛；花柱柱头呈头状。果序长 6~9cm；核果近球形，直径 1cm，成熟时紫黑色，果梗不增大；果基部宿存花被片反折。花期 4 月，果成熟期 8 月。

分布：江西各地山区均有分布，生于山谷、山坡下部阔叶疏林中，海拔 350~1000m。福建、浙江、广东、湖北、四川、陕西、甘肃等地区也有分布。

用途和繁殖方法：用材，园林绿化。播种繁殖。

宜昌润楠

a. 叶常集生于当年生枝上部，长圆状倒披针形；b. 叶背无毛，粉白色；核果近球形，基部宿存花被片反折毛。

嫩枝叶于花后抽生，将超过花序长——

←苞片

宜昌润楠（续）

　　c.常绿乔木；d~e.为另一株，其中 d.示顶芽小，芽淡绿色；中脉于叶面微凹，叶柄较细（有时微曲）；e.混合芽，嫩枝叶于花后抽生，将超过花序长度；花序具微毛。

（5）红楠 Machilus thunbergii Siebold et Zuccarini

中国植物志，第31卷：19，1982；Flora of China，Vol. 7: 207，2008；中国生物物种名录，第一卷（总中）：920，2018.

形态特征：常绿乔木，枝无毛，嫩枝无毛。叶倒卵形至倒卵状披针形，长5~10cm，宽2~4cm，先端短渐尖，基部楔形但不沿叶柄下延；叶面具光泽，无毛；叶背粉白色，无毛；中脉于叶面微凹或平；侧脉7~12对，直伸向上，整齐；叶柄长1~3cm，腹面有具槽，略带红色，无毛。花序顶生或于新枝上腋生，无毛，长5~11cm，上端分枝；花被片外面无毛，内面上端具短毛；花丝无毛，第三轮花丝具腺体；退化雄蕊基部有硬毛；子房无毛；花柱柱头呈头状；花梗长0.8~1.5cm。核果近球形，直径0.8~1cm，初时绿色，后变黑紫色；果序和果梗鲜红色。花期2月，果成熟期7月。

分布：江西各地山区均有分布，生于山坡疏林、路边，海拔1000m以下。山东、江苏、浙江、安徽、台湾、福建、湖南、湖北、广东、广西等地区均有分布。

用途和繁殖方法：用材，园林绿化。播种繁殖。

红楠

　　a~b.叶倒卵形至倒卵状披针形；基部楔形但不沿叶柄下延；叶面具光泽；b-1.叶背粉白色，无毛。c~d.为另一株，其中c.示侧脉直伸向上、整齐，稍直；d、d~1.花被片外面无毛，排列成2轮；e~h.为第三株，其中e.示侧脉较直，整齐；f.果序和果梗鲜红色；g.叶背粉白色，无毛；h.常绿乔木。

（6）凤凰润楠 Machilus phoenicis Dunn

中国植物志，第 31 卷：17，1982；Flora of China，Vol. 7: 207，2008；中国生物物种名录，第一卷（总中）：920，2018.

形态特征：常绿灌木或小乔木，枝粗壮；枝、叶、花等全株无毛；顶芽无毛。叶厚革质，宽椭圆形或矩圆形，长 9~14cm，宽 3~4cm，先端渐尖，基部宽圆形而钝；中脉较粗并于叶面平或微凹；侧脉 8~10 对；叶背粉白色或淡绿色；叶柄粗壮，长 1~3.5cm。花序生于枝上部，长 5~8cm，于上端分枝；总梗约为花序长的 2/3；花被片外面无毛；花被裂片近等长，先端钝，内面的先端具很短的稀疏绢毛；第三轮雄蕊的花丝基部具无柄的腺体；子房无毛。核果球形，直径 0.9cm；宿存的花被裂片革质，反折；花梗增粗。花期 4~5 月，果成熟期 8~9 月。

分布：江西分布于崇义县（齐云山龙背）、遂川县（五斗江）、井冈山市（大井）等山区，生于阔叶林下、路边，海拔 400~900m。广东、湖南、福建、浙江等地区也有分布。

用途和繁殖方法：精油，药用。播种繁殖。

凤凰润楠

a. 叶厚革质，宽椭圆形或矩圆形，基部宽圆形而钝；b. 中脉较粗并于叶面微凹；c. 顶芽无毛；d. 另一株，花序基部苞片淡红色，无毛；e. 第三株，花序基部苞片淡绿色，无毛；f. 叶背粉白色，无毛。

（7）短序润楠 Machilus breviflora（Bentham）Hemsley

中国植物志，第 31 卷：59，1982；Flora of China，Vol. 7: 220，2008；中国生物物种名录，第一卷（总中）：918，2018.

形态特征：常绿小乔木，枝无毛，芽长 0.5cm，芽鳞具短毛。叶集生于小枝先端，近椭圆形或倒卵状椭圆形，长 4~7cm，宽 2~3cm，先端钝，基部楔形；叶两面无毛，叶背粉白色或淡绿色；中脉于叶面平或微凹；侧脉和网脉纤细，不清晰；叶柄长 0.3~0.7cm。花序圆锥状复伞形，顶生，无毛，长约 5cm；花序具总梗；花梗长 0.3cm；花绿白色，花被片外面被绢状毛，外轮花被片较小，核果成熟时花被裂片宿存（稀脱落）并反折；第三轮雄蕊的花丝较长，具腺体；退化雄蕊箭头状，具柄，柄上具短毛。核果球形，直径 0.8~1cm。花期 7~8 月，果成熟期 10~12 月。

分布：江西分布于寻乌县（龙庭）、会昌县（清溪）、大余县（三江口）等山区，生于阔叶山谷疏林中，海拔 300~800m。广东、海南、广西、湖南等地区也有分布。

用途和繁殖方法：用材，园林绿化。播种繁殖。

短序润楠

a. 叶近椭圆形，先端钝，基部楔形；叶柄短；b. 常绿小乔木；c. 叶背无毛，粉白色。

（8）刨花润楠 Machilus pauhoi Kanehira

中国植物志，第31卷：43，1982；Flora of China，Vol. 7: 215，2008；中国生物物种名录，第一卷（总中）：920，2018.

形态特征：常绿乔木，小枝无毛，顶芽具稀疏短柔毛。叶集生枝上部，叶多数为椭圆状披针形（稀倒卵状椭圆形），同一枝上兼具 20%~30% 的小型叶；叶长8~15cm，宽 3~4cm，先端尾状渐尖，基部楔形；叶背粉白色或淡绿色，无毛（嫩叶具疏短毛）；中脉于叶面平或微凹；侧脉纤细，12~17 对；叶柄长 1~2cm。聚伞状圆锥花序生于当年生枝下部，花序长 7cm 以上，约与叶近等长，被微毛，花序于中部以上分枝；花梗长 0.8~1cm；花被片两面均被短毛；雄蕊的花丝无毛，第三轮花丝的腺体具柄，退化雄蕊与其腺体等长；子房无毛，花柱较子房长。核果球形，直径 1cm，成熟时紫黑色，宿存花被反折；果序无毛。花期 2~3 月，果成熟期 6~7 月。

分布：江西各地山区均有分布，生于阔叶林中、路边，海拔 200~1000m。浙江、福建、湖南、广东、广西等地区也有分布。

用途和繁殖方法：用材，园林绿化，药用。播种繁殖。

刨花润楠

a. 叶多数为椭圆状披针形，同一枝上兼具 20%~30% 的小型叶；b. 叶背粉白色，无毛；c. 常绿乔木；d. 为第二株，叶倒卵状椭圆形，仍具 20%~30% 的小型叶。

刨花润楠（续）

e~j. 为第三株，其中 e、f、i 示叶椭圆状披针形（稍窄）；g~h. 叶背粉白色，无毛，但 g. 的侧脉与中脉之夹角较小，而 h. 的夹角稍大且侧脉较短；j. 核果球形，宿存花被反折，果序无毛。

（9）浙江润楠 Machilus chekiangensis S. K. Lee

中国植物志，第31卷：49，1982；Flora of China，Vol. 7: 217，2008；中国生物物种名录，第一卷（总中）：918，2018.

形态特征：常绿乔木，枝无毛。叶常集生于枝上部，叶多数为倒卵形，同一枝上叶片大小较一致，叶长的 2/3 处最宽，并于此开始渐渐收缩而呈渐尖（或尾尖）；叶长 6~13cm，宽 2~3.5cm，先端尾状渐尖（常呈镰状），基部楔形但不沿叶柄下延；叶背无毛（嫩叶初期被短毛），叶背粉白色或粉绿色，无毛；中脉于叶面平或微凹，侧脉 8~10 对，较直，不达叶缘；叶柄纤细，长 0.8~1.5cm。未见花序。果序生于当年生枝基部，长 7~9cm，具短毛，中部或上部具分枝；果序总梗长 3~6cm；核果球形，直径 0.7cm，干时带黑色；核果基部的宿存花被片近等长，长约 0.5cm，两面均被微毛；果梗纤细，长 0.5cm。果成熟期 6 月。

分布：江西分布于信丰县（金盆山）、寻乌县、龙南县等山区，生于山坡阔叶疏林中，海拔 200~750m。浙江、福建、广东等地区也有分布。

用途和繁殖方法：用材，园林绿化。播种繁殖。

浙江润楠

a. 叶多数为倒卵形；b. 叶长的 2/3 处最宽（图中蓝线），并于此开始渐渐收缩而呈渐尖。

浙江润楠（续）

　　c~f. 为另一株，其中 c. 示叶背粉白色，无毛；d. 叶长的 2/3 处最宽（图中白线），并于此开始渐渐收缩而呈渐尖；e. 基部楔形但不沿叶柄下延；f. 常绿乔木；g. 为第三株，叶长的 2/3 处最宽（图中白线）。

（10）华润楠 Machilus chinensis（Bentham）Hemsley

中国植物志，第 31 卷：59，1982；Flora of China，Vol. 7: 220，2008；中国生物物种名录，第一卷（总中）：918，2018.

形态特征： 常绿乔木，二年生枝灰褐色，枝叶无毛。芽细小，无毛（或具微毛）。叶多数为倒卵形，同一枝上叶片大小较一致、长 6~10cm，宽 3~4cm，先端钝或短渐尖，基部楔形且沿叶柄下延；叶背无毛，粉绿色；叶长 4/5 处开始收缩呈急尖，叶基部下延，侧脉弧弯上伸；中脉于叶面微凹或平；侧脉不明显，约 8 对；叶柄长 0.6~1.4cm。圆锥花序顶生，长约 3~5cm，上部具分枝，花序总梗约占花序全长的 3/4；花白色，花梗长 0.3cm；花被裂片两面具微毛；雄蕊的第三轮花丝具无柄腺体，退化雄蕊具毛；子房无毛。核果球形，直径 0.8~1cm；果基部无宿存的花被片（稀宿存不脱落）。花

华润楠

a.叶多数为倒卵形；b.叶基部下延，叶长 4/5 处开始收缩呈急尖（图中白线）；c.叶背无毛，粉绿色；d~e. 为另一株，e.示叶长 4/5 处开始收缩呈急尖（图中蓝线），叶基部下延；f. 为第三株，示叶基部下延。

期 11 月，果成熟期翌年 2~3 月。

分布：江西分布于寻乌县、信丰县、全南县、龙南县、崇义县、遂川县、石城县、井冈山等山区，生于阔叶林中，海拔 200~1000m。福建、湖南、湖北、浙江、广东、广西等地区也有分布。

用途和繁殖方法：用材，园林绿化，精油。播种繁殖。

华润楠（续）

g~j. 为第四株，其中 g~i. 示叶长 4/5 处开始收缩呈急尖；j. 花被裂片两面具微毛。

（11）龙眼润楠 Machilus oculodracontis Chun

中国植物志，第 31 卷：64，1982；Flora of China，Vol. 7: 222，2008；中国生物物种名录，第一卷（总中）：920，2018.

形态特征： 常绿乔木，枝无毛，幼嫩枝和嫩叶被短毛但很快脱落变无毛。叶椭圆状倒披针形或椭圆状披针形，长 9~13cm，宽 2~3.5cm，先端急尖，叶片中部以下渐狭，基部楔形并沿叶柄下延；叶背粉绿色，无毛；中脉丁叶面平或微凹，侧脉 6~10 对，疏离（彼此间距离达 1~2.5cm），纤细而不明显，弧弯上伸；叶柄长 1~1.5cm，腹面具浅槽。近总状伞形花序排列在枝上部，花序 3~10cm，通常在总梗的上半部生花，花序和花被片两面均被微毛；花被裂片顶端略尖；第三轮雄蕊的花丝具腺体；退化雄蕊柄短，先端三角状卵形，顶突尖，基部心形；子房无毛。核果球形，直径 1.8~2cm，成熟时蓝黑色；果梗长 0.5cm，上部增粗。

分布： 江西分布于寻乌县、信丰县（金盆山）、龙南县（九连山）等各地山区，生于山坡阔叶疏林中，海拔 200~750m。广东、福建、广西等地区也有分布。

用途和繁殖方法： 园林绿化，用材，药用。播种繁殖。

龙眼润楠

a. 叶椭圆状倒披针形；b. 叶先端急尖，叶片中部以下渐狭，基部沿叶柄下延；c. 叶背无毛，侧脉疏离。

龙眼润楠（续）

　　d. 近总状伞形花序排列在枝上部，花序被微毛；e. 花被片两面均被微毛；f~h. 为另一株，其中f~g. 示叶片中部以下渐狭，基部沿叶柄下延；h. 侧脉疏离；i. 为第三株，示中脉于叶面微凹。

（12）**黄绒润楠** Machilus grijsii Hance

中国植物志，第 31 卷：32，1982；Flora of China，Vol. 7: 211，2008；中国生物物种名录，第一卷（总中）：919，2018.

形态特征：常绿灌木（高 5m 以下），芽、枝、叶柄和叶背均被短绒毛。叶倒卵状长圆形或卵状椭圆形，长 8~14cm，宽 3.5~5cm，先端渐狭，基部楔形或宽圆形；叶面无毛，中脉于叶面平或微凹，侧脉 8~11 对；叶柄粗壮，长 0.7~1.5cm。顶生圆锥花序（果序）分枝，密被黄褐色短绒毛，花序总梗长 1~3.5cm；花被片外面被绒毛；第三轮雄蕊的花丝基部具肾形、无柄的腺体。核果球形，直径 1cm；基部宿存的花被片反折。花期 3 月，果成熟期 5~6 月。

分布：江西各地山区或丘陵均有分布，生于路边灌丛、山坡阔叶疏林中，海拔 1000m 以下。福建、广东、广西、湖南、湖北、贵州、浙江等地区也有分布。

用途和繁殖方法：园林绿化，香精原料。播种繁殖。

黄绒润楠

a.顶生圆锥花序分枝，叶倒卵状长圆形，基部楔形；b.叶背被短绒毛；c~e. 为另一株，示叶卵状椭圆形，基部宽圆形。

（13）绒毛润楠 Machilus velutina Champion ex Bentham

中国植物志，第31卷：31，1982；Flora of China，Vol. 7: 211，2008；中国生物物种名录，第一卷（总中）：920，2018.

形态特征：常绿小乔木，枝、芽、叶背面和花序均密被黄褐色绒毛。叶倒卵状椭圆形或长椭圆形，长 6~12cm，宽 3~5cm，先端渐尖，基部楔形但不沿叶柄下延；中脉于叶面微凹，侧脉 8~11 对；叶柄长 1~2cm。花序为数个单枝状集生于枝顶且不分枝，1 个单枝具 2 花（或果，伞形状），无总梗；花黄绿色，花被片外面被绒毛，第三轮雄蕊花丝基部具短毛和具柄的腺体；退化雄蕊长 0.2cm，具绒毛。核果球形，较小，直径 0.4~0.6cm，成熟时蓝紫色。花期 10~12 月，果成熟期翌年 3~4 月。

分布：江西分布于寻乌县、龙南县、安远县、大余县、遂川县、井冈山、石城县、芦溪县（武功山）、武宁县、庐山等山区，生于路边灌丛、阔叶疏林内，海拔 900m 以下。广东、广西、福建、湖南、湖北、浙江、台湾等地区也有分布。

用途和繁殖方法：园林绿化，香精原料。播种繁殖。

绒毛润楠

a. 叶倒卵状椭圆形；b. 花序为数个单枝状集生于枝顶且不分枝，1 个单枝具 2 花（伞形状），无总梗。

绒毛润楠（续）

c~d. 为另一株，其中 c. 示叶长椭圆形；d. 叶背被黄褐色绒毛，果蓝紫色；f~h. 为第三株，其中 e. 示中脉于叶面微凹；f. 果序的单枝具 2 果（伞形状）；g. 叶倒卵状椭圆形；h. 常绿小乔木。

（14）纳槁润楠 Machilus nakao S. K. Lee

中国植物志，第31卷：35，1982；Flora of China，Vol. 7: 211，2008；中国生物物种名录，第一卷（总中）：920，2018.

形态特征： 常绿乔木，枝无毛，幼枝被柔毛。叶生于枝上部（或近顶端），倒卵状椭圆形或近长椭圆形，长8~16cm，宽3~5cm，先端短尖，基部楔形；叶背被散开的短柔毛；中脉于叶面微凹，侧脉6~8对；叶柄长0.8~2cm，幼时具柔毛，后逐渐脱落为无毛。花序生于枝上部的叶腋内，为展开的多歧状聚伞花序，长4~17cm，中部以上分枝，花序总梗约为花序全长的1/2~2/3，密被短柔毛；花被裂片两面具绒毛；雄蕊短于花被裂片，基部具毛，第三轮雄蕊花药的下方一对药室侧向，腺体肾形，具柄；退化雄蕊箭头形；雌蕊无毛，花柱锥状，柱头稍扩大。核果球形，果较大，直径2~3cm；果基部的宿存花被片展开。花期7~10月，果成熟期11~12月。

分布： 江西分布于寻乌县、安远县、信丰县、龙南县等各地山区，生于山坡阔叶疏林内、路边，海拔750m以下。广东、海南、广西、贵州、湖南等地区也有分布。

用途和繁殖方法： 园林绿化、香精原料。播种繁殖。

纳槁润楠

a.叶生于枝近顶端，倒卵状椭圆形或近长椭圆形；中脉于叶面微凹；b.叶背、叶柄被散开的短柔毛；c.侧脉6~8对。

（15）芳槁润楠 Machilus suaveolens S. K. Lee

中国植物志，第 31 卷：38，1982. *Machilus gamblei* King ex J. D. Hooker，Flora of China，Vol. 7: 213，2008；*Machilus gamblei* King ex J. D. Hooker，中国生物物种名录，第一卷（总中）：920，2018.

形态特征：常绿小乔木，一年生枝密被黄灰色绢毛，后逐渐脱落变无毛。顶芽具微毛。叶长椭圆形或倒卵状披针形，长 7~13cm，宽 3~5cm，先端短渐尖，基部楔形但不沿叶柄下延；叶背被散开的短毛；中脉于叶面微凹；侧脉 7~8 对；叶柄长 1~2cm，具短毛。圆锥花序生于嫩枝的下部，长 4~8cm，被绢状毛，在上部分枝，花序总梗长 3~7cm；花被片两面被微毛；雄蕊的花丝基部具黄色柔毛，第三轮花丝的腺体近肾形，具短柄；子房球形，花柱柱头 2 浅裂。果序长 6.5~13cm，被绢毛；核果球形，直径 0.7cm，成熟时紫黑色。

分布：江西分布于寻乌县（项山）、龙南县（九连山）、全南县（桃江源）等山区，生于山坡阔叶林中，海拔 800m 以下。福建、广东、广西、海南等地区也有分布。

用途和繁殖方法：园林绿化、香精原料。播种繁殖。

芳槁润楠

a. 叶长椭圆形或倒卵状披针形，中脉于叶面微凹；b. 叶背被散开的短毛，叶柄具短毛。

（16）广东润楠 Machilus kwangtungensis Yen C. Yang

中国植物志，第31卷：37，1982；Flora of China，Vol. 7: 213，2008；中国生物物种名录，第一卷（总中）：919，2018.

形态特征：常绿乔木，幼枝密被锈色绒毛，老枝无毛。叶长椭圆形或倒披针形，长 8~15cm，宽 3.5~4.5cm，先端渐尖，基部渐狭；叶革质，背面具平伏的短柔毛，叶背脉上被毛更密；叶面中脉平坦或微凹陷；侧脉 9~14 对，纤细，网脉两面不明显；叶柄长 0.8~1.2cm，具柔毛。圆锥花序生于新枝下端，长 5~10cm，被微毛；花序上端分枝，下部 2/3 不分枝，总梗稍扁；花梗纤细，长约 0.7cm；花被裂片两面具微毛；雄蕊花丝基部具毛，雄蕊第三轮的腺体具柄，退化雄蕊的先端箭形；子房无毛，花柱纤细。果近球形，直径 0.9cm，成熟时黑色；果梗长 0.5~0.8cm，具微毛；宿存花被片被微毛。花期 3~4 月，果成熟期 6~7 月。

分布：江西分布于寻乌县、龙南县等山区，生于阔叶林山谷，海拔 200~700m。广东、广西、湖南、贵州等地区也有分布。

用途和繁殖方法：园林绿化、香精原料。播种繁殖。

广东润楠

a. 叶面中脉平坦或微凹陷；
b. 背面具平伏短柔毛；c. 叶背脉上被密毛；d. 幼枝被短毛；e. 果圆球形，宿存花被片外侧被稀疏短毛。

（17）柳叶润楠 Machilus salicina Hance

中国植物志，第 31 卷：57，1982；Flora of China，Vol. 7: 220，2008；中国生物物种名录，第一卷（总中）：920，2018.

形态特征：常绿灌木，枝无毛，老枝褐黄色。叶常生于枝的上部，条状披针形，长 6~12cm，宽 1.5~2.5cm，先端渐尖，基部楔形；叶背被绢状疏毛；中脉于叶面平坦；侧脉纤细，6~8 对，不明显；叶柄长 0.7~1.5cm。花序为聚伞状圆锥花，生于一年生枝上部，稀具分枝，花序长 3~5cm，无毛（或具微毛）；花被外面被微毛；雄蕊的花丝被柔毛，第三轮雄蕊稍长，花丝具腺体；退化雄蕊先端三角状箭头形；子房近球形，花柱纤细。果序疏松，果序长 4~8cm（有时果序与叶等长）；核果球形，直径 0.7~1cm，成熟时紫黑色；果梗红色。花期 2~3 月，果成熟期 6 月。

分布：江西分布于寻乌县、安远县、大余县、崇义县、会昌县等各地山区，生于山谷阔叶林中、路边，海拔 750m 以下。福建、广东、湖南、广西、贵州、云南等地区也有分布。

用途和繁殖方法：耐水湿（做湿地植被恢复），药用。播种繁殖。

柳叶润楠

a. 叶条状披针形，先端渐尖；b. 老枝褐黄色，小枝（一年生枝）绿色，无毛；侧脉纤细，不明显；c. 叶背被绢状疏毛。

（18）建润楠 Machilus oreophila Hance

中国植物志，第 31 卷：56，1982；Flora of China，Vol. 7: 212，2008；中国生物物种名录，第一卷（总中）：920，2018.

形态特征：常绿灌木（高 3~8m），小枝（一年生枝）、顶芽、嫩叶背面均被黄褐色短柔毛，二年生枝逐渐变无毛。叶长披针形，长 6~16cm，宽 1.5~3cm，先端渐尖，基部楔形并沿叶柄下延，老叶的背面粉绿色，具短柔毛；中脉于叶面平或微凹，侧脉 8~10 对，纤细、不明显（叶背面较明显）；叶柄长 1~1.5cm，初期被短毛。圆锥花序丛生于枝上部，长 3.5~6.5cm，花序上部分枝，下部不分枝；花序总轴、分枝、花梗以及花被片两面具被黄棕色小柔毛；花梗长 0.5cm；花被裂片先端钝，雄蕊第三轮花丝基部具有柄腺体。果序生于新枝下端（因为开花时新枝继续伸长）；核果球形，直径约 0.7~1cm，成熟时紫黑色；果梗长 0.8cm，具短毛。花期 3~4 月，果成熟期 5~8 月。

分布：江西分布于寻乌县、会昌县、大余县、信丰县、龙南县等各地山区，生于山谷路边、阔叶林中，海拔 800m 以下。福建、广东、湖南、广西、贵州等地区也有分布。

用途和繁殖方法：护岸防堤林营造，园林绿化。播种、扦插繁殖。

建润楠

a. 叶长披针形，先端渐尖，基部楔形并沿叶柄下延；b. 小枝（一年生枝）、顶芽、嫩叶背面均被短柔毛；c. 老叶的背面粉绿色，具短柔毛。

2.10.9 厚壳桂属 Cryptocarya R. Brown

形态特征：常绿乔木或灌木，芽鳞枚数较少，叶状。叶互生（稀对生），羽状脉或离基三出脉；叶面常波状不平。花两性，组成腋生或近顶生的圆锥花序。花被筒陀螺形或卵形，宿存，花后顶端收缩，花被裂片6枚，早落。能育雄蕊9枚、6枚或3枚，着生于花被筒喉部；花药2室，第一、二轮雄蕊花药内向，花丝基部无腺体；第三轮雄蕊花药外向，花丝基部有一对腺体。退化雄蕊位于最内轮，具短柄，无腺体；子房为花被筒所包藏，花柱近线形，柱头小，不明显。果序圆锥状，总梗较长（2.5cm以上），花被筒不形成果托，果梗直接生长于果实基部。果成熟时果基部无宿存的花被裂片；核果球形，近椭圆形，全部包藏于肉质或硬化的增大的花被筒内，顶端有一小开口，果成熟时具纵纹（有时平滑）。

分布与种数：分布于热带、亚热带地区，未见于非洲，马来西亚、澳大利亚、智利分布种类数量较多。全球200~250种。中国21种。江西3种。

分种检索表

1. 叶为离基三出脉，枝、叶无毛·····················**厚壳桂 Cryptocarya chinensis**
1. 叶为羽状脉。
  2. 叶较短（10cm以下）；叶和幼枝被微毛，一年生枝具微纵棱和浅沟；果成熟时紫黑色··**黄果厚壳桂 Cr. concinna**
  2. 叶较长（14cm以下）；叶和幼枝无毛，一年生枝无纵棱和浅沟；果成熟时暗红色···**硬壳桂 Cr. chingii**

（1）厚壳桂 Cryptocarya chinensis（Hance）Hemsley

中国植物志，第31卷：443，1982；Flora of China, Vol. 7: 249, 2008；中国生物物种名录，第一卷（总中）：912, 2018.

形态特征：常绿乔木，枝无毛（或仅嫩枝具稀疏微毛）。叶面微波状、不平，叶互生或对生，椭圆状披针形，长7~12cm，宽3.5~5cm，先端渐尖，基部阔楔形；叶背粉绿色、无毛（或仅嫩叶背稀疏微毛）；离基三出脉，中脉于叶面平或微凹，侧脉3~5对；叶柄长1cm，无毛。圆锥花序腋生或顶生，长2~5cm，具总梗，被微毛；花淡黄色，花梗长约0.1cm；花被两面被短毛；花被筒陀螺形，长0.15cm，花被裂片先端急尖；能育雄蕊9枚，花丝被柔毛，略长于花药，花药2室，第一、二轮雄蕊的花药药室内向，第三轮雄蕊的花丝基部具一对棒形腺体，花药药室侧外向；退化雄蕊位于最内轮，钻状箭头形，被柔毛；子房棍棒状，长0.2cm，花柱线形，柱头不明显。核果扁球形，长0.9cm，直径1cm，成熟时紫黑色，具纵棱（12~15条）。花期4~5月，果成熟期8~12月。

分布：江西分布于寻乌县（丹溪乡）等山区，生于阔叶疏林中、路边，海拔200~600m。四川、广西、广东、福建、台湾、湖南等地区也有分布。

用途和繁殖方法：用材，园林绿化，药用。播种繁殖。

厚壳桂

　　a.叶面微波状、不平，中脉于叶面平或微凹；b.叶背粉绿色、无毛，离基三出脉；c.核果扁球形，成熟时紫黑色，具纵棱；d.圆锥花序腋生，具总梗，被微毛。

（2）黄果厚壳桂 Cryptocarya concinna Hance

中国植物志，第 31 卷：455，1982；Flora of China，Vol. 7: 252，2008；中国生物物种名录，第一卷（总中）：912，2018.

形态特征：常绿乔木，一年生枝具微纵棱和浅沟，无毛，幼枝被微毛。叶互生，椭圆状长圆形，叶较短（长 5~10cm，宽 2~3cm），先端急尖，基部楔形；叶为羽状脉；叶面稍具光泽，叶背粉绿色，被微毛（或后变无毛）；中脉于叶面微凹或平，侧脉 4~7 对；叶柄长 0.4~1cm，腹浅凹，被短毛；圆锥花序腋生或顶生，被短毛；花序长 4~8cm，具分枝，总梗被短毛；花长 0.4cm；花梗长 0.2cm，被短毛；花被两面被短毛；花被筒近钟形，长 0.1cm，花被裂片先端钝；能育雄蕊 9 枚，花药药隔突出；花丝基部被柔毛，第一、二轮雄蕊花药药室内向，花丝无腺体；第三轮雄蕊花药药室外向，花丝基部具腺体；退化雄蕊 3 枚，位于最内轮；子房包藏于花被筒中，长倒卵形，上端渐狭成花柱，柱头斜向截形。核果长椭圆形，长 1.5~2cm，直径 0.8cm；果成熟时紫黑色（幼时绿色），具纵棱（或不明显）。花期 3~5 月，果成熟期 6~12 月。

分布：江西分布于龙南县（安基山）等山区，生于阔叶林中，海拔 200~600m。广东、广西、湖南、福建、台湾等地区也有分布。

用途和繁殖方法：用材，园林绿化。播种繁殖。

黄果厚壳桂

a. 叶为羽状脉，叶面稍具光泽，中脉于叶面微凹或平；b. 叶背粉绿色，被微毛；c. 一年生枝具微纵棱和浅沟，无毛，幼枝被微毛；d. 核果长椭圆形，成熟时紫黑色（幼时绿色），具纵棱（或不明显）。

（3）**硬壳桂 Cryptocarya chingii** W. C. Cheng

中国植物志，第 31 卷：458，1982；Flora of China，Vol. 7: 253，2008；中国生物物种名录，第一卷（总中）：912，2018.

形态特征：常绿小乔木；枝无毛，具明显的皮孔；幼枝具微棱，无毛（稀具微毛）。叶两型，即具正常叶和约 30% 的小型叶；叶互生，椭圆状长圆形，长 6~13cm，宽 2.5~5cm，先端渐尖，基部楔形；叶背粉绿色，无毛（稀被微毛）；嫩叶叶背通常被微毛；中脉于叶面平坦或微凹；侧脉 5~6 对，不达叶边缘；叶柄长 0.5~1cm，腹面浅凹，幼时被微毛。圆锥花序腋生或顶生，长 3.5~6cm，排列松散，并具长 2~3cm 的总梗；花序被短毛；花被片两面均被短毛；花被筒陀螺状，长 0.2cm。能育雄蕊 9 枚，花丝被微毛，花药 2 室，第一、二轮花丝的花药药室内向，花丝无腺体；第三轮花丝的花药药室外向，花丝基部具腺体；退化雄蕊位于最内轮；子房棍棒状，连同花柱长约 0.2cm，花柱线形。核果椭圆状球形，无毛，成熟时暗红色，具纵棱，长 1.7cm，直径 1cm；果幼时淡绿色，无毛。花期 6~10 月，果期 9 月至翌年 3 月。

分布：江西分布于寻乌县（留车镇佑头村）等山区，生于阔叶林中或路边，海拔 200~600m。广东、广西、湖南、福建、浙江等地区也有分布。

用途和繁殖方法：用材，园林绿化，药用。播种繁殖。

硬壳桂

a. 具约 30% 的小型叶；b. 叶背粉绿色，无毛；c. 幼枝具微棱、无毛，叶椭圆状长圆形；d. 枝具明显的皮孔；核果幼时淡绿色，无毛；中脉于叶面平坦或微凹，叶柄腹面浅凹。

2.10.10 琼楠属 Beilschmiedia Nees

形态特征：常绿乔木或灌木，多数种的顶芽较明显。叶面平坦；叶对生、近对生或互生；全缘，羽状脉，网脉明显。花两性；花序较短，聚伞状圆锥花序，稀簇生状或近总状；花序总梗及花梗在花凋谢后增粗或不增粗；花被筒短，花被筒不形成果托，果梗直接生长于果实基部；花被裂片 6 枚，大小相等或近相等；能育雄蕊 9 枚（稀6 枚），花药 2 室，第一、第二轮花丝的花药内向，无腺体，第三轮花丝的花药外向，花丝基部具腺体，第四轮为退化雄蕊；子房先端逐渐变狭而成花柱。核果浆果状，果椭圆形（有时卵状椭圆形或近球形），平滑；果梗膨大或不膨大，花被通常完全脱落而不宿存。

分布与种数：主要分布在非洲、亚洲（东南亚）、大洋洲和美洲的热带地区，全球约 300 种。中国 39 种。江西 2 种。

分种检索表

1. 顶芽、叶背被短柔毛；叶柄短（0.5~1.2cm）··网脉琼楠 Beilschmiedia tsangii
1. 顶芽、叶背均无毛，叶背无腺点，花序腋生，核果较小（长 2cm 以下）··广东琼楠 B. fordii

（1）网脉琼楠 Beilschmiedia tsangii Merrill

中国植物志，第 31 卷：127，1982；Flora of China, Vol. 7: 239，2008；中国生物物种名录，第一卷（总中）：910，2018.

形态特征：常绿乔木，一年生枝和顶芽密被短柔毛。叶互生（有时近对生），长椭圆形，长 6~9cm，宽 3~4cm，先端短尖或钝尖，基部楔形（或近圆形）；叶面具光泽，叶背被短柔毛（或逐渐脱落为无毛）；中脉于叶面平坦或微凹；侧脉 6~9 对，横脉和小脉结成网状；叶柄长 0.5~1.2cm，密被短毛。圆锥花序腋生，长 3~5cm，被微毛；花白色或黄绿色，花梗长 0.2cm；花被裂片外面被短毛，内面近无毛；花丝被短柔毛；第三轮雄蕊的花丝基部具无柄腺体；退化雄蕊箭头形。核果椭圆形，长 1.5~2cm，直径 0.9~1.5cm，具瘤状小点；果梗粗（直径 0.2~0.3cm）。花期 6~7 月，果成熟期 7~12 月。

分布：江西分布于寻乌县（留车镇佑头村）、安远县（高云山）等山区，生于阔叶林中、路边，海拔 200~700m。福建、台湾、湖南、广东、广西、云南等地区也有分布。

用途和繁殖方法：用材，园林绿化。播种繁殖。

网脉琼楠

a. 叶面具光泽，中脉于叶面微凹；b. 叶背被短柔毛或脱落为无毛；c. 枝和顶芽密被短毛；d~e. 为另一株，d. 示叶背近无毛；e. 叶面具光泽。

（2）广东琼楠 Beilschniedia fordii Dunn

中国植物志，第 31 卷：142，1982；Flora of China，Vol. 7: 241，2008；中国生物物种名录，第一卷（总中）：909，2018.

形态特征：常绿灌木或乔木，树皮青绿色，枝、顶芽均无毛。叶对生（稀近对生），椭圆状披针形，长 7~12cm，宽 3~4.5cm，先端短渐尖，基部楔形；叶面深绿色，叶背粉绿色或淡绿色，两面均无毛；叶背无腺点；中脉于叶面微凹或平坦；侧脉纤细，6~10 对，侧脉及网脉明显；叶柄长 1~2cm。聚伞状圆锥花序腋生，长 1~3cm，花序基部的苞片早落；花黄绿色；花梗长 0.4cm；花被裂片无毛。核果椭圆形，较小（长 1.5~1.8cm），两端圆钝，具瘤状小点；果梗粗（直径 0.2cm）。花期 6~7 月，果成熟期 10~12 月。

分布：江西分布于赣县（荫掌山）、信丰县（金鸡林场）、龙南县（九连山）等山区，生长于山谷阔叶林中、路边，海拔 200~750m。福建、广东、广西、四川、湖南等地区也有分布。

用途和繁殖方法：用材，园林绿化。播种繁殖。

广东琼楠

a. 叶对生；b. 枝、顶芽均无毛；c. 叶背淡绿色，无毛；侧脉及网脉明显；d. 为另一株，示叶对生；e. 叶窄椭圆形；叶对生。

2.11 蜡梅科 Calycanthaceae Lindley

形态特征：落叶或常绿灌木，叶常具油细胞。鳞芽或芽无鳞片而被叶柄的基部所包被。单叶对生，全缘或近全缘，羽状脉，具叶柄，无托叶。花两性，辐射对称，单生于侧枝的顶端或腋生；花萼与花瓣未分化，统称为花被；花被片多数，螺旋状排列于杯状的花托外围，花被片形状各异，最外轮的似苞片，内轮的呈花瓣状；花被片黄色、黄白色或粉白色，先叶开放；花梗短；雄蕊排列为两轮，外轮的能发育，内轮的败育；发育的雄蕊 5~30 枚，螺旋状着生于杯状的花托顶端，花丝短而离生，药室外向，2 室，纵裂，药隔伸长或短尖；退化雄蕊 5~25 枚，线形至线状披针形，被短柔毛；心皮少数至多数，离生，着生于中空的杯状花托内面，每心皮有胚珠 2 枚，或 1 枚不发育；花柱丝状，花托杯状或壶状。聚合瘦果着生于坛状的果托之中，瘦果内有种子 1 颗；种子无胚乳；子叶叶状，卷曲。

关键特征：单叶对生；花萼与花瓣未分化；花被片多数；花托杯状或壶状；聚合瘦果着生于坛状的果托之中。

分布与种数：主要分布于亚洲（东部）和美洲（北部），全球约 2 属 9 种。中国 2 属 7 种。江西 1 属 4 种。

分属检索表

1. 芽不具鳞片而包于叶柄基部；花顶生；雄蕊 10~30 枚……………………………
………………………………………………夏蜡梅属 Calycanthus（江西无分布）

1. 芽具鳞片而外露，花腋生，雄蕊 5~6 枚……………………………………………
…………………………………………………………………蜡 梅 属 Chimonanthus

2.11.1 蜡梅属 Chimonanthus Lindley

形态特征：落叶或常绿直立灌木，鳞芽外露。叶对生，叶面具粗糙感；羽状脉，具叶柄。花腋生，花被片 15~25 枚，黄色或黄白色，膜质；雄蕊 5~6 枚，着生于杯状的花托上；花丝丝状，基部宽而且连生，通常被微毛；花药 2 室、外向，退化雄蕊数枚，长圆形，被微毛，着生于雄蕊内面的花托上；心皮 5~15，离生，每心皮具胚珠 2 枚（或 1 枚败育）。果托坛状，被短柔毛或近无毛；瘦果长圆形，具 1 颗种子。

分布与种数：仅分布于中国，6 种。江西 4 种。

分种检索表

1. 落叶灌木。

  2. 小枝无毛，叶宽卵圆状披针形，长 5~15cm，宽 3.5~8cm ⋯⋯⋯⋯⋯⋯⋯⋯⋯⋯⋯⋯⋯⋯⋯⋯⋯⋯⋯⋯⋯⋯**蜡梅 Chimononthus praecox**

  2. 小枝被短毛，叶窄披针形，长 2.5~13cm，宽 1~2.5cm ⋯⋯⋯⋯⋯⋯⋯⋯⋯⋯⋯⋯⋯⋯⋯⋯⋯⋯⋯⋯⋯⋯**柳叶蜡梅 Ch. salicifolius**

1. 常绿灌木。

  3. 叶背粉白色，果托具微线状凸起 ⋯⋯⋯⋯⋯⋯⋯⋯**山蜡梅 Ch. nitens**

  3. 叶背无白粉，叶面网脉清晰，果托具明显隆起的脊纹 ⋯⋯⋯⋯⋯⋯⋯⋯⋯⋯⋯⋯⋯⋯⋯⋯⋯⋯⋯⋯**突托蜡梅 Ch. grammatus**

（1）蜡梅 Chimonanthus praecox（Linnaeus）Link

中国植物志，第30（2）卷：7，1979；Flora of China, Vol. 7: 93，2008；中国生物物种名录，第一卷（总中）：528，2018.

形态特征： 落叶灌木，幼枝四方形；枝无毛，具皮孔；鳞芽着生于翌年生枝的叶腋内，芽鳞覆瓦状排列，外被短毛。叶对生，宽卵圆状披针形或卵状椭圆形，长5~15cm，宽2~8cm，顶端渐尖或尾尖，基部楔形或宽圆形；叶面无毛，叶背仅中脉和侧脉被稀疏微毛，或叶背全无毛；叶柄长0.8~1.2cm。花着生于二年生枝的叶腋内，先开花后放叶；花被片无毛，内部花被片比外部花被片短；雄蕊的花丝比花药长或等长，花药向内弯，无毛，药隔顶端短尖；退化雄蕊长0.3cm；心皮基部被疏硬毛，花柱基部被毛。果托近木质、坛状，长2~5cm，直径1~2.5cm，口部收缩，并具有钻状披针形的毛状附属物；果托外壁具稀疏的微线状凸起和微毛。花期11月至翌年3月，果成熟期翌年4~11月。

分布： 江西野生分布于玉山县（冰溪乡七里街）、乐平市（大河山）、新建区（梅岭），生于针阔混交林中，海拔120~600m。山东、江苏、安徽、浙江、福建、湖南、湖北、河南、陕西、四川、贵州、云南等地区也有野生分布。

用途和繁殖方法： 园林观赏，药用。播种、扦插、压条繁殖。

蜡梅

a.叶对生，宽卵圆状披针形或卵状椭圆形；b.叶面无毛；c.果托口部收缩，外壁具稀疏的微线状凸起和微毛；d.老果的果托外壁具微毛。

（2）柳叶蜡梅 Chimonanthus salicifolius S. Y. Hu

中国植物志，第 30（2）卷：10，1979；Flora of China，Vol. 7: 93，2008；中国生物物种名录，第一卷（总中）：528，2018.

形态特征：落叶灌木，幼枝稍呈四方形，枝被短毛。叶对生，叶窄披针形，长 2.5~13cm，宽 1~2.5cm；先端渐尖，基部楔形或狭尖；叶面无毛；叶背淡绿色，无毛或被不明显的微毛；叶柄长 0.3~0.6cm，被微毛。花单生于叶腋，具短梗；花被片、雄蕊和心皮与山蜡梅特征相同。果托外壁具稀疏的微线状凸起。花期 8~10 月，果成熟期 12 月至翌年 5 月。

分布：江西分布于铅山县（葛仙山）、婺源县（大鄣山）、德兴市（新岗乡）、修水（九岭山）等山区，生于灌丛中、路边、疏林内，海拔 900m 以下。

用途和繁殖方法：药用。扦插、播种、繁殖。

柳叶蜡梅

a、c 示叶对生，叶窄披针形，基部楔形或狭尖；b. 果托外壁具稀疏的微线状凸起；d. 枝被短毛，叶背淡绿色，无毛。

（3）山蜡梅 Chimonanthus nitens Oliver　亮叶蜡梅

中国植物志，第30（2）卷：9，1979；Flora of China，Vol. 7: 93，2008；中国生物物种名录，第一卷（总中）：528，2018.

形态特征：常绿灌木呈丛状，老枝被微毛，后变无毛。叶对生，卵状披针形或椭圆状披针形，长3~13cm，宽2~5cm，先端渐尖，基部宽楔形。叶面具光泽，无毛；叶背粉白色，无毛；叶柄长0.7~1cm。花黄白色或白色，生于叶腋；花被长0.3~1.5cm，宽0.2~1cm，外面被短柔毛，内面无毛；雄蕊长0.3cm，花丝短，被短柔毛；花药向内弯，比花丝长；退化雄蕊长0.1cm；心皮长0.2cm，花柱基部被疏硬毛。果托外壁具微线状凸起；果托坛状，长2~5cm，直径1~2.5cm，口部收缩，成熟时被短绒毛，果托内具聚合瘦果。花期10月至翌年1月，果成熟期翌年4~7月。

分布：江西分布于生于三清山、广丰区（铜钹山）、婺源县（大鄣山）、铅山县（武夷山）、井冈山市（下庄）、芦溪县（武功山）、修水县（金鸡山）等山区，生于路边、灌丛中，海拔200~1000m。安徽、浙江、江苏、福建、湖北、湖南、广西、云南、贵州、陕西等地区也有分布。

用途和繁殖方法：园林观赏，药用。扦插、播种繁殖。

山蜡梅

a.叶对生，卵状披针形或椭圆状披针形；b.常绿灌木呈丛状；b-1.花白色，无花萼与花瓣之分（统称花被）；c.叶背粉白色、无毛；花白色，生于叶腋；d.为另一株，老叶的叶面侧脉稍凹陷。

（4）突托蜡梅 Chimonanthus grammatus M. C. Liu

Flora of China，Vol. 7: 94，2008；中国生物物种名录，第一卷（总中）：528，2018.

形态特征：常绿灌木，枝无毛，具皮孔。叶对生，叶面网脉清晰，卵状披针形或卵状椭圆形，长 7~18cm，宽 5~8cm，叶背无白粉，无毛，叶面具光泽；叶基部宽圆形。叶柄长 1~1.7cm，无毛。花单生于叶腋，花被片黄色，外被柔毛；花托粗大；果托具明显隆起的脊纹；花托内的蒴果被短柔毛。花期 10~12 月，果成熟期 12 月至翌年 6 月。

分布：江西分布于安远县（葛坳、天心、高云山），生长于灌丛中、疏林下、路边，海拔 200~450m。

用途和繁殖方法：园林观赏，药用。扦插、播种繁殖。

突托蜡梅

a. 常绿灌木；b. 叶背无白粉，无毛；c. 果托具明显隆起的脊纹；d. 叶面网脉清晰；e. 叶对生，卵状披针形或卵状椭圆形，叶基部宽圆形。

2.12 菖蒲科 Acoraceae Martinov

形态特征： 多年生常绿草本，根状茎匍匐状、肉质、分枝。叶排列成二列，基生而呈套折状对折，无叶柄，具叶鞘。具佛焰苞的肉穗花序生于当年生叶腋内；花序柄较长，全部贴生于佛焰苞鞘上，三棱形或近圆柱形。佛焰苞叶状、箭形、直立、宿存。肉穗花序指状、圆锥状柱形或纤细而呈鼠尾状；花密，自下而上开放。花两性，花被片 6 枚，排列为 2 轮，外轮 3 枚；雄蕊 6 枚，花丝长线形，与花被片等长，先端渐狭为药隔，花药短；药室长圆状椭圆形，近对生，超出药隔，药室全裂，药室内壁前方的瓣片向前卷，后方的瓣片边缘反折；子房倒圆锥状长圆形，与花被片等长，先端近截平，2~3 子房室；每室具胚珠多枚、直立，珠柄短，海绵状，着生于子房室的顶部，近珠孔的外珠被稍呈流苏状；花柱短；柱头小。浆果长圆形，顶端渐狭为尖头，藏于宿存的花被之下。种子从子房室顶端下垂，具短珠柄；珠被 2 层：外层发育为外肉质种皮，长于内种皮，到达珠孔附近，流苏状；内层珠被发育为内种皮。胚乳肉质，胚具轴。

关键特征： 多年生常绿草本，根状茎匍匐状。叶排列成二列，基生而呈套折状对折，无叶柄。具佛焰苞的肉穗花序生于当年生叶腋内；浆果；种子从子房室顶端下垂。

分布与种数： 主要分布于亚洲的热带（延伸至新几内亚）、亚热带和温带地区，北美洲、欧洲有引种，全球 1 属 2~4 种。中国 1 属 2 种。江西 1 属 2 种。

2.12.1 菖蒲属 Acorus Linnaeus

特征同科。

分种检索表

1. 叶具中脉；叶片长 50~150cm，宽 1.5~3cm ·························**菖蒲 Acorus calamus**

1. 叶无中脉；叶片长 9~30cm，宽 0.5~1.5cm ·························**金钱蒲 A. gramineus**

（1）**菖蒲** *Acorus calamus* Linnaeus

中国植物志，第 13（2）卷：5，1979；Flora of China，Vol. 23: 2，2010；中国生物物种名录，第一卷（总中）：251，2018.

形态特征： 多年生草本，丛生，每丛基部平扁。根状茎横走，具分枝；肉质根多数，长 5~6cm，具毛发状须根。叶基生，基部呈套折状对折、扁平；基部两侧具膜质叶鞘，叶鞘宽 0.4cm，向上渐狭，至叶长 1/3 处脱落。叶片剑状线形，长 50~150cm，宽（最宽处）1.5~3cm；叶具中脉，中脉在两面均明显隆起；侧脉 3~5 对，平行，纤细，常延伸至叶顶部。花序柄三棱形，长 15~40cm；叶状佛焰苞剑状线形，长 30~40cm；肉穗花序近直立或斜向上升，花序狭锥状圆柱形，长 4~7cm，直径 0.6~1.2cm。花黄绿色，花被片长 0.3cm，宽约 0.15cm；花丝长 0.25cm，宽 0.1~0.15cm；子房长圆柱形，长 0.3cm。浆果长圆形。花期 6~9 月，果成熟期 9~12 月。

分布： 江西分布于各地山区或丘陵，生于山谷溪边、沼泽、湖岸边，海拔 1000m以下。广东、广西、浙江、福建、湖南、湖北等地区也有分布。

用途和繁殖方法： 药用，园林地被植物，湿地植被恢复。分株、根状茎扦插、播种繁殖。

菖蒲

a. 多年生草本，叶片剑状线形；b. 叶具中脉，中脉在两面均明显隆起，肉穗花序斜向上升；c. 叶基生，基部而呈套折状对折。

（2）金钱蒲 Acorus gramineus Solander ex Aiton

中国植物志，第 13（2）卷：8，1979；Flora of China, Vol. 23: 2，2010；中国生物物种名录，第一卷（总中）：251，2018. *Acorus tatarinowii* Schott，中国植物志，第 13（2）卷：7，1979；*Acorus rumphianus* S. Y. Hu，中国植物志，第 13（2）卷：8，1979.

形态特征：多年生常绿草本，高 20~50cm。根状茎长 5~20cm，具强烈的芳香气味，外皮淡红色或淡黄绿色，节间长 0.1cm；根肉质，长 6~15cm；须根密集。根状茎上部具分枝，呈丛生状。叶基部呈套折状对折、扁平，两侧膜质叶鞘棕色；叶鞘向上延至叶片中部以下，后脱落；叶片质地较厚，条形或线状条形，叶片长 9~30cm，宽 0.5~1.5cm，先端长渐尖，无中脉，平行脉较多。花序柄长 3~15cm，三棱状或近圆柱形；叶状佛焰苞长 3~14cm；肉穗花序黄绿色，圆柱形，长 5~15cm。浆果黄绿色。花期 5~6 月，果成熟期 7~8 月。

分布：江西分布于各地山区，生于山谷溪边、沼泽，海拔 1500m 以下。浙江、台湾、湖北、湖南、广东、广西、陕西、甘肃、四川、贵州、云南、西藏等地区也有分布。

用途和繁殖方法：药用，园林湿地植物，湿地植被恢复。分株、根状茎扦插、播种繁殖。

金钱蒲

a. 多年生常绿草本，呈丛生状；
b. 叶 宽 0.5~1cm；
c. 叶片无中脉；d. 花序柄长 3~15cm，近圆柱形。

金钱蒲（续）

　　e~h. 为另一株（原石菖蒲类型）；e. 示根状茎上部具分枝，叶基部呈套折状对折；f. 花序柄三棱形；g. 叶基部扁平；h. 生境为湿地石壁。

2.13 天南星科 Araceae Jussieu

形态特征：陆生或水生草本。叶互生，螺旋状排列或呈二列状；单叶全缘，有时为羽状或掌状深裂，基部具叶鞘。无限花序顶生，许多小花密集生于肉质的花序托上，形成佛焰花序（花序顶端有时无花），花序为佛焰苞所包裹。花两性或单性，辐射对称；花被片 4~6 枚；雄蕊 1~12 枚；心皮 2~3 枚，合生；花柱柱头 1 枚（点状或头状）；胚珠 1 至多枚，倒生或直立；浆果。

关键特征：单叶全缘，有时为羽状或掌状深裂，基部具叶鞘；许多小花密集生于肉质的花序托，上花序为佛焰苞所包裹；花被片 4~6 枚；浆果。

分布与种数：主要分布于热带、亚热带地区，全球约 117 属 4095 种。中国 30 属 190 种。江西 10 属 17 种，其中引种栽培 1 种。

分属检索表

1. 陆生或附生植物（不漂浮于水面，也不沉水）；花单性；雌花分离，果实分离。
  2. 叶羽状分裂、放射状分裂或鸟足状分裂。
    3. 肉穗花序与叶不同时存在，叶 1~2 回羽状分裂⋯⋯⋯⋯**魔芋属 Amorphophallus**
    3. 肉穗花序与叶同时存在，叶非羽状分裂。
      4. 叶放射或鸟足状分裂，佛焰苞管喉部不闭合；肉穗花序雌雄异株⋯⋯⋯⋯⋯⋯
      ⋯⋯⋯⋯⋯⋯⋯⋯⋯⋯⋯⋯⋯⋯⋯⋯⋯⋯⋯⋯⋯**天南星属 Arisaema**
      4. 叶 3 裂，肉穗花序雌雄同株；佛焰苞管喉部闭合⋯⋯⋯⋯⋯**半夏属 Pinellia**
  2. 叶不分裂。
    5. 肉穗花序下部的雌花序与佛焰苞合生⋯⋯⋯⋯⋯⋯⋯⋯⋯⋯**半夏属 Pinellia**
    5. 肉穗花序的雌花部分与佛焰苞分离。
      6. 叶柄着生于叶片基部⋯⋯⋯⋯⋯⋯⋯⋯⋯⋯⋯**犁头尖属 Typhonium**
      6. 叶盾状着生。
        7. 植株无地上茎，肉穗花序的附属物较细⋯⋯⋯⋯⋯⋯ **芋属 Colocasia**
        7. 植株具明显的地上茎，肉穗花序的附属物较粗⋯⋯⋯ **海芋属 Alocasia**
1. 水生植株漂浮于水面或沉水。
    8. 成熟叶于水面向上伸展，茎、叶分明⋯⋯⋯⋯⋯⋯⋯⋯ **大薸属 Pistia**
    8. 茎不发育，以近似叶片的小叶状体形式存在；叶状体绿色、扁平，漂浮于水面或沉水。
      9. 叶状体具根、具脉，叶状体背面或侧向具囊。
        10. 叶状体具 1 根，1~5 脉⋯⋯⋯⋯⋯⋯⋯⋯⋯**浮萍属 Lemna**
        10. 叶状体扁平（稀轻微凸起），具 7~21 根（成束），3~12 脉⋯⋯⋯
        ⋯⋯⋯⋯⋯⋯⋯⋯⋯⋯⋯⋯⋯⋯⋯**紫萍属 Spirodela**
      9. 叶状体无根、无脉，基部具 1 囊⋯⋯⋯⋯⋯⋯**无根萍属 Wolffia**

2.13.1 魔芋属 Amorphophallus Blume ex Decaisne

形态特征：陆生或附生植物，多年生草本，块状茎扁球形。肉穗花序与叶不同时存在。叶片 1 枚，叶柄光滑或粗糙具疣，叶片 3 全裂，裂片 1~2 回羽状分裂。花序 1 枚，具长柄，佛焰苞宽卵形或长圆形，檐部稍展开；肉穗花序直立，下部为雌花序，雌花序上部紧接着为能育雄花序，最后为附属器；附属器增粗或延长。花单性，雄花具雄蕊 1~6 枚；雌花分离，雌花具心皮 1~4 枚；子房近球形，柱头头状，2~4 裂。浆果，果实分离。种子无胚乳，种皮光滑。花粉粒无萌发孔。

分布与种数：主要分布于非洲（西部至东部），亚洲（东北部、东部至南部），大洋洲（北部）及太平洋岛屿；全球约 200 种。中国约 16 种。江西 2 种。

分种检索表

1. 肉穗花序比佛焰苞更长或等长，附属器暗紫色（或暗绿色）·······················
···**花魔芋 Amorphophallus konjac**
1. 肉穗花序长为佛焰苞长的 1~2 倍，附属器草黄色或赭黄色···························
···**野魔芋 A. variabilis**

（1）**花魔芋 Amorphophallus konjac K. Koch　魔芋**

Flora of China, Vol. 23: 29, 2010；中国生物物种名录，第一卷（总中）：334, 2018. *Amorphophallus rivieri* Durieu，中国植物志，第 13（2）卷：96, 1979；*Amorphophallus mairei* H. Léveillé，中国植物志，第 13（2）卷：96, 1979.

形态特征：多年生草本，块状茎扁球形，直径 4~8cm，顶部中央明显下凹成圆窝。叶柄及花序柄基部均围以膜质鳞叶，位于内面的鳞叶椭圆形，长 15cm，宽 2.5cm；叶柄长 30~100cm，光滑，灰白色，具灰白色—绿色的斑块；叶片 3 全裂，裂片 2~3 次羽状深裂，小裂片椭圆形，长 3~6cm，宽 1~2cm，基部宽楔形，外侧下延。花单性；雌花分离，果实分离。肉穗花序比佛焰苞更长或等长；下部为雌花序，上接能育雄花序，最后为附属器；附属器暗紫色（或暗绿色），长圆锥状。肉穗花序 1 枚，具长柄；花序柄长 40~60cm，圆柱形，具灰白色—绿色的斑块；佛焰苞较大，直立，倒钟形，展开，基部卷合，先端长渐尖，长 12~39cm，宽 7~15cm，具灰白色—绿色的斑块。浆果球形或扁球形。花期 4~6 月，果成熟期 8~9 月。

分布：江西分布于寻乌县、龙南县、大余县、遂川县、井冈山、三清山等各地，生于路边、疏林下、山谷、山区荒地、村落后山，海拔 1000m 以下；也见栽培。陕西、甘肃、宁夏至江南各地均有分布。

用途和繁殖方法：块状茎食用，药用，园林观赏。播种、块茎扦插繁殖。

花魔芋

a. 叶柄光滑，灰白色，具灰白色和绿色的斑块；叶片 3 全裂，裂片 2~3 次羽状深裂，小裂片椭圆形，基部宽楔形，外侧下延；b~c. 肉穗花序比佛焰苞更长或等长；下部为雌花序，上接能育雄花序，最后为附属器；附属器暗绿色，长圆锥状；d. 浆果球形或扁球形；果序柄圆柱形，具灰白色和绿色的斑块。

2.13.2 天南星属 Arisaema Martius

形态特征：多年生草本，具块茎。叶柄多少具长鞘，叶柄于花序柄具有相同的斑纹。叶片 3 全裂、3 深裂或 3 浅裂，有时鸟足状或放射状全裂。佛焰苞管部卷合，呈圆筒形或喉部开阔，但佛焰苞管喉部不闭合；喉部边缘有时具宽耳；檐部拱形，长渐尖。雌花花序较密，雄花花序较疏散；附属器仅达佛焰苞喉部。花单性，肉穗花序，雌雄异株；雄的雄蕊 2~5 枚；雌花分离，雌花密集，子房 1 室。浆果倒卵圆形，果实分离；花粉粒无萌发孔。

分布与种数：主要分布于亚洲热带、亚热带和温带地区，以及非洲热带地区、中美洲和北美洲，全球约 180 种。中国 78 种。江西 3 种。

分种检索表

1. 叶片放射状分裂⋯⋯⋯⋯⋯⋯⋯⋯⋯⋯⋯⋯⋯⋯一把伞南星 **Arisaema erubescens**
1. 叶片鸟足状分裂，裂片 5 枚以上。
  2. 附属器细长，呈鼠尾状，长 8cm 以上；叶片裂片 7 枚以上⋯⋯⋯⋯⋯⋯⋯⋯
  ⋯⋯⋯⋯⋯⋯⋯⋯⋯⋯⋯⋯⋯⋯⋯⋯⋯⋯⋯⋯⋯ **天南星 A. heterophyllum**
  2. 叶片裂片 5~7 枚，附属器较粗且顶端圆钝⋯⋯⋯⋯⋯⋯⋯⋯**灯台莲 A. bockii**

（1）一把伞南星 Arisaema erubescens（Wallich）Schott

中国植物志，第 13（2）卷：188，1979；Flora of China，Vol. 23: 67，2010；中国生物物种名录，第一卷（总中）：336，2018.

形态特征：多年生草本，块状茎扁球形，表皮黄色（有时淡红紫色）。叶 1 枚（稀 2 枚），叶柄长 40~80cm，中部以下具鞘，鞘部粉绿色；叶柄上部绿色（有时具褐色斑块）；叶片放射状分裂（裂片无定数）；叶裂片披针形、长椭圆状披针形，无柄，长 8~24cm，宽 1~3.5cm，先端长渐尖并具线形长尾（或无线形长尾），背面粉白色或淡绿色。花单性，雌花分离，果实分离。花序柄比叶柄短、直立，但果时下弯（或不下弯）；佛焰苞绿色，背面具清晰的条纹（或无条纹），管部圆筒形（长0.8cm，直径 0.9~2cm）；喉部边缘截形或稍外卷；檐部通常颜色较深，三角状卵形，长 4~7cm，宽 2~6cm，先端渐狭（略下弯），具长 5~15cm 的线形尾尖（或无）；肉穗花序单性：雄花序长 2~2.5cm，花较密；雌花序长约 2cm；附属器棒状、圆柱形，中部稍膨大（或无）、直立，长 2~5cm，先端钝而光滑，基部渐狭；雄花序的附属器下部光滑或具少数中性花；雌花序具多数中性花。雄花具短柄，雄蕊 2~4 枚，药室近球形，顶孔开裂；雌的子房卵圆形，柱头无柄。果序柄下弯或直立，浆果红色；种子 1~2 颗，球形，淡褐色。花期 5~7 月，果成熟期 9 月。

分布：江西分布于各地山区，生于路边、山谷、山区荒地、村落后山，海拔

900m 以下。湖北、湖南、贵州、四川、云南、西藏、广西、广东、台湾、福建、浙江等地区也有分布。

用途和繁殖方法：药用。播种、块茎扦插繁殖。

一把伞南星

a. 叶片放射状分裂，叶裂长椭圆状披针形，无柄，先端长渐尖并具线形长尾；b. 叶 2 枚（1枚已折断）；c. 叶裂片较宽；d. 叶背粉白色。

（2）天南星 *Arisaema heterophyllum* Blume

中国植物志，第 13（2）卷：157，1979；Flora of China，Vol. 23: 60，2010；中国生物物种名录，第一卷（总中）：336，2018.

形态特征： 多年生草本，块茎扁球形，块茎具若干侧生芽眼。叶 1 枚；叶柄圆柱形，长 30~50cm，下部 3/4 长度具筒状鞘；叶片鸟足状分裂，裂片 7 枚以上，排列成蝎尾状；裂片倒披针形或线状长圆形，基部楔形，先端骤渐尖，全缘，裂片背面淡绿色或粉白色、无毛；中央裂片无柄或具长 1.5cm 的短柄，长度比侧裂片短；侧裂片长 7.7~24cm，宽 2~6cm。花单性，雌花分离，果实分离。花序柄长 30~55cm，从叶柄鞘筒内抽出。佛焰苞管部圆柱形，长 3~8cm；檐部卵状披针形，长 4~9cm，下弯呈帽状，背面淡绿色或淡黄色，先端骤渐尖。肉穗花序为二型，① 肉穗花序中具雌性花和雄性花，排列次序是：下部为雌花序（长 1~2cm），紧接为雄花序（长 2~4cm），其中雄花稀疏（大部分不育，或退化为钻形中性花，稀为仅有钻形中性花）；② 肉穗花序中仅具单性雄花序（长 3~5cm，粗 0.5cm）。这两种类型的肉穗花序中，排列在雄花序之后的均为附属器，附属器向上逐渐狭而细长、光滑，呈鼠尾状（长 10~20cm），伸至佛焰苞喉部以后呈"之"字形弯曲。花序中的雌花为球形，花柱明显；每个子房具胚珠 3~4 枚，直立于基底胎座上；雄花具柄，花药顶孔横裂。果序直立；浆果黄红色或红色，圆柱形，长约 0.5cm，内具棒头状种子 1 颗，种子具红色斑点。花期 4~5 月，果成熟期 7~9 月。

分布： 江西分布于各地山区，生于山谷、荒地、村落后山，海拔 1100m 以下。湖北、湖南、贵州、四川、云南、广西、广东、台湾、福建、浙江等地区也有分布。

用途和繁殖方法： 药用。播种、块茎扦插繁殖。

花序柄

天南星

a.叶1枚，叶片鸟足状分裂，裂片7枚以上，排列成蝎尾状；附属器向上逐渐狭而细长，呈鼠尾状；b.雄花序之后是光滑的附属器；c.附属器伸至佛焰苞喉部以后呈"之"字形弯曲；c~f.为另一株，其中d.示佛焰苞檐部下弯呈帽状；e.花序柄从叶柄鞘筒内抽出；f.叶裂片无柄，背面粉白色、无毛；g.果序直立。

（3）灯台莲 Arisaema bockii Engler

中国植物志，第 13（2）卷：174，1979；Flora of China，Vol. 23: 64，2010；中国生物物种名录，第一卷（总中）：335，2018.

形态特征： 多年生草本。块状茎扁球形，直径 2~3cm；叶 2 枚，叶鸟足状 5~7 裂，裂片卵状长圆形，全缘或具锯齿；中裂片具长 0.5~2.5cm 的柄，长 10~18cm，侧裂片具短柄或无柄；通常外侧裂片无柄、较小，其基部内侧楔形，外侧圆形或耳状；叶柄长 20~30cm，其下部（约叶柄长的 1/2）的鞘筒状，鞘筒上端边缘近平截。花单性，雌花分离，果实分离。肉穗花序梗与叶柄近等长；佛焰苞淡绿或暗紫色，具淡紫色条纹，管部漏斗状，喉部边缘近平截、无耳；檐部卵状披针形，长 6~10cm，稍下弯。肉穗花序单性，① 雄性肉穗花序中的雄花序圆柱形，长 2~3cm，花疏离，花药 2~3 枚，药室外向纵裂；② 雌性肉穗花序中的雌花序近圆锥形，长 2~3cm，雌花较密；子房具胚珠 3~4 枚。这两种类型的肉穗花序的附属器均具细柄、直立，上部增粗成棒状，附属器较粗且顶端圆钝。果序长 5~6cm，圆锥状；浆果长圆锥状，具种子 1~2 颗（稀 3 颗），种子光滑、具柄。花期 5 月，果成熟期 8~9 月。

分布： 江西分布于各地山区，生于山谷、路边、山区荒地、阔叶林下，海拔 400~1000m。广东、广西、福建、江苏、安徽、浙江、湖北、河南、贵州等地区也有分布。

用途和繁殖方法： 药用。播种、块茎扦插繁殖。

灯台莲

a. 叶鸟足状 5 裂；b. 佛焰苞暗紫色，具淡紫色条纹；c. 叶鸟足状 7 裂；d~e. 为另一株，d. 浆果；e. 叶稍宽，外侧裂片无柄、较小。

2.13.3 半夏属 Pinellia Tenore

形态特征：多年生草本，具块状茎。叶和花序同时抽出。叶柄下部、上部或叶片基部常具球状珠芽；叶片全缘，或 3 深裂、3 全裂、鸟足状分裂，裂片卵状长圆形，近边缘具集合脉 3 条。花序柄单生，与叶柄近等长。肉穗花序雌雄同株。佛焰苞宿存，管部卷合，佛焰苞管喉部闭合；檐部长圆形，或为舟形。肉穗花序下部的雌花序与佛焰苞合生达隔膜（在喉部），花单侧着生，内藏于佛焰苞管部。雄花序位于隔膜之上，圆柱形、短；附属器为延长的线状圆锥形，超出佛焰苞很长。花单性，无花被，雄花有雄蕊 2 枚，花药顶孔纵向开裂，花粉粒无定形。雌花序的雌花内子房 1 室，胚珠直生或半倒生。浆果长圆状卵形，胚乳丰富。

分布与种数：分布于亚洲东部，约 9 种。中国 9 种。江西 2 种。

分种检索表

1. 叶片 3 全裂··**半夏 Pinellia ternata**
1. 叶片不分裂（全缘）；叶片非盾状着生；叶片卵状长圆形或戟形，基部心形·········
··**滴水珠 P. cordata**

（1）半夏 Pinellia ternata（Thunberg）Makino

中国植物志，第 13（2）卷：203，1979；Flora of China，Vol. 23: 42，2010；中国生物物种名录，第一卷（总中）：339，2018.

形态特征：多年生草本，块状茎圆球形，直径 1~2cm，具须根。叶片 3 全裂；叶柄长 15~20cm，基部具鞘，鞘内或叶片基部（叶柄顶端）具直径 0.4cm 的近球形珠芽；珠芽在母株上萌发或落地后萌发；幼苗叶片卵状心形或戟形，为全缘单叶，长 2~3cm，宽 2~3cm；成熟植株的叶片 3 全裂，裂片背面淡绿色或粉绿色，长圆状披针形，中裂片长 3~10cm，宽 1~3cm；侧裂片稍短，全缘或具不明显的浅齿，侧脉 8~10 对，集合脉 1~2 圈。花序柄长 25~30cm，长于叶柄；佛焰苞绿白色，管部狭圆柱形，长 1.5~2cm；檐部长圆形、绿色（稀边缘青紫色），长 4~5cm，宽 1.5cm，钝或锐尖；肉穗花序中的雌花序长 2~5cm，雌花分离；雄花序长 0.7~3cm；附属器绿色或紫红色，长 6~10cm，直立（有时弯曲）。浆果黄绿色。花期 5~7 月，果成熟期 8 月。

分布：江西分布于各地，生于草坡、荒地、田边或疏林下，海拔 800m 以下。广东、广西、福建、台湾、江苏、安徽、浙江、湖北、河南、贵州、云南、四川等地区也有分布。

用途和繁殖方法：药用。播种、扦插繁殖。

半夏

a. 成熟植株的叶片 3 全裂；b. 叶裂片背面淡绿色，长圆状披针形，中裂片较长，侧裂片稍短；裂片全缘，侧脉 8~10 对，集合脉 1 圈；c. 中裂片稍短；d. 肉穗花序中的雌花序较长，雌花分离；雄花序较短；附属器绿色或紫红色。

（2）滴水珠 Pinellia cordata N. E. Brown

中国植物志，第13（2）卷：201，1979；Flora of China，Vol. 23: 41，2010；中国生物物种名录，第一卷（总中）：339，2018.

形态特征：多年生草本，块状茎近球形，直径1~2cm，表面具多枚须根。叶1枚，叶片不分裂（全缘）；叶片非盾状着生；叶柄长12~25cm（相当于株高）；叶片基部（叶柄顶端）具直径0.4cm的近球形珠芽。多年生成熟植株的叶片卵状长圆形或戟形，基部心形；叶面绿色，背面淡绿色或紫红色（叶两面沿叶脉颜色较淡或白色），先端长渐尖（或尾状尖），基部心形；叶长6~25cm，宽3~7cm；后裂片圆形或锐尖，稍外展。花序柄短于叶柄，长3~18cm；佛焰苞绿色、淡黄带紫色、青紫色，长3~7cm，管部长1.2~2cm，由管部不明显地过渡为檐部；檐部椭圆形，长5~12cm，钝或锐尖，直立或稍下弯；肉穗花序中，雌花序1~1.2cm，雄花序长0.8cm；附属器青绿色，长6.5~20cm，渐狭为线形，略弯曲。花期3~6月，果成熟期8~9月。

分布：江西分布于井冈山、芦溪县（武功山）、修水县、武宁县、三清山、铅山县（武夷山）、寻乌县、龙南县等山区，生于山谷石壁、潮湿草地或季节性流水的石壁上，海拔1000m以下。安徽、浙江、福建、湖北、湖南、广东、广西、贵州等地区也有分布。

用途和繁殖方法：药用。块茎扦插繁殖。

滴水珠

a. 叶1枚，叶片不分裂，卵状长圆形或戟形，基部心形；b. 叶片基部（叶柄顶端）具直径0.4cm的近球形珠芽；c~e. 为另一株，c. 叶两面沿叶脉颜色为白色；d. 叶背紫红色；e. 佛焰苞青紫色，管部不明显地过渡为檐部；附属器青绿色，渐狭为线形，略弯曲。

2.13.4 犁头尖属 Typhonium Schott

形态特征：多年生草本，块状茎较小。叶数枚，与花序柄同时出现。叶柄着生于叶片基部；叶柄稍长（稀于顶部生珠芽）；叶片箭状戟形，3 裂或鸟足状分裂。花序柄较短；佛焰苞管部卷合，喉部收缩；檐部后期向后翻折（后仰），卵状披针形、渐尖，紫红色（稀白色）。肉穗花序的雌花部分与佛焰苞分离；花单性，无花被，雌雄同株。肉穗花序两性，其中雌花序短，与雄花序之间有一段较长的间隔，附属器多样，具短柄，基部近截形，附属器圆锥形、线状、棒状或纺锤状；雄花的雄蕊 1~3 枚，花药药室对生或近对生，由顶部向下开裂或顶孔开裂。雌花的子房 1 室，具胚珠 1~2 枚，无花柱。中性花同型或异型，中性花序的下部与雌花相邻，中性花呈棒状、匙状、钻状、线形或隐失；上部的中性花细小。浆果卵圆形。花粉粒无萌发孔。

分布与种数：分布于印度、马来西亚、中国，约 50 种。中国 9 种。江西 1 种。

（1）犁头尖 Typhonium blumei Nicolson et Sivadasan

Flora of China，Vol. 23: 35，2010；中国生物物种名录，第一卷（总中）：341，2018. *Typhonium divaricatum*（L.）Decne.，中国植物志，第 13（2）卷：111，1979.

形态特征：多年生草本，全株无毛。块状茎近球形或椭圆形，直径 1~2cm，具环节，根颈部具纤维状须根。叶 4~8 枚。叶柄着生于叶片基部；叶片三角状戟形，前裂片 1 枚、卵形，长 7~10cm，后二裂片（基部）外展，长 6cm，叶片基部向内弯缺呈深心形；叶片侧脉 3~5 对，叶柄长 20~24cm（相当于株高）。花序梗单一，生于叶腋，长 9~11cm，淡绿色，直立；佛焰苞管部绿色，长 2~3cm，檐部绿紫色，卷成长角状，长 12~18cm，花时展开，向后翻折，卵状长披针形，宽 4~5cm，中部以上骤窄成带状，先端常旋曲，内面深绿色，外面绿紫色。肉穗花序的雌花部分与佛焰苞分离；肉穗花序无梗，其中雌花序圆锥形；中性花序线形，长 1.7~4cm（下部 0.8cm 处生花）；雄花序长 0.5~1cm，橙黄色；附属器深紫色，具强烈粪臭味，长 10~13cm，基部斜截，具细柄，向上成鼠尾状。花期 5~6 月，果成熟期 8~9 月。

分布：江西分布于寻乌县、会昌县、龙南县（九连山）、大余县、崇义县、遂川县、井冈山、石城县、瑞金市、三清山、修水县、铜鼓县等各地山区，生于山区谷地、田边、荒草坡、路边，海拔 800m 以下。

用途和繁殖方法：药用。播种、块茎扦插繁殖。

犁头尖

a. 叶柄着生于叶片基部，叶片三角状戟形；前裂片1枚、卵形，后二裂片（基部）外展；叶片基部向内弯缺呈深心形；叶片侧脉3~5对，叶柄长20~24cm（相当于株高）；b. 佛焰苞管部绿色；檐部绿紫色，卷成长角状，花时展开，向后翻折，先端常旋曲，外面绿紫色；附属器深紫色，向上成鼠尾状。

2.13.5 芋属 Colocasia Schott

形态特征：多年生草本，具块状茎。叶柄延长，下部鞘状；叶片盾状着生，卵状心形。花序柄通常多数，于叶腋抽出。佛焰苞管部短，卵圆形；檐部长圆形，脱落。肉穗花序短于佛焰苞，其中雌花序短，中性花序（不育雄花序）短而细，能育雄花序长圆柱形；不育附属器直立。花单性，无花被。能育雄花为合生雄蕊，不育雄花合生假雄蕊扁平。雌花心皮 3~4 枚，子房的花柱柱头扁头状，子房 1 室，侧膜胎座。浆果绿色，花粉粒无萌发孔。

分布与种数：分布于亚洲热带、亚热带地区，约 20 种。中国 6 种。江西 2 种。

分种检索表

1. 具块状茎；叶片较大；叶柄紫色·····················**野芋 Colocasia antiquorum**

1. 具块状茎；叶片较大；叶柄绿色·····························**芋 C. esculenta**

（1）野芋 Colocasia antiquorum Schott　**滇南芋**

中国植物志，第 13（2）卷：71，1979；Flora of China，Vol. 23: 74，2010；中国生物物种名录，第一卷（总中）：338，2018.

形态特征：多年生湿生草本；块状茎球形，其上生有多数须根；匍匐茎常从块茎基部外伸出，长或短，具小球茎。植株无地上茎。叶盾状着生，叶不分裂；叶柄紫色、直立，长 30~120cm；叶片表面具光泽，盾状卵形，基部深心形，长 20~50cm。花序柄比叶柄短；佛焰苞淡黄色，长 15~25cm，其管部淡绿色，长圆形，为檐部长的1/2~1/5；檐部为狭长的线状披针形，先端渐尖；肉穗花序短于佛焰苞，其中的雌花序与不育雄花序等长，各长 2~4cm；肉穗花序的附属器较细，能育雄花序和附属器各长4~8cm；子房具极短的花柱。花期 5~9 月；果极少见。

分布：江西各山区、丘陵均有分布（也见栽培），生长于山谷、溪边、林下阴湿处、湖岸边，海拔 800m 以下。浙江、福建、台湾等南方各地区也有分布。

用途和繁殖方法：药用，食用。块茎扦插繁殖。

野芋

a.植株无地上茎；叶柄紫色；b.佛焰苞淡黄色，管部淡绿色；c、d.叶盾状着生；e.附属器较细，其下方为雄花序（红色双箭头部分）。

（2）芋 Colocasia esculenta（Linnaeus）Schott

中国植物志，第 13（2）卷：68，1979；Flora of China，Vol. 23：74，2010；中国生物物种名录，第一卷（总中）：338，2018.

形态特征：多年生湿生草本，块状茎具环状节，其上生芽眼、根。植株无地上茎，叶 2~3 枚。叶盾状着生，叶柄长于叶片，叶柄长 30~90cm，绿色；叶片长 20~50cm，先端短渐尖，侧脉 4 对，斜伸达叶缘；叶片基部深凹 3~5cm。花序柄常单生，短于叶柄；佛焰苞长短不一，一般为 20cm，管部绿色，长约 4cm，长卵形；檐部披针形，长约 17cm，展开成舟状，边缘内卷，淡黄色至绿白色。肉穗花序长约 10cm，短于佛焰苞；肉穗花序中的雌花序长圆锥状，长约 3cm；中性花序长约 3cm，细圆柱状；雄花序圆柱形，长 4~5cm，顶端骤狭；肉穗花序的附属器较细，附属器钻形，长约 1cm。花期 2~4 月；未见果。

分布：江西各地有栽培，也见野生，生于山谷溪边、湿地，海拔 1000m 以下。中国南北各地区均有栽培或野生。

用途和繁殖方法：食用，药用，饲料。块茎扦插、播种繁殖。

芋

a. 叶柄绿色，植株无地上茎；b. 野生于山区潮湿石壁上；c. 块茎具环状节；d. 块状茎上生长着芽眼和根；e. 叶盾状着生。

2.13.6 海芋属 Alocasia（Schott）G. Don

形态特征：多年生草本，茎粗厚，短缩，植株具明显的地上茎。叶具长柄，下部具长鞘；叶片幼时盾状，成年植株的叶片为箭状心形，边缘全缘。佛焰苞管部卵形；檐部长圆形。肉穗花序短于佛焰苞；肉穗花序中的雌花序短，锥状圆柱形；中性花序（不育雄花序）明显变狭；能育雄花序圆柱形；肉穗花序的附属物较粗，附属器圆锥形。花单性，无花被。能育雄花的雄蕊3~8枚，花药线状长圆形。雌花具心皮3~4枚；子房卵形，花柱柱头扁头状，先端3~4裂。浆果红色；种子近球形，光滑。花粉粒无萌发孔。

分布与种数：主要分布于亚洲热带，少数种类延伸至亚热带地区，约113种。中国8种。江西2种。

分种检索表

1. 叶片箭状卵形，叶柄长100cm以上，叶片长和宽均在60cm以上，附属器圆锥状⋯⋯⋯⋯⋯⋯⋯⋯⋯⋯⋯⋯⋯⋯⋯⋯⋯⋯⋯⋯⋯⋯⋯⋯⋯⋯⋯⋯⋯⋯⋯⋯⋯⋯⋯*海芋 Alocasia odora*

1. 叶片宽卵状心形，长10~16cm，宽7~18cm，前裂片最下2对侧脉基出，下伸，然后弧曲上升；附属器狭圆锥形⋯⋯⋯⋯⋯⋯⋯⋯⋯⋯⋯**尖尾芋 A. cucullata**

（1）*海芋* Alocasia odora（Roxburgh）K. Koch

Flora of China, Vol. 23: 77, 2010；中国生物物种名录，第一卷（总中）：334，2018. *Alocasia macrorrhiza*（L.）Schott，中国植物志，第13（2）卷：76，1979.

形态特征：多年生常绿草本，具匍匐茎和直立的地上茎，茎基部生不定芽。叶数枚，叶片箭状卵形，长60~90cm，基部深裂缺，后裂片连合宽度3~6cm而使叶片成盾状着生；叶柄绿，螺旋状排列，长100cm以上。肉穗状佛焰苞花序，花序的梗2~3丛生，圆柱形，长12~60cm，绿色；佛焰苞管部绿色，卵状椭圆形，长3~5cm；檐部淡黄色或淡黄绿色、舟状，长10~30cm，略下弯，先端喙状；肉穗花序的雌花序白色，长2~4cm，不育雄花序绿白色，长5~6cm；能育雄花序淡黄色，长3~7cm；肉穗花序的附属物较粗，附属器淡绿或乳黄色，圆锥状，长3~5.5cm，具不规则槽纹。浆果红色，长0.8~1cm，种子1~2颗。花期3~10月，果成熟期6~12月。

分布：江西分布于寻乌县、信丰县（金盆山）、龙南县、大余县（内良）、崇义县（齐云山）等山区，生于阔叶林下、山区溪谷边，海拔200~700m。福建、台湾、湖南、广东、广西、四川、贵州、云南等地区也有分布（也见栽培）。

用途和繁殖方法：药用，园林观赏。茎扦插、播种繁殖。

檐部

海芋

　　a. 肉穗状佛焰苞花序，花序的梗 2~3 丛生，绿色；b. 檐部淡黄色或淡黄绿色、舟状，略下弯，先端喙状；c. 具匍匐茎和直立的地上茎；d. 基部深裂缺，后裂片连合宽度 3~6cm 而使叶片成盾状着生；e~f. 能育雄花序淡黄色；附属器乳黄色，具不规则槽纹（白色双箭头区段）。

（2）尖尾芋 Alocasia cucullata（Loureiro）G. Don

中国植物志，第 13（2）卷：75，1979；Flora of China，Vol. 23: 78，2010；中国生物物种名录，第一卷（总中）：334，2018.

形态特征：多年生直立草本，地上茎圆柱形，直径 3~6cm，黑褐色，具环形叶痕，由基部伸出许多短缩的芽条，发出新枝，形成丛生状。叶盾状着生。叶柄绿色，长 25~30cm（相当于株高），由基部至中部扩大成鞘；叶片宽卵状心形，长 10~16cm，宽 7~18cm，前裂片最下 2 对侧脉基出，下伸，然后弧曲上升；叶背淡绿色，无毛；侧脉 5~8 对。花序柄长 20~30cm；佛焰苞管部长圆状卵形，淡绿色，长 4~8cm；檐部狭舟状，边缘内卷，先端具狭长的凸尖，长 5~10cm，淡黄色（下部淡绿色）；肉穗花序比佛焰苞短，长约 10cm，其中雌花序长 1.5~2.5cm；不育雄花序长 2~3cm；能育雄花序近纺锤形，长 3.5cm，淡黄色；附属器淡绿色或黄绿色，狭圆锥形，长约 3.5cm。浆果近球形，种子 1 颗。花期 5 月，果成熟期 8~9 月。

分布：江西分布于寻乌县、信丰县、安远县、龙南县、会昌县等山区，生于阔叶林下、山谷溪边、路边、海拔 200~600m。

用途和繁殖方法：药用。播种、茎扦插繁殖。

尖尾芋

　　a. 多年生直立草本，形成丛生状；b. 叶背淡绿色、无毛；叶盾状着生，叶柄绿色；c. 叶片宽卵状心形，前裂片最下 2 对侧脉基出，下伸，然后弧曲上升。

2.13.7 大薸属 Pistia Linnaeus

形态特征：一年生草本，植株漂浮于水面；成熟叶于水面向上伸展，茎、叶分明。叶螺旋状排列，淡绿色，叶片叶脉 7（~13）~15 条，纵向延伸，近平行；叶鞘托叶状，几从叶的基部与叶分离。芽由叶基背面的旁侧萌发，最初出现干膜质的细小帽状鳞叶，然后发育为匍匐茎，最后从匍匐茎上萌生新植株，形成新株分离。花序具极短的柄。佛焰苞极小，叶状，白色，内面光滑，外面被毛；管部卵圆形；檐部卵形，近兜状。肉穗花序短于佛焰苞，但超出管部，背面与佛焰苞合生，花单性同序；下部雌花序具单花；上部雄花序具花 2~8 枚，无附属器，花无花被，雄花具雄蕊 2 枚。雌花的子房卵圆形。浆果卵圆形。花粉粒无萌发孔。

分布与种数：广泛分布于热带和亚热带地区，1 种。中国 1 种。江西 1 种。

（1）大薸 Pistia stratiotes Linnaeus

中国植物志，第 13（2）卷：83，1979；Flora of China，Vol. 23: 79，2010；中国生物物种名录，第一卷（总中）：339，2018.

形态特征：一年生草本，植株漂浮于水面；成熟叶于水面向上伸展，茎、叶分明；具长而悬垂的根，须根羽状、密集。叶簇生成莲座状，叶片长 2~10cm，宽 2~6cm，先端截平状或浑圆，两面被毛；叶脉扇形，背面明显隆起成褶皱状。佛焰苞白色，长 0.5~1.2cm，外被绒毛。花期 5~11 月，果未见。

分布：江西各地均有栽培，生长于淡水池塘、沟渠、湖泊、稻田，海拔 1000m 以下。福建、台湾、广东、广西、云南各地有野生分布。

用途和繁殖方法：饲料，药用，污水净化。分株繁殖。

大薸

a. 植株漂浮于水面，成熟叶于水面向上伸展，叶簇生成莲座状；b. 花单性同序，下部为雌花序，上部为雄花序，无附属器；c. 叶扇形；d. 芽发育为匍匐茎，最后从匍匐茎上萌生新植株。

2.13.8 浮萍属 Lemna Linnaeus

形态特征：一年生草本，漂浮于水面或沉水，茎不发育，以近似叶片的小叶状体形式存在；叶状体两面绿色、扁平，1~5 脉；叶状体具 1 条根，根无维管束。叶状体具囊，囊内生营养芽和花芽。营养芽萌发后，新的叶状体通常脱离母体，也有数代不脱离的。花单性，雌雄同株，佛焰苞膜质，每花序有雄花 2 枚，雌花 1 枚；雄蕊花丝细，花药 2 宰；雌花的子房 1 室，具胚珠 1~6 枚，直立或弯生。果实卵形，种子 1 粒，具肋突。花粉粒单孔。

分布与种数：世界广泛分布，13 种。中国 5~6 种。江西 2 种。

分种检索表

1. 漂浮植物（叶面贴着水面），叶状体无柄，叶状体对称，胚珠弯生……………………
 ………………………………………………………………………………浮萍 **Lemna minor**
1. 漂浮植物（叶面贴着水面），叶状体不对称，胚珠直立……………………………………
 ………………………………………………………………稀脉浮萍 **L. aequinoctialis**

（1）浮萍 Lemna minor Linnaeus

中国植物志，第 13（2）卷：210，1979；Flora of China, Vol. 23: 82, 2010；中国生物物种名录，第一卷（总中）：339，2018.

形态特征：漂浮植物（叶面贴着水面）；叶状体对称，表面绿色，背面浅黄色或绿白色或紫色，近圆形、倒卵形或倒卵状椭圆形，全缘，长 0.2~0.6cm，宽 0.2~0.3cm，上面稍凸起或沿中线隆起，具 3 条脉或脉不明显；背面垂生丝状根 1 条，根白色，根无维管束，根鞘无翅。叶状体无柄；叶状体背面或基部具囊，新叶状体于囊内形成浮出，以极短的细柄与母体相连，随后脱落。雌花具弯生胚珠 1 枚。果实无翅，近陀螺状，种子具凸出的胚乳并具 12~15 条纵肋。

分布：江西各地均有分布，生于稻田、池塘、水沟、湖泊浅水区，海拔 500m 以下。中国南北各地区也有分布。

用途和繁殖方法：饲料，药用，污水净化。分株繁殖。

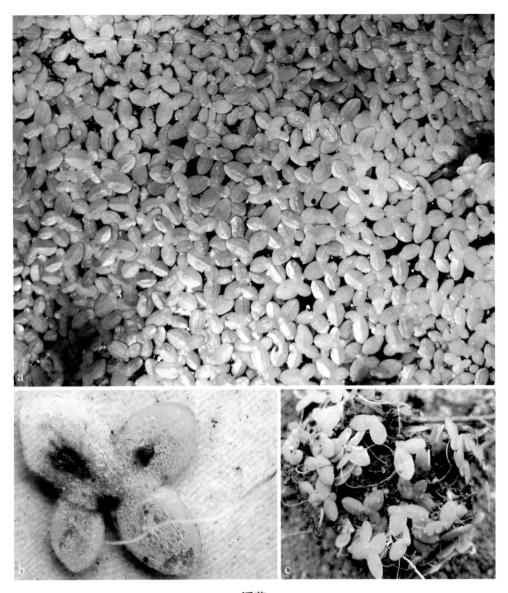

浮萍

a.叶状体背面具囊；b.叶状体背面垂生丝状根 1 条，白色，根无维管束；c.漂浮植物（叶面贴着水面）；叶状体对称，表面绿色；叶状体表面稍凸起或沿中线隆起，具 3 条脉或脉不明显。

（2）稀脉浮萍 Lemna aequinoctialis Welwitsch

中国植物志，第 13（2）卷：210，1979；Flora of China，Vol. 23: 83，2010；中国生物物种名录，第一卷（总中）：339，2018.

形态特征：漂浮植物（叶面贴着水面）。叶状体背面或基部具囊；叶状体不对称，斜倒卵形或斜倒卵状长圆形；叶状体两面绿色，全缘，长 0.3~0.5cm，宽 0.2~0.4cm，无柄、无脉或具极不明显的 1 条脉。根 1 枚，根冠锐尖，根鞘具 2 细翅。胚珠 1 枚，自立。

分布：江西分布于各地，生于池塘、水田、水沟、湖泊浅水区，海拔 500m 以下。上海、福建、台湾、湖南、湖北、广东等地区也有分布。

用途和繁殖方法：药用，污水净化。分株繁殖。

稀脉浮萍

a~b.漂浮植物（叶面贴着水面）；叶状体不对称；c.叶状体两面绿色，全缘；根 1 枚；d.无脉或具极不明显的 1 条脉。

2.13.9 紫萍属 **Spirodela** Schleiden

形态特征：漂浮植物（叶面贴着水面）。叶状体盘状，具 3~12 脉，背面的根多数（通常 7~21 条根），成束状，具薄的根冠和 1 维管束。叶状体侧向具囊；花序藏于叶状体的侧囊内。佛焰苞袋状，含 2 个雄花和 1 个雌花。雄花花药 2 室；雌花的子房 1 室，具 2 枚胚珠，倒生。果实球形，边缘具翅。花粉粒单孔。

分布与种数：世界广泛分布，2 种。中国 1 种。江西 1 种。

（1）紫萍 Spirodela polyrhiza（Linnaeus）Schleiden

中国植物志，第 13（2）卷：207，1979；Flora of China，Vol. 23: 81，2010；中国生物物种名录，第一卷（总中）：341，2018.

形态特征：漂浮植物。叶状体具根、具脉；叶状体扁平（稀轻微凸起），长 0.5~0.8cm，宽 0.4~0.6cm，先端钝圆，表面绿色，背面紫红色，具掌状脉 5~11 条，背面生 5~11 条根（成束），根长 3~5cm，白绿色，根冠尖，脱落；根基附近的一侧囊内形成圆形新芽，萌发后，幼小叶状体渐从囊内浮出，由一细弱的柄与母体相连。肉穗花序有 2 个雄花和 1 个雌花。

分布：江西分布于各地，生于水田、池塘、水沟、湖泊浅水区，海拔 500m 以下。中国南北各地区也有分布。

用途和繁殖方法：饲料，药用，污水净化。分株繁殖。

紫萍

a~b. 叶状体扁；具掌状脉 5~11 条；表面绿色；c. 叶状体背面紫红色，背面生 5~11 条根（成束），根白绿色；根基附近的一侧囊内形成圆形新芽，萌发后，幼小叶状体渐从囊内浮出，由一细弱的柄与母体相连。

2.13.10 无根萍属 Wolffia Horkel ex Schleiden

形态特征： 漂浮草本。叶状体无根、无脉，植物体细小如沙。叶状体（基部）具 1 个侧囊，从中孕育新的叶状体，背面强烈凸起，单一或 2 个相连。花生长于叶状体上面的囊内，无佛焰苞；花序含 1 个雄花和 1 个雌花，花药无柄，1 室；花柱短，子房具 1 个直立胚珠。果实圆球形，光滑。花粉粒单孔。

分布与种数： 分布于全球热带、亚热带地区，11 种。中国 1 种。江西 1 种。

（1）无根萍 Wolffia arrhiza（Linnaeus）Horkel ex Wimmer

中国植物志，第 13（2）卷：211，1979；Flora of China，Vol. 23: 83，2010；中国生物物种名录，第一卷（总中）：341，2018.

形态特征： 漂浮草本。叶状体无根、无脉，扁平状，细小如沙。叶状体卵状半球形，单一或 2 个连在一起，直径 0.1cm；上面绿色，具较密的气孔；背面明显凸起，淡绿色，表皮细胞多边形。

分布： 江西分布于寻乌县、会昌县、大余县等地区，生于水田、池塘、水沟，海拔 200m 以下。天津、江苏、上海、台湾、广东、云南、福建等地区也有分布。

用途和繁殖方法： 饲料，药用。分株繁殖。

无根萍

a. 漂浮草本，叶状体无根、无脉，扁平状，细小如沙；b. 叶状体卵状半球形。

2.14 泽泻科 Alismataceae Ventenat

形态特征：沼生或水生草本，具根状茎。单叶基生，基部具鞘，直立，挺水、浮水或沉水。叶片形状多样（条形、披针形、卵形、椭圆形、箭形等），全缘；叶脉为平行脉或掌状弧形脉；叶柄长短随水位深浅有明显变化。花序总状、圆锥状或呈圆锥状聚伞花序。花在花轴上轮生，具梗；花两性、单性或杂性，常具苞片；花萼片 3 枚，宿存；花瓣 3 枚，白色；雄蕊 3 枚至多数，轮生，花丝细长；花药 2 室，纵裂，花丝分离；雌蕊的心皮 3 枚至多数，离生；花柱宿存；胚珠 1 枚至多数，着生于子房基部。瘦果、小核果或蓇葖果簇生。种子弯曲；胚马蹄形，无胚乳。花粉粒散孔。

关键特征：单叶基生，基部具鞘，直立；花萼 3 枚，花瓣 3 枚；瘦果，胚马蹄形，无胚乳。

分布与种数：分布于全球各地，其中北半球热带、温带地区种类较多，约 16 属 100 种。中国 6 属 18 种。江西 3 属 5 种 2 亚种。

分属检索表

1. 花单生或聚生成伞形花序；雄蕊 8~9 或多数，多数者最外轮退化不育，花丝扁平；心皮 6~9 或多数，密集排列成头状，无花柱或花柱不明显，胚珠多数。

  2. 雄蕊 8 或 9 枚······················拟花蔺属 Butomopsis（江西无分布）

  2. 雄蕊多数，最外轮退化··············黄花蔺属 Limnocharis（江西无分布）

1. 具总状、圆锥状或伞形花序；雄蕊 3 至多数；心皮少数至多数，具花柱，宿存，胚珠 1 枚。

  3. 花单性或杂性；雄蕊多数······················慈姑属 Sagittaria

  3. 花两性；雄蕊 6~12 枚（稀多数）。

    4. 雄蕊 6 枚；心皮 1 轮排列······················泽泻属 Alisma

    4. 雄蕊 6 至多数；心皮多螺旋状排列，有时 1 轮排列。

     5. 花序不分枝，花单生或至多 3 花组成花序；小果瘦果状，两侧压扁········
·················· 毛茛泽泻属 Ranalisma

     5. 花序多分枝，常圆锥状；小果核果状，常鼓胀······················
······················泽苔草属 Caldesia（江西无分布）

2.14.1 慈姑属 **Sagittaria** Linnaeus

形态特征： 水生或沼生草本。具根状茎、匍匐茎、球茎、珠芽。叶沉水、浮水、挺水；叶片条形、披针形、深心形、箭形，箭形叶有顶裂片与侧裂片之分。花序总状、圆锥状；花、分枝呈轮生状，每轮 3 枚，基部具 3 枚苞片；苞片分离或基部合生。花单性或杂性：上部为具长柄的雄花；下部为具短柄的雌花或两性花。花萼 3 枚，绿色；花瓣 3 枚，白色；雄蕊 9 枚至多数，花丝不等长，花药黄色；心皮多数、离生、螺旋状排列，每心皮具 1 枚胚珠。瘦果常具翅。种子马蹄形，褐色。花粉粒散孔。

分布与种数： 广泛分布于全球各地，北温带地区种类较多，约 30 种。中国 7 种。江西 4 种 2 亚种。

分种检索表

1. 叶片箭形或深心形；花序圆锥状或总状。
　2. 叶柄细长、柔软，不直立；叶片浮水，花序总状；叶片无顶裂片与侧裂片之分，基部深心形；果翅具鸡冠状深裂⋯⋯⋯⋯⋯⋯⋯⋯⋯⋯⋯⋯⋯⋯⋯⋯⋯⋯
　　⋯⋯⋯⋯⋯⋯⋯⋯⋯**冠果草 Sagittaria guayanensis** subsp. **lappula**
　2. 叶柄粗壮，直立，叶片挺出水面，花序圆锥状；叶片具顶裂片与侧裂片。
　　3. 瘦果两侧具脊；外轮花被片不反折，叶腋内具珠芽；顶裂片先端急尖⋯⋯⋯⋯
　　　⋯⋯⋯⋯⋯⋯⋯⋯⋯⋯⋯⋯⋯⋯⋯**利川慈姑 S. lichuanensis**
　　3. 瘦果两侧无脊；外轮花被片花后反折，不包果实，叶腋内无珠芽；叶侧裂片明显长于顶裂片，有时不等长；顶裂片先端渐尖⋯⋯⋯⋯⋯⋯⋯⋯⋯⋯
　　　⋯⋯⋯⋯⋯⋯⋯⋯⋯⋯⋯⋯⋯⋯⋯⋯⋯**野慈姑 S. trifolia**
　　3a. 叶片宽大，顶裂片先端钝尖⋯⋯⋯⋯⋯⋯⋯⋯⋯⋯⋯⋯⋯⋯⋯⋯⋯
　　　⋯⋯⋯⋯⋯⋯⋯⋯**华夏慈姑（慈姑）S. trifolia** subsp. **leucopetala**
1. 植株矮小；叶片条形、披针形；如具箭形叶，必有披针形叶同在；花序总状无分枝。
　4. 叶有叶片与叶柄之分，叶片披针形与箭形并存；雌花具梗；果翅具波状齿
　　⋯⋯⋯⋯⋯⋯⋯⋯⋯⋯⋯⋯⋯⋯⋯**小慈姑 S. potamogetonifolia**
　4. 叶无叶片与叶柄之分，全为条形、叶柄状；具匍匐茎，无球茎；雌花 1 枚、无梗⋯⋯⋯⋯⋯⋯⋯⋯⋯⋯⋯⋯⋯⋯⋯⋯⋯**矮慈姑 S. pygmaea**

（1）美洲冠果草 Sagittaria guayanensis H. B. Kunth

Flora of North Americ，Vol. 22: 424，1974；中国高等植物图鉴，Vol.5:19，1983.

（1）a. 美洲冠果草（原亚种）Sagittaria guayanensis subsp. **guayanensis**

Flora of North Americ，Vol. 22: 424，1974；中国高等植物图鉴，Vol.5:19，1983.
江西无分布。分布于北美洲。

（1）b. 冠果草 Sagittaria guayanensis subsp. lappula（D. Don）Bogin

中国植物志，第 8 卷：129，1992；Flora of China，Vol. 23: 85，2010；中国生物物种名录，第一卷（总中）：260，2018.

形态特征：多年生水生草本。叶片无顶裂片与侧裂片之分；叶沉水或浮于水面；沉水叶条形、条状披针形；浮水叶广卵形或近圆形，基部深裂，呈深心形；叶片长 1.5~10.5cm，宽 1~9cm，先端钝圆；叶脉 4~8 条向前伸展，3~6 条向后延伸；叶柄细长、柔软，不直立，叶柄长 15~50cm。花茎挺出水面，高 5~60cm，稀短于叶柄；花序总状，长 2~20cm，具花 1~6 轮，每轮 2~3 花；苞片 3 枚，基部稍合生；花两性或单性，生于花序下部 1~3 轮者为两性，花梗长 1~1.5cm；心皮多数，分离；雄花数轮，位于花序上部，花梗长 2~5cm；两性花的花萼（外轮花被片）宿存，花后包果实下部呈冠状；花瓣（内轮花被片）白色，基部淡黄色（有时基部具紫斑）；雄蕊 6 枚至数枚。瘦果两侧压扁，果喙自腹侧斜出；果翅具鸡冠状深裂。花果同期，5~11 月。

分布：江西分布于赣州市、泰和县、新干县、丰城市、余江县、德兴市、鄱阳县（湖区）等地，生于沼泽、水田、水沟、池塘、湖泊浅水区，海拔 500m 以下。安徽、浙江、福建、台湾、湖南、广东、海南、广西、贵州、云南等地区也有分布。

用途和繁殖方法：污水净化，药用，观赏。分株繁殖。

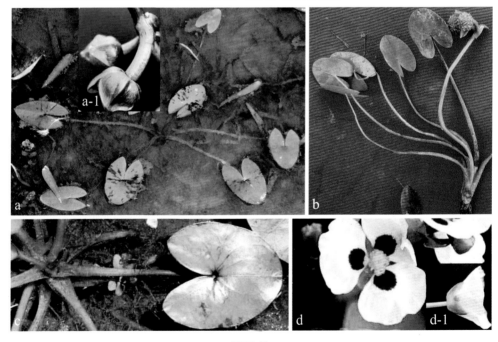

冠果草

a、b、c 叶片无顶裂片与侧裂片之分；叶柄细、柔软，不直立；浮水叶先端钝圆，基部深心形；叶脉 4~8 条向前伸展，3~6 条向后延伸；a-1. 两性花的花萼宿存，花后包果实下部呈冠状；d、d-1. 花萼 3 枚、绿色；花瓣 3 枚、白色，基部淡黄色（有时基部具紫斑）。

（2）利川慈姑 Sagittaria lichuanensis J. K. Chen，S. C. Sun et H. Q. Wang

中国植物志，第 8 卷：133，1992；Flora of China，Vol. 23: 86，2010；中国生物物种名录，第一卷（总中）：260，2018.

形态特征：多年生水生草本。叶挺水、直立，叶片箭形，全长 15cm，顶裂片长 4.5~8cm，宽 2~6cm，具 7~9 脉，先端急尖；侧裂片长 6~9cm，具 5~7 脉，先端急尖或渐尖；叶柄粗壮、直立，长 18~30cm，基部具鞘，鞘内（叶腋内）具珠芽；珠芽褐色，长 0.5~1.5cm。花茎直立、挺水；圆锥花序长 15~20cm，具花 4 至多轮，每轮具 3 花，最下一轮具分枝；苞片纸质，分离；花单性；花萼（外轮花被片）不反折，长 0.7~1cm，宽约 0.5cm，宿存，花后向上仍包心皮或包果实一部分；花瓣（内轮花被片）长 0.6~1cm，宽约 0.5cm，白色；雌花通常 1 轮，具梗，梗长约 1cm；雄花多轮，花梗细长，雄蕊 15~18 枚，花药黄色。瘦果两侧具脊。花期 7~8 月，果未见。

分布：江西分布于龙南县（九连山）、井冈山市等地，生于沼泽地、水田、水沟、湖泊浅水区，海拔 600m 以下。浙江、湖北、福建、广东等地区也有分布。

用途和繁殖方法：污水净化，饲料，药用。分株繁殖。

利川慈姑

a. 顶裂片先端急尖，侧裂片先端急尖或渐尖；b. 花萼（外轮花被片）不反折。

（3）野慈姑 Sagittaria trifolia Linnaeus

中国植物志，第8卷：131，1992，Flora of China，Vol. 23: 85，2010；中国生物物种名录，第一卷（总中）：261，2018.

（3）a. 野慈姑（原亚种）Sagittaria trifolia subsp. **trifolia**

Flora of China，Vol. 23: 85，2010；中国生物物种名录，第一卷（总中）：261，2018. *Sagittaria trifolia* Linnaeus var. *trifolia*，中国植物志，第8卷：131，1992；*Sagittaria trifolia* Linnaeus var. *trifolia* f. *longiloba*（Turcz.）Makino，中国植物志，第8卷：131，1992.

形态特征：多年生水生草本。根状茎横走，末端膨大或不膨大。叶腋内无珠芽。挺水叶箭形，叶片长短、宽窄变异较大，但顶裂片短于侧裂片（侧裂片有时不等长），顶裂片先端渐尖，顶裂片与侧裂片之间明显缢缩（凹入）；叶柄基部渐宽，具褐色鞘。花茎直立，挺水，高15~70cm，粗壮。花序总状或圆锥状，长5~20cm，花多轮，每轮2~3花；苞片3枚，基部稍合生，先端尖。花单性；花萼（外轮花被片）花后反折，不包果实；花瓣（内轮花被片）白色，长0.6~1cm，宽0.7cm，基部收缩；雌花1~3轮，花梗短粗，心皮多数，两侧压扁，花柱自腹侧斜上；雄花多轮，花梗斜伸，长0.5~1.5cm，雄蕊多数，花药黄色。瘦果两侧无脊，倒卵形，具翅，背翅多少不整齐；果喙短，自腹侧斜上。种子褐色。花期5~7月，果成熟期10月。

分布：江西分布于龙南县（九连山）、赣州市（蟠龙）、井冈山市、泰和县、鄱阳湖区等地，生于水田、水沟、湖泊浅水区，海拔500m以下。东北、华北、西北、华东、华南、西南（四川、贵州、云南）等地区也有分布。

用途和繁殖方法：观赏，污水净化，饲料，药用。播种、分株繁殖。

野慈姑

a. 挺水叶箭形，叶片顶裂片短于侧裂片（侧裂片有时不等长）；顶裂片先端渐尖，顶裂片与侧裂片之间明显缢缩（凹入）；b、b-1. 花序总状或圆锥状，每轮具 3 花，每轮的基部具苞片 3 枚，苞片先端尖；花瓣（内轮花被片）白色。c. 外轮花被片花后反折，不包果实；d~f. 为另一株；d~e. 叶片较窄；叶柄基部渐宽，具褐色鞘；f. 顶裂片短于侧裂片，顶裂片和侧裂片均为先端渐尖。

（3）b. 华夏慈姑 Sagittaria trifolia subsp. *leucopetala*（Miquel）Q. F. Wang

慈姑

Flora of China，Vol. 23: 85，2010；中国生物物种名录，第一卷（总中）：261，2018. *Sagittaria trifolia* Linnaeus var. *sinensis*（Sims）Makino，中国植物志，第 8 卷：131，1992.

形态特征：多年生水生草本，植株高大，粗壮，叶柄下部宽，呈微鞘状；叶片宽大、肥厚；顶裂片先端钝圆或钝尖，卵形至宽卵形；侧裂片先端尾尖；叶背无毛。匍匐茎末端膨大呈球茎，球茎直径 5~8cm。圆锥花序长 20~60cm，具 2~3 分枝；主轴上具雌花 3~4 轮，位于侧枝之上；花瓣（内轮花被）白色；花萼（外轮花被）绿色；雄花多轮，生于花序上部。果期的果托扁球形，直径 0.5cm，高 0.3cm；种子褐色，具小凸起。

分布：江西分布于南康市（龙华）、泰和县、兴国县、吉水县、鄱阳湖区等地，生于水田、水沟、湖区浅水区，海拔 500m 以下。

用途和繁殖方法：观赏，污水净化，食用，药用。播种、分株繁殖。也见栽培。

华夏慈姑

a~b. 叶片宽大、肥厚，顶裂片先端钝圆或钝尖，卵形至宽卵形；c. 侧裂片先端尾尖，叶背无毛；d. 叶柄下部宽，呈微鞘状；e. 匍匐茎末端膨大呈球茎；f. 花瓣（内轮花被）白色；花萼（外轮花被）绿色。

（4）小慈姑 Sagittaria potamogetonifolia Merrill

中国植物志，第 8 卷：134，1992；Flora of China，Vol. 23：86，2010；中国生物物种名录，第一卷（总中）：260，2018.

形态特征： 多年生水生草本，植株矮小，匍匐茎末端膨大呈球茎。叶有叶片与叶柄之分。沉水叶披针形，长 2~9cm，宽 0.2~0.4cm；叶柄细弱，长 7~25cm。挺水叶箭形与披针形并存，箭形叶全长 3.5~11cm；顶裂片长 1.5~5cm，宽 0.2~1.5cm，先端渐尖，侧脉不明显；侧裂片长 2~6cm，宽 0.2~0.9cm，主脉偏于内侧，叶柄长 8.5~21cm，基部渐宽，鞘状。挺水的披针形叶长 0.5~1.2cm，宽 0.3~0.9cm。花茎高 19~36cm，直立，高于叶。花序总状，花轮生，排列成 2~6 轮；苞片长 0.3~0.5cm，宽 0.3cm，先端尖。花单性；花萼（外轮花被片）绿色，长 0.3~0.5cm，宽 0.3cm，花后通常下斜，花瓣（内轮花被片）白色，长 0.4~1cm，宽 0.6cm，近扁圆形；雌花 1~2 枚，常与 1 枚雄花组成一轮，花梗长 0.5~1cm，心皮多数，离生，两侧压扁；雄花多数，花梗长 1.5~3cm，细弱，雄蕊多数。果序近球形，具果序梗；瘦果近倒卵形，两侧压扁，背翅波状；果喙自腹侧伸出，宿存。花果同期，5~11 月。

分布： 江西分布于赣县、兴国县、于都县、资溪县、南昌县、鄱阳湖区等地，生于水田、水沟、湖区浅水区，海拔 500m 以下。安徽、浙江、福建、广东、海南、广西等地区也有分布。

用途和繁殖方法： 污水净化，饲料，药用。分株繁殖。

小慈姑

　　a、b、d. 植株矮小，叶有叶片与叶柄之分，叶片披针形；a-1. 果序近球形，具果序梗，瘦果近倒卵形，两侧压扁；c. 匍匐茎末端膨大呈球茎；e. 挺水叶箭形。

（5）矮慈姑 Sagittaria pygmaea Miquel

中国植物志，第 8 卷：135，1992；Flora of China，Vol. 23: 86，2010；中国生物物种名录，第一卷（总中）：260，2018.

形态特征：一年生水生草本，矮小；有时具短根状茎；具匍匐茎，但匍匐茎短细、根状，末端无膨大的球茎。叶无叶片与叶柄之分，全为条形，叶柄状，长 2~30cm，宽 0.2~1cm，光滑，先端渐尖，基部鞘状，通常具横脉。花茎高 5~35cm，直立，挺水。花序总状，长 2~10cm，具花 2~3 轮；花序基部苞片长 0.3cm，宽 0.2cm，膜质。花单性，花萼（外轮花被片）绿色，长 0.7cm，宽 0.5cm，具条纹，宿存；花瓣（内轮花被片）白色，长 1~1.5cm，宽 1~1.6cm，近圆形；雌花 1 枚，无梗，单生，或与两朵雄花组成 1 轮；雌蕊的心皮多数，两侧压扁，密集成球状，花柱从腹侧伸出，向上；雄花具梗，雄蕊多数。瘦果两侧压扁，具翅，长 0.5cm，宽 0.4cm，背翅具鸡冠状齿裂；果喙自腹侧伸出。花果同期，5~11 月。

分布：江西分布于龙南县、寻乌县、赣州市、芦溪县、新建区、鄱阳湖区等地，生于沼泽、水田、湖泊浅水区，海拔 500m 以下。陕西、山东、江苏、安徽、浙江、福建、台湾、河南、湖北、湖南、广东、海南、广西、四川、贵州、云南等地区也有分布。

用途和繁殖方法：污水净化，药用。分株繁殖。

矮慈姑

a、b. 一年生水生草本，矮小，叶无叶片与叶柄之分，全为条形，叶柄状，光滑，先端渐尖；c. 叶全为条形、叶柄状；d. 叶基部鞘状，通常具横脉。

2.14.2 泽泻属 **Alisma** Linnaeus

形态特征：多年生水生或沼生草本，具块状茎（稀具根状茎）。花期前有时具乳汁，或无。叶基生，沉水、浮水或挺水；叶片线形至卵形，全缘，先端渐尖；挺水叶具白色小鳞片，叶脉 3~7 条，近平行，具横脉。花茎直立，高 7~120cm。花序的分枝轮生，通常 2 至多轮，每个分枝再作 1~3 次分枝，组成大型圆锥状复伞形花序（稀伞形花序）；分枝基部具苞片及小苞片。花两性，萼片 3 枚，宿存；花瓣 3 枚，大于萼片；雄蕊 6 枚，着生于花瓣基部两侧，花药 2 室，纵裂；雌蕊的心皮多数，分离，呈 1 轮排列于花托上；每心皮具 1 枚胚珠。瘦果扁平，背部具 1~2 条浅沟或深沟，顶端具喙。种子直立，马蹄形。花粉粒散孔。

分布与种数：主要分布于北半球温带、亚热带地区，全球约 11 种。中国 6 种，江西 2 种。

分种检索表

1. 挺水叶卵状椭圆形，基部宽楔形或微心形；花瓣边缘波状；瘦果排列不整齐，果期花托呈凹形···东方泽泻 **Alisma orientale**
1. 挺水叶全部为披针形；果实背部边缘光滑，中部具 1 条深沟槽；瘦果排列整齐··**窄叶泽泻 A. canaliculatum**

（1）东方泽泻 **Alisma orientale**（Samuelsson）Juzepczuk

中国植物志，第 8 卷：141，1992；Flora of China，Vol. 23：88，2010；中国生物物种名录，第一卷（总中）：260，2018。

形态特征：多年生直立水生草本，具较大的块状茎（直径 1~2cm）。挺水叶卵状椭圆形，基部宽楔形或微心形，长 4~11cm，宽 1~6cm，先端常尾状渐尖，叶脉 5~7 条，叶柄长 3~34cm，较粗壮，基部渐宽，边缘具窄膜。花茎高 35~90cm。圆锥状复伞形花序，花序基部具苞片；花序长 20~70cm，具 3~9 轮分枝，每轮分枝 3~9 枚花；花两性；花梗不等长（1~2.5cm）；花萼（外轮花被片）3 枚，长 0.3cm，宽 0.2cm，具 5~7 条脉；花瓣（内轮花被片）3 枚，比花萼大，白色，边缘波状；雌蕊的心皮排列不整齐，花柱长约 0.1cm，直立；花托在果期呈凹形。瘦果排列不整齐，瘦果椭圆形，长 0.2cm，宽 0.15cm，背部具 1~2 条浅沟，腹部自果喙处凸起，呈膜质翅状，果喙长 0.05cm，自腹侧中上部伸出；种子紫红色。花果同期，5~9 月。

分布：江西分布于龙南县、寻乌县、芦溪县、新建区、鄱阳湖区等地，生于沼泽、水田、湖泊浅水区，海拔 500m 以下。黑龙江、吉林、辽宁、内蒙古、河北、山西、陕西、宁夏、甘肃、青海、新疆、山东、江苏、安徽、浙江、福建、河南、湖北、湖南、广东、广西、四川、贵州、云南等地区也有分布。

用途和繁殖方法：污水净化，药用。播种、分株繁殖。

东方泽泻

　　a. 直立水生草本植物，部分叶基部宽楔形（白色箭头）；b. 叶基部微心形（白色箭头）；c. 叶先端常尾状渐尖（白色箭头）；d. 花萼（外轮花被片）3 枚，具 5~7 条脉；花瓣（内轮花被片）3 枚，比花萼大，白色，边缘波状；e. 花托在果期呈凹形，瘦果排列不整齐；f. 花序基部具苞片。

（2）窄叶泽泻 Alisma canaliculatum A. Braun et C. D. Bouché

中国植物志，第 8 卷：143，1992；Flora of China，Vol. 23: 88，2010；中国生物物种名录，第一卷（总中）：260，2018.

形态特征：多年生水生草本，具块状茎（直径 1~3cm）。沉水叶条形，叶柄状；挺水叶全部为披针形（稍呈镰状弯曲），长 6~45cm，宽 1~5cm，先端渐尖，基部楔形，叶脉 3~5 条；叶柄长 9~27cm，基部渐宽，边缘膜质。花茎高 40~100cm，直立；圆锥状复伞形花序，花序长 35~65cm，具 3~6 轮分枝，每轮分枝 3~9 枚；花两性，花梗长 2~4.5cm，花萼（外轮花被片）3 枚，长 0.4cm，具 5~7 脉；花瓣（内轮花被片）3 枚，白色，边缘不整齐；雌蕊的心皮排列整齐；花药黄色；花托在果期外凸，呈半球形。瘦果排列整齐，背部边缘光滑，中部具 1 条深沟槽；果喙自顶部伸出；种子深紫色。花果同期，5~10 月。

分布：江西分布于柴桑区（狮子乡）、庐山（楼贤寺）、庐山市（温泉镇）、鄱阳县等地，生于水田、水沟、湖泊浅水区，海拔 500m 以下。江苏、安徽、浙江、湖北、湖南、四川等地区也有分布。

用途和繁殖方法：污水净化，湿地植被恢复，观赏，药用。播种、分株繁殖。

窄叶泽泻

a. 挺水叶全部为披针形；b. 花瓣 3 枚，白色，边缘不整齐；c. 瘦果排列整齐，背部中部具 1 条沟槽；d、e. 叶脉 3~5 条，叶柄基部渐宽，边缘膜质。

2.14.3 毛茛泽泻属 Ranalisma Stapf

形态特征：多年生水生或沼生草本，具匍匐茎。叶基生，直立，具长柄。叶片卵形至卵状椭圆形，基部心形或楔形。花茎直立；花序不分枝，花单生或至多3花组成花序；花1~3朵生于花茎顶端，具膜质苞片2枚。花两性，具柄；花萼3枚，果期反折；花瓣3枚，较花萼大，白色；雄蕊9枚，花丝线形；心皮多数，螺旋状排列，离生，每心皮具1枚胚珠；花柱直立，宿存。瘦果两侧压扁，先端具长喙（喙宿存）。

分布与种数：分布于亚洲和非洲的热带、亚热带地区，2种。中国1种。江西1种。

（1）长喙毛茛泽泻 Ranalisma rostrata Stapf

中国植物志，第8卷：136，1992；Flora of China，Vol. 23: 86，2010；中国生物物种名录，第一卷（总中）：260，2018.

形态特征：多年生沼生或水生草本，具匍匐状根状茎。叶多数，基生，幼时沉水，老时浮水或挺水。沉水叶线形或披针形，长3~7cm；浮水叶或挺水叶卵形或卵状椭圆形，长3~4.5cm，先端钝尖，基部浅心形，全缘；叶柄长12~22cm，基部鞘状；花茎直立，高约20cm；花1~3枚着生于花茎顶部，基部具2枚苞片，苞片佛焰苞状，长约0.7cm；花两性；花萼（外轮花被片）3枚，绿色，先端钝圆；花瓣（内轮花被片）3枚，与花萼近等长，白色；心皮多数，密集于花托上，花柱顶生，长于心皮，宿存；雄蕊9枚，花丝上下等宽；花托凸起，呈柱状。瘦果侧扁，近倒三角形，长3~5cm，顶端具宿存的长喙。花果同期，8~9月。

分布：江西分布庐山市（温泉镇东山村）等地，生于池塘、湖泊浅水区、沼泽地中，海拔500m以下。浙江（丽水）也有分布。

用途和繁殖方法：药用。播种、分株繁殖。

长喙毛茛泽泻

a、b. 挺水叶先端钝尖，基部浅心形；c. 花瓣3枚，白色；d、e. 瘦果顶端具宿存的长喙状。

2.15 水薤科 Aponogetonaceae Planchon

形态特征：多年生淡水草本，具块状根茎和纤细的根，无毛，有乳汁。叶基生，沉水或漂浮；叶具长柄，叶柄基部具鞘。叶片椭圆形至线形，全缘或波状，具数条平行主脉和多数次级横脉。穗状花序单一或二叉状分枝，花期挺出水面，佛焰苞常早落。花两性或单性，无花梗；花被片 1~3 枚或无花被片，分离；花被片花瓣状，白色、玫瑰色或黄色，常宿存；雄蕊 6 至多数，离生，排列成 2 轮，宿存；花药 2 室，纵裂。雌蕊群由 3~6（8）枚心皮组成；心皮离生或基部联合，成熟时分离，每心皮具 2~8 枚胚珠；子房上位。蓇葖果。种子无胚乳，胚直立，子叶顶生。

关键特征：叶基生，具长柄；花被片 1~3 枚或无花被片，分离；心皮离生；蓇葖果。

分布与种数：分布于亚洲、非洲和大洋洲，其中非洲热带地区的种类最多，1 属 50 种。中国 1 属 1 种。江西 1 属 1 种。

2.15.1 水薤属 Aponogeton Linnaeus f.

特征同科。

主要分布于亚洲、非洲和大洋洲，约 50 种。中国 1 种。江西 1 种。

（1）水薤 Aponogeton lakhonensis A. Camus

中国植物志，第 8 卷：34，1992；Flora of China，Vol. 23：104，2010；中国生物物种名录，第一卷（总中）：326，2018.

形态特征：多年生淡水草本，丛状。块状根茎卵球形或长锥形，长约 2cm，常具细丝状的叶鞘残迹，下部着生有许多纤维状的须根。叶沉没水中或漂浮于水面；叶片狭卵形或披针形，全缘，具平行主脉 3~4 条，次级横脉多数；叶片基部圆钝或微心形。花茎长约 21cm；穗状花序单一、顶生，花期挺出水面，长约 5cm，佛焰苞早落，被膜质叶鞘包裹着的花两性，无花梗；花被片 2 枚，黄色，离生，匙状倒卵形，长 0.2cm，宽 0.1cm；雄蕊 6 枚，离生，排列成 2 轮，外轮先熟，花丝向基部渐宽；花药 2 室，纵裂；雌蕊具离生心皮 3~6 枚（各心皮仅于基部联合），子房上位，1 室，每室具胚珠 4~6 枚。蓇葖果，卵形，顶端渐狭成一外弯的短钝喙。花果同期，4~10 月。

分布：江西分布于大余县（内良）、崇义县（文英）、石城县（横江镇）、瑞金市（沙洲坝）、广昌县、宜黄县及鄱阳湖浅水区等地，生于水田、池塘、水沟、湖泊浅水区，海拔 500m 以下。浙江、福建、广东、海南、广西等地区也有分布。

用途和繁殖方法：污水净化，饲料，药用。播种、分株繁殖。

水蓑

　　a、c. 多年生淡水草本，丛状；b. 穗状花序单一、顶生，花期挺出水面；d. 叶片披针形，全缘，具平行主脉 3~4 条，次级横脉多数，叶片基部圆钝或微心形；e. 雌蕊具离生心皮 3~6 枚（各心皮仅于基部联合）。

参考文献

程用谦，陈德昭，吴国芳，等 . 1982. 中国植物志：第 20（1）卷 [M]. 北京：科学出版社 .

福建植物志编委会 . 1982–1995. 福建植物志：第 1~6 卷 [M]. 福州：福建科学技术出版社 .

关克俭，肖培根，王文采，等 . 1979. 中国植物志：第 27 卷 [M]. 北京：科学出版社 .

贾德 . 2012. 植物系统学：第 3 版 [M]. 李德铢，等，译 . 北京：科学出版社 .

蒋英，李秉滔，李延辉 . 1979. 中国植物志：第 30（2）卷 [M]. 北京：科学出版社 .

克里什托夫·科利尔，巴瑞·托马斯 . 2003. 植物化石 [M]. 王祺，高天刚，译 . 桂林：广西师范大学出版社 .

李德铢，陈之端，王红，等 . 2018. 中国维管植物科属词典 [M]. 北京：科学出版社 .

李根友，张芬耀，马丹丹，等 . 2021. 浙江植物志（新编）：第二卷 [M]. 杭州：浙江科学技术出版社 .

李锡文，李树刚，杨衔晋，等 . 1982. 中国植物志：第 31 卷 [M]. 北京：科学出版社 .

林有润，阮云珍，叶华谷，等 . 2005. 广东植物志：第六卷 [M]. 广州：广东科技出版社 .

刘仁林，朱恒 . 江西木本及珍稀濒危植物图志 [M]. 北京：中国林业出版社 .

刘玉壶，黄万方，罗献瑞，等 . 1987. 广东植物志：第一卷 [M]. 广州：广东科技出版社 .

刘玉壶，罗献瑞，吴容芬，等 . 1996. 中国植物志：第 30（1）卷 [M]. 北京：科学出版社 .

马克平，陈彬，陈建平，等 . 2010. 中国自然标本馆 [DB/OL]. http://www.cfh.ac.cn/.

祁承经 . 1998. 湖南树木志 [M]. 长沙：湖南科技出版社 .

邱华兴，黄淑美，谭沛祥，等 . 1988. 中国植物志：第 24 卷 [M]. 北京：科学出版社 .

孙祥钟，王微勤，李清义，等 . 1992. 中国植物志：第 8 卷 [M]. 北京：科学出版社 .

王利松，贾渝，张宪春，等 . 2018a. 中国生物物种名录：第一卷 植物总名录（上）[M]. 北京：科学出版社 .

王利松，贾渝，张宪春，等 . 2018b. 中国生物物种名录：第一卷 植物总名录（中）[M]. 北京：科学出版社 .

王利松，贾渝，张宪春，等 . 2018c. 中国生物物种名录：第一卷 植物总名录（下）[M]. 北京：科学出版社 .

吴征镒，李恒 . 1979. 中国植物志：第 13（2）卷 [M]. 北京：科学出版社 .

杨永，王志恒，徐晓婷 . 2017. 世界裸子植物的分类和地理分布 [M]. 上海：上海科学技术出版社 .

俞志雄 . 1994. 华木莲属 – 木兰科一新属 [N]. 江西农业大学学报，16（2）：202–204.

俞志雄，郑庆衍 .1994. 华木莲属一新种 [N]. 江西农业大学学报，16（2）：302.

郑万钧，傅立国，等 .1978. 中国植物志：第 7 卷 [M]. 北京：科学出版社 .

中国科学院植物研究所 . 1983. 中国高等植物图鉴：第五册 [M]. 北京：科学出版社 .

APG Ⅲ . 2009. An update of the Angiosperm Phylogeny Group classification for the orders and families of flowering plants：APG Ⅲ [J]. Botanical Journal of the Linnean Society,161（2）：105–121.

APG Ⅳ . 2016. An update of the Angiosperm Phylogeny Group classification for the orders and families of flowering plants：APG Ⅳ [J]. Botanical Journal of the Linnean Society,181（1）：1–20.

Editorial Board of Flora of North America.1974. Flora of North America:Vol.22:424 [M/OL]. Oxford:Oxford University Press. [2019–06–29].http://www.ipni.org/ipni/plantnamesearchpage.do.

HUANG S M, LAWRENCE M K, Michael G G. 2003. Flora of China:Vol. 5[M/OL]. Beijing: China Science Publishing & Meida Ltd.[2021–06–01].http://flora.huh.harvard.edu./china.

FU D Z, JOHN H W. 2001. Flora of China:Vol. 6[M/OL].Beijing: China Science Publishing & Meida Ltd.[2021–06–01]. http://flora.huh.harvard.edu./china.

FU L G, LI N, ROBERT R M, et al, 1999. Flora of China:Vol. 4[M/OL].Beijing: China

Science Publishing & Meida Ltd.[2021−06−01]. http://flora.huh.harvard.edu./china.

LI B T, BRUCE B. 2008. Flora of China:Vol. 7[M/OL].Beijing: China Science Publishing & Meida Ltd.[2021−06−01]. http://flora.huh.harvard.edu./china.

LI B T, MICHAEL G G, GEORGE S. 2011. Flora of China:Vol. 19[M/OL].Beijing: China Science Publishing & Meida Ltd.[2021−06−01]. http://flora.huh.harvard.edu./china.

LI H, ZHU G H, JOSEF B, et al, 2010. Flora of China: Vol. 23[M/OL].Beijing: China Science Publishing & Meida Ltd.[2021−06−01].http://flora.huh.harvard.edu./china.

LI H, ZHU G H, PETER C B, et al, 2010. Flora of China:Vol. 23[M/OL].Beijing: China Science Publishing & Meida Ltd.[2021−06−01].http://flora.huh.harvard.edu./china.

LI X W, LI J, HUANG P H, et al, 2008. Flora of China:Vol. 7[M/OL].Beijing: China Science Publishing & Meida Ltd.[2021−06−01]. http://flora.huh.harvard.edu./china.

中文名索引

学名索引

M